高等学校信息工程类系列教材

电路分析基础

（第二版）

施娟　邓艳容　晋良念　周茜　编著

西安电子科技大学出版社

内 容 简 介

本书根据高等院校电子信息类专业基础课教学指导委员会的"电路分析教学基本要求"编写而成，条理清楚，系统性强，联系实际，深入浅出。其先修课程为"高等数学"和"大学物理"。全书共 14 章，主要内容包括电路理论概述、电路定律、电路基本分析方法、网络的 VAR 和电路的等效、网络定理、电容元件与电感元件、一阶电路分析、二阶电路分析、正弦交流电路、正弦稳态电路的功率、电路的频率特性、三相电路、耦合电感和理想变压器以及双口网络等。为使教材更适合于学生自主学习，本书的每章节均安排有大量精选的例题和思考与练习，并在附录中给出了所有思考与练习的参考答案；同时以二维码的形式给出了部分典型练习的答题详解，附于各章末。为适应建设全课的需求，拓展了一些新颖案例，外扩了思考问题，以充分体现高阶性、创新性和挑战度。

本书既可作为通信工程、信息工程、自动化和计算机类有关专业的教材，也可供相关专业的本科生和工程技术人员参考。

图书在版编目(CIP)数据

电路分析基础/施娟，晋良念，周茜编著. —2 版. —西安：
西安电子科技大学出版社，2021.2(2024.4 重印)
ISBN 978 - 7 - 5606 - 6000 - 4

Ⅰ. ①电… Ⅱ. ①施… ②晋… ③周… Ⅲ. ①电路分析—高等学校—教材
Ⅳ. ①TM133

中国版本图书馆 CIP 数据核字(2021)第 024679 号

策　　划　马乐惠
责任编辑　买永莲
出版发行　西安电子科技大学出版社(西安市太白南路 2 号)
电　　话　(029)88202421　88201467　　邮　　编　710071
网　　址　www.xduph.com　　　　电子邮箱　xdupfxb001@163.com
经　　销　新华书店
印刷单位　咸阳华盛印务有限责任公司
版　　次　2021 年 1 月第 2 版　2024 年 4 月第 7 次印刷
开　　本　787 毫米×1092 毫米　1/16　印张　18.25
字　　数　432 千字
定　　价　41.00 元

ISBN 978 - 7 - 5606 - 6000 - 4/TM

XDUP　6302002 - 7

前　言

　　"电路分析基础"是高等工科院校电子、通信、计算机、电气及自动化等电子信息类专业本科生的一门重要的专业基础课程。其内容是研究非时变集总参数电路的基本理论和分析方法。通过本课程的学习，学生可掌握电路分析的基本概念和基本原理，从而培养电路分析计算能力和基本的实验能力，建立工程设计的基础知识，为后续课程的学习打好基础。

　　随着电子技术和信息处理技术的迅猛发展，更多的新知识、新技术需要在本科阶段学习，因此，压缩电路相关课程的学时成为许多高校的现状。另一方面，为适应21世纪电子技术人才的培养需要，又需要更多实用技术的加入。在这种情况下，如何在较短的时间内完成电路分析基本知识的学习，对这门课程的教学提出了更高的要求，需要在教学内容、教学方法与手段、教材编写等诸多方面改进。为此，我们根据多年教学经验和体会，遵循"精简理论，加强实用"的基本原则，编写了本书。

　　本书在编写上的特点是确保基本概念、基本定律和基本方法的完整性，在内容选材上立足于"加强基础，精选内容，例题典型，重点突出，实用新颖"的原则，以满足培养创新型、实用型人才的要求。本书在文字叙述上力求简洁明了、通俗易懂，以利于教师教学和学生学习；在内容组织上循序渐进，从静态电路到动态电路，从直流电路到正弦交流电路，符合学习规律。同时，书中还精选了多个应用实例和实验、实训以及较多的典型例题、思考与练习（附有答案，部分典型习题还附有解题详细步骤），以供参考。

　　本书由桂林电子科技大学信息与通信学院微电子系的教师们，积20余年教学经验，根据高等院校电子信息类专业基础课教学指导委员会的"电路分析教学基本要求"编写而成。施娟、邓艳容和晋良念共同对第一版进行了修订。本书的参考学时为56～72学时（通常另设实验16学时）。

　　本书在编写的过程中，得到了信息与通信学院领导的关注与支持以及所在系全体同仁的大力协助，在此对他们表示衷心的感谢。同时，特别感谢钟晋孝和谭景文两位同学，他们从学生的角度对修订工作给予了建议和帮助。

　　另外，本书的编写还参考了许多国内外优秀的教材，从中汲取了宝贵的经验，在此也向各位著、编、译者表示衷心的感谢。

　　由于编者水平有限，书中难免存在疏漏和不足之处，殷切希望读者不吝赐教。

编著者

2020 年 12 月

目　　录

第1章 电路理论概述

【内容提要】 本章介绍电路理论的基本概念，包括电路的概念、电路的分类、电路模型的概念、电路分析的对象和分析方法等内容。

1.1 电路的概念

电路就是由电器件互连而成的电流通路，即电源和负载通过电器件连接构成的电路。电路可以实现电能和电信号的技术应用。如图1-1所示就是一个手电筒电路。

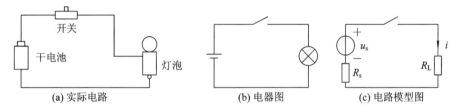

(a) 实际电路　　　　　　　(b) 电器图　　　　　　　(c) 电路模型图

图1-1　手电筒电路

实例　建立手电筒的电路模型

电路理论是研究电路普通规律的一门学科，其理论和方法在许多领域都得到了广泛应用。电路理论主要有两个分支：电路分析和电路综合。前者的核心内容是在已知电路结构及元件参数的条件下，找出输入（激励）与输出（响应）之间的关系，并分析和求解输出（响应），如图1-2所示。对图1-1所示的手电筒电路，如果已知 u_s、R_s、R_L，求流过灯泡（负载）的电流 i 和它消耗的功率 P_L 就属此范畴。后者则是在已知输入和输出的条件下，求得电路的结构及工作参数。

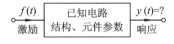

图1-2　电路分析框图

1.2 电路的分类

按照不同的分类方法，电路可分为不同类型。例如，按照电路传输、处理的信号是数字信号还是模拟信号，电路可分为数字电路和模拟电路。在电路理论中，通常将电路分为以下三种类型。

1. 集总参数电路和分布参数电路

在一般的电路分析中，电路的所有参数，如阻抗、容抗、感抗等都集中于空间的各个点、各个元件上，各点之间的信号是瞬间传递的，这种理想化的电路模型称为集总参数电路。

这类电路所涉及电路元件的电磁过程都集中在元件内部进行。用集总电路近似实际电路是有条件的，即实际电路的尺寸要远小于电路工作时的电磁波长。

集总(参数)元件假定：在任何时刻，流入二端元件的一个端子的电流一定等于从另一端流出的电流，且两个端子之间的电压为单值量。由集总元件构成的电路称为集总电路，或称具有集总参数的电路。

集总假设是本书中最主要的假设，以后所述的电路基本定律均须在这一假设的前提下使用。

在实际电路中，参数具有分布性，必须考虑参数分布性的电路，即分布参数电路。这种电路又称为高速电路，是指传输线的长度与工作波长可相比拟，需用分布参数电路来描述的电路。典型的分布参数电路是传输线(Transmission Line)。

2. 线性电路和非线性电路

参数与电压、电流无关的元件称为线性元件。由电源和线性元件组合而成的电路，属于线性电路。线性电路的数学模型是线性代数方程或线性微分(积分)方程。线性电路已有非常成熟的理论和分析方法。

若电路中包含非线性元件，则为非线性电路。非线性电路不能用线性方程来描述其特性。非线性电路近年来有很大的发展，成为非常活跃的研究领域。半导体二极管和三极管皆为非线性元件，应当采用非线性电路的分析方法进行分析。需要指出的是，在一定的条件下，非线性元件也可用线性电路模型来代替，从而可按照线性电路的分析方法进行分析。

3. 时变电路和非时变(时不变)电路

若电路元件参数、电路结构和连接方式不随时间而改变，则该电路为非时变电路，也称为时不变电路；反之，则为时变电路。我们所涉及的大多数电路一般都可近似为非时变电路，而时变电路又是一个专门的研究领域。

本书所研究的电路为集总参数、线性时不变电路。

1.3　实际电路和电路模型

实际电路是由各电器按一定方式连接而成的电流通路，它的主要功能是实现电能和电信号的产生、传输、转换与处理。

由于构成电路的实际部件种类繁多，不具有单一的电气特性(例如，一个实际的电源总有内阻，在使用时不能总保持一定的端电压等)，难于定量描述，因此，我们必须在一定条件下对实际部件加以理想化，忽略它的次要性质，用一个足以表征它的主要性能的理想电路元件(电路模型)来表示。

理想电路元件(电路模型)是用数学关系严格定义的假想元件。每一种元件都可以表示实际部件具有的一种主要电磁性能。理想元件的数学关系反映实际部件的基本物理规律。

图 1-3 所示为三种基本的理想电路元件的图形符号。其中，理想电阻元件仅表示消耗电能并转变成非电能的特征；理想电容元件仅表现储存或释放电场能量的特征；理想电感元件仅表现储存或释放磁场能量的特征。它们分别是实际电路中电阻器、电容器和电感器在一定条件下的近似化、理想化。

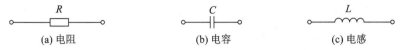

(a) 电阻　　　　　　　　　(b) 电容　　　　　　　　　(c) 电感

图 1-3　三种基本的理想电路元件的图形符号

上述三种理想电路元件均具有两个端钮，故称为二端元件，又称单口元件。除二端元件外，还有多端元件，如受控源、耦合电感、变压器等为四端元件。

理想元件或理想元件的组合称为电路模型。今后所提到的电路，除特别指明外均系电路模型，所提到的元件均为理想元件。

电路理论所研究的对象不是实际电路，而是它的数学模型——电路模型。

1.4　电路仿真软件简介

电路仿真，顾名思义就是将设计好的电路图通过仿真软件进行实时模拟，模拟出实际功能，然后通过对其分析改进，从而实现电路的优化设计。这是 EDA(电子设计自动化)的一部分。计算机仿真与虚拟仪器技术可以很好地解决理论教学与实际动手实验相脱节这一老大难问题。学生可以很方便地把刚刚学到的理论知识用计算机仿真真实地再现出来，更好地理解电路的特性，这也是我们今后设计电路必不可少的一个关键环节。现在比较常用的电路仿真软件有 MultiSim、Protel、Pspice 等。MultiSim 主要是模拟器件和一些分离器件的仿真，仿真的手段和实际相符，易学易用。Protel 主要用于 PCB 的设计，也可以用来仿真，对初学者来说则有些难度。Pspice 好学易懂，但元件封装和实际的引脚有点不一样，仿真实现简单。

MultiSim 是一个紧密集成的软件包，具有电路图输入、元件数据库和 Spice 仿真 3 种功能，且有以下特点：

(1) 直观的图形界面。整个操作界面就像一个电子实验工作台，绘制电路所需的元器件和仿真所需的测试仪器均可直接拖放到屏幕上，轻点鼠标即可用导线将它们连接起来，同时，软件仪器的控制面板和操作方式都与实物相似，测量数据、波形和特性曲线也如同在真实仪器上看到的一样。

(2) 丰富的元器件库。MultiSim 大大扩充了元器件库，包括基本元件、半导体器件、运算放大器、TTL 和 CMOS 数字 IC、DAC、ADC 及其他各种部件，且用户可通过元件编辑器自行创建或修改所需元件模型，还可通过 LIT 公司网站或其代理商获得元件模型的扩充和更新服务。

(3) 丰富的测试仪器。除数字万用表、函数信号发生器、双通道示波器、扫频仪、数字信号发生器、逻辑分析仪和逻辑转换仪外，MultiSim 还新增了瓦特表、失真分析仪、频谱分析仪和网络分析仪，所有仪器均可多台同时调用。

(4) 完备的分析手段。除了直流工作点分析、交流分析、瞬态分析、傅里叶分析、噪声分析、失真分析、参数扫描分析、温度扫描分析、极点—零点分析、传输函数分析、灵敏度分析、最坏情况分析和蒙特卡罗分析外，MultiSim 还新增了直流扫描分析、批处理分析、用户定义分析、噪声图形分析和射频分析等，基本上能满足一般电子电路的分析设计要求。

（5）强大的仿真能力。MultiSim 既可对模拟电路或数字电路分别进行仿真，也可进行数模混合仿真，尤其是新增了射频(RF)电路的仿真功能。仿真失败时会显示出错信息，并提示可能出错的原因，而仿真结果可随时储存和打印。

思 考 与 练 习

1-1　试判断下列说法是否正确：

（1）电路理论中所研究的电路是实际电路。（　　　）

（2）电路理论中所研究的电路是电路模型。（　　　）

（3）电路图是用图形表达的实际电路的模型。（　　　）

（4）电路图是用图形表达的实际电路。（　　　）

1-2　自学 MultiSim 软件，并对图 1-1 的手电筒电路进行仿真。

第2章 电路定律

【内容提要】 本章介绍电路的基本变量,包括电压、电流及其参考方向的概念,功率的计算方法,电阻、独立电源和受控电源等电路元件及基尔霍夫定律。

集总参数电路的各支路电压和支路电流既要受元件特性造成的约束——元件约束,又要受由基尔霍夫定律体现出来的结构约束——拓扑约束。这两种约束关系是编写电路方程的基本依据,因此,只有深刻理解和掌握这两种约束关系,才能正确编写方程和求解响应。

2.1 基本变量

电流、电压、电荷、磁链、功率和能量是描述电路工作状态和元件工作特性的 6 个变量,它们一般都是时间的函数。其中电流和电压是电路分析中最常用的 2 个基本变量。本节着重讨论电流、电压及其参考方向问题,以及如何用电流、电压表示电路的功率和能量。

1. 电流及其参考方向

电子和质子都是带电的粒子,电子带负电荷,质子带正电荷。所带电荷的多少称为电荷量,用 q 表示。在国际单位制(SI)中,电荷量的单位是库仑(符号是 C,6.24×10^{18} 个电子所具有的电荷量等于 1 库仑)。带电粒子的定向运动形成电流。为了表征和描述电流的大小,我们把单位时间内通过导体横截面的电荷量定义为电流,用符号 $i(t)$[①]表示,即

$$i(t) = \frac{\mathrm{d}q}{\mathrm{d}t} \tag{2-1}$$

电流是一个有方向的物理量。习惯上把正电荷运动的方向规定为电流的方向,也称为电流的真实方向。

如果电流的大小和方向都不随时间改变,这种电流称为恒定电流,简称直流,一般用大写字母 I 表示,但通常为了方便起见,也用小写字母 i 表示。在这种情况下,通过导体横截面的电荷量与时间成正比,即

$$i = I = \frac{q}{t} = 常数 \tag{2-2}$$

在国际单位制中,电流的单位为安培(简称"安",符号为 A,1 安=1 库/秒,即 1 A = 1 C/s)。在通信和计算机技术中常用毫安(mA)、微安(μA)作为电流单位。它们的关系是

$$1\,\mathrm{mA} = 10^{-3}\,\mathrm{A}, \quad 1\,\mu\mathrm{A} = 10^{-6}\,\mathrm{A}$$

---

① 本书通常把 $i(t)$、$u(t)$、$p(t)$ 等简写为 i、u、p 等。

在电路分析中，电流的大小和方向是描述电流变量不可缺少的两个方面。但是对于一个给定的电路，要直接给出某一电路元件中电流的真实方向是十分困难的。如在交流电路中，电流的真实方向经常会改变，即使在直流电路中，要指出复杂电路中某一电路元件电流的真实方向也不是一件容易的事。在进行电路分析时，为了编写电路方程的需要，我们常常需要预先假设一个电流方向，这个预先假设的电流方向称为参考方向。如图 2-1 所示，箭头所表示的方向即电流 i 的参考方向。电流的参考方向可以任意选定，但一经选定，就不再改变。经过计算，若 $i>0$，则表示真实方向与参考方向一致；若 $i<0$，则表示真实方向与参考方向相反。

图 2-1 电流的参考方向

如图 2-1 所示，当 $i=5$ A 时，表示电流的真实方向为 a→b；当 $i=-5$ A 时，表示电流的真实方向为 b→a。

在进行电路分析时，必须先标出电流的参考方向，方能正确进行方程的编写和求解，一般题目给出的电流方向均为参考方向。

只有规定了参考方向，电流的正、负值才有意义，离开参考方向谈电流的正负值是无意义的。

2. 电压及其参考方向

电荷在电路中流动，就必然和电路元件进行能量交换，电荷在电路的某些部件(如电源)处获得能量，而在某些部件(如电阻元件)处失去能量。为描述和表征电荷与元件间交换能量的规模、大小，引入了"电压"这一物理量。

单位电荷由 a 点移动到 b 点，失去或得到的能量(电场力所作的功)称为 a、b 两点间的电位差，或 a、b 间的电压，即

$$u(t) = \frac{\mathrm{d}w(t)}{\mathrm{d}q(t)} \tag{2-3}$$

电压也是一个有方向的物理量。我们规定：当 $\mathrm{d}q$ 正电荷由 a 点移动到 b 点时，若失去 $\mathrm{d}w$ 的能量(电场力作正功)，则 a 高 b 低，即 a 端为正、b 端为负，如图 2-2(a)所示；反之，当 $\mathrm{d}q$ 正电荷由 a 点移动到 b 点时，若得到 $\mathrm{d}w$ 的能量(电场力作负功)，则 a 低 b 高，即 a 端为负、b 端为正，如图 2-2(b)所示。

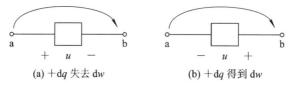

(a) $+\mathrm{d}q$ 失去 dw   (b) $+\mathrm{d}q$ 得到 dw

图 2-2 电压的定义

习惯上把电压降落的方向(从高电位指向低电位)规定为电压的正方向，或电压的真实方向。通常电压的高电位端标为"+"极，低电位端标为"-"极，也称为电压的真实极性。

如果电压的大小和方向都不随时间改变，则这种电压称为恒定电压或直流电压，一般用大写字母 U 表示，同样为了方便起见，也用小写字母 u 表示。在这种情况下，电场力所

作的功(交换的能量)与电荷量成正比，即

$$u = U = \frac{w}{q} = 常数 \tag{2-4}$$

在国际单位制中，电压的单位为伏特(简称"伏"，符号为 V，1 伏 = 1 焦耳/库，即 1 V = 1 J/C)。

同电流一样，为编写电路方程的需要，引入参考方向——预先假设的电压方向(也称参考极性)。电压参考方向的表示可以在电路图两端分别标上"+""-"极，如图 2-3 所示；也可用字母的下标表示，如 u_{ab} 表示电压的参考方向是 a 为"+"、b 为"-"。

图 2-3　电压的参考方向

同理，若求解得到的 $u > 0$，则表示真实方向与参考方向一致；若 $u < 0$，则表示真实方向与参考方向相反。

在求解电路时，对一个二端元件而言，既要标注电流的参考方向，又要标注电压的参考方向，较为繁琐。为方便起见，常常采用关联参考方向，如图 2-4 所示，即沿着电流的参考方向就是电压从正到负的参考方向。本书若无特别说明，均采用关联参考方向。这样在电路上就只需要标出电流的参考方向或电压的参考极性，如图 2-5 所示。

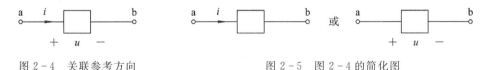

图 2-4　关联参考方向　　　图 2-5　图 2-4 的简化图

与关联参考方向相反的称为非关联参考方向，如图 2-6 所示。

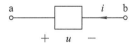

图 2-6　非关联参考方向

在今后的计算中，采用关联参考方向和非关联参考方向时，公式中常差一个"-"号，这是应该特别注意的。

3. 功率

电路的基本功能之一是实现能量传输。为了描述和表征电荷和元件交换能量的快慢(速率)，引入功率这个物理量。

单位时间内电荷得到或失去的能量称为功率，用 p 表示，即

$$p(t) = \frac{dw(t)}{dt} \tag{2-5}$$

由式(2-1)和式(2-3)得

$$p(t) = \frac{dw(t)}{dt} = \frac{dw}{dq} \cdot \frac{dq}{dt} = u(t) \cdot i(t) \tag{2-6}$$

对图 2-7 所示的二端元件,电压、电流为关联参考方向,可用式(2-6)计算元件吸收的功率。

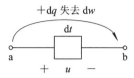

图 2-7 二端元件的功率

若二端元件的电压、电流采用图 2-6 的非关联参考方向,功率的计算公式应改写为

$$p(t) = -u(t) \cdot i(t) \tag{2-7}$$

若求出的功率值为正值,表示该二端元件吸收了功率;若求出的功率为负值,表示该二端元件提供了功率。

功率的计算式即式(2-6)或式(2-7),与元件的性质(线性或非线性、时变或非时变)和类型(电阻、电容、电感、独立电源)无关,因为在推导过程中并未涉及元件的性质和类型。

若二端电路为直流电路,则电路吸收的功率不随时间改变,式(2-6)和式(2-7)可分别改写为

$$p = ui = UI \tag{2-8}$$

$$p = -ui = -UI \tag{2-9}$$

在国际单位制中,功率的单位是瓦特(简称"瓦",符号为 W,1 瓦=1 焦耳/秒=1 伏·安,即 1 W=1 J/s=1 V·A)。

【例 2-1】 如图 2-8 所示,已知 $i=1$ A,$u_1=3$ V,$u_2=7$ V,$u_3=10$ V。求 ab、bc、ca 三部分电路吸收的功率 p_1、p_2、p_3。

解
$$p_1(t) = u_1(t)i(t) = 3 \text{ W}$$
$$p_2(t) = u_2(t)i(t) = 7 \text{ W}$$
$$p_3(t) = -u_3(t)i(t) = -10 \text{ W}$$

$p_1 + p_2 + p_3 = 0$,可见功率守恒。

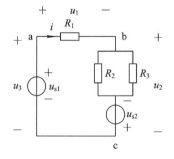

图 2-8 例 2-1 图

2.2 基尔霍夫定律

集总参数电路由集总元件相互连接而成,在阐述拓扑约束关系的基尔霍夫定律之前先来介绍支路、节点、回路和网孔等概念。

（1）支路：电路中一个二端元件称为一条支路。

（2）节点：电路中 2 条或 2 条以上支路的连接点称为节点。如图 2-9 所示电路共有 6 条支路、4 个节点。两节点间必有元件。注意 b 和 c 是同一个节点，e、f、g 和 h 也是同一个节点。

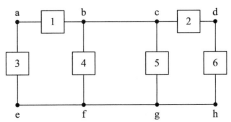

图 2-9　支路、节点的电路图

为了方便起见，也可以把几个串联元件合并在一起定义为一条支路；把 3 条或 3 条以上这样的支路连接点定义为节点。按此定义，图 2-9 中只有两个节点（b、e），而 a 和 d 就不再是节点。

如果不特别注明，本书中的节点是指 3 条或 3 条以上支路的连接点。

（3）回路：电路中任一闭合路径称为回路。如图 2-9 所示电路，共有 6 个回路，元件 1、3、4 和元件 1、3、6、2 均构成回路。

（4）网孔：在平面电路中，内部不含支路的回路称为网孔。例如，元件 1、3、4 构成的回路是网孔，而元件 1、2、6、3 构成的回路就不是网孔，因为内部含有支路 4、5。

电路各支路电压、支路电流受到两种约束。一是元件本身特性对支路电压和电流的约束，如线性电阻的电压和电流必定满足欧姆定律，称为元件的伏安关系（VAR）约束，简称元件约束。二是元件连接方式、电路结构给各支路电压和支路电流带来的约束，这类约束与元件性质无关，称为拓扑约束。描述这类关系的就是基尔霍夫定律。上述两类约束关系是编写电路方程的基本依据。

1. 基尔霍夫电流定律（KCL）

基尔霍夫电流定律是指在集总参数电路中，任一时刻流入任一节点的所有支路电流的代数和等于零。它反映了集总参数电路中任一节点上各支路电流间的相互约束关系。

如图 2-10（a）所示，有

$$\sum_{k=1}^{n} i_k = 0 \tag{2-10}$$

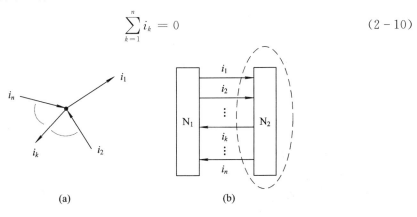

(a)　　　　　　　　　　(b)

图 2-10　KCL 用图

KCL 实质上是电荷守恒定律在集总参数电路节点上的一种体现（节点上既不会有电荷的堆积，也不会有新的电荷产生）。可以将 KCL 从节点推广到任意闭合曲面上，如图 2-10(b) 所示，该闭合曲面可看成广义节点。此时式(2-10)同样成立。

KCL 分析步骤：

(1) 选定节点或闭合曲面；

(2) 标注电流方向；

(3) 列写 KCL 公式 $\sum i_k = 0$，设入为"+"、出为"−"，或入为"−"、出为"+"；

(4) 代入电流的数值。

因此，在 KCL 方程中存在两套符号：一是方程每项电流系数的正负号（由电流参考方向是流入还是流出来决定）；二是电流本身数值的正负号（由电流参考方向是否与真实方向一致决定）。所以建议初学者应该养成先列电路方程，再代入数值的习惯。

【例 2-2】 如图 2-11 所示电路，已知 $i_1 = 4$ A，$i_2 = 7$ A，$i_4 = 10$ A，$i_5 = -2$ A，求 i_6。

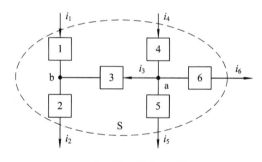

图 2-11 例 2-2 图

解 方法一 由节点 b 有 KCL 方程：

$$i_1 + i_3 - i_2 = 0$$

故

$$i_3 = i_2 - i_1 = 7 - 4 = 3 \text{ A}$$

由节点 a 有 KCL 方程：

$$i_4 - i_3 - i_5 - i_6 = 0$$

故

$$i_6 = i_4 - i_3 - i_5 = 10 - 3 - (-2) = 9 \text{ A}$$

方法二 利用广义节点，作闭合曲面 S。有 KCL 方程：

$$i_1 + i_4 - i_2 - i_5 - i_6 = 0$$

故

$$i_6 = i_1 + i_4 - i_2 - i_5 = 4 + 10 - 7 - (-2) = 9 \text{ A}$$

2. 基尔霍夫电压定律(KVL)

基尔霍夫电压定律是指在集总参数电路中，任一时刻沿任一回路的所有支路电压降的代数和等于零。它反映了集总参数电路中任一回路各支路电压间的相互约束关系。

如图 2-12 所示，其数学表达式为

$$\sum_{k=1}^{n} u_k = 0 \qquad\qquad (2-11)$$

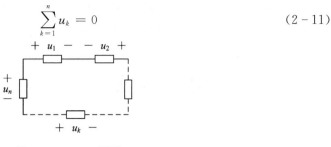

图 2-12 KVL 用图

KVL 实质上是能量守恒定律在集总参数电路中的一种体现（dq 的电荷沿闭合路径绕行一周，电荷本身既不会产生能量，也不会消耗能量）。

在编写 KVL 方程时，先设定绕行方向，标出电压参考方向，若以支路电压降为正，则升为负；反之，若以支路电压升为正，则降为负。

在 KVL 方程中，也存在两套符号：一是每项电压系数的正负号（由电压参考方向沿绕行方向是降还是升决定；二是电压本身的正负号（由电压参考极性是否与真实极性一致决定）。如图 2-13 所示电路，对回路 1 和 2 的绕行方向均设定为顺时针，设电压降为正、升为负，列 KVL 方程得

$$u_1 + u_2 + u_5 + u_3 = 0$$
$$u_6 + u_8 + u_7 - u_5 = 0$$

即

$$u_5 = -u_1 - u_2 - u_3$$
$$u_5 = u_6 + u_8 + u_7$$

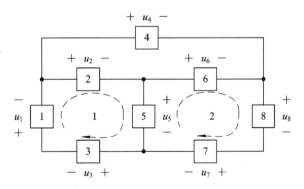

图 2-13 两点间电压计算示意图

可见，电路中任意两点间的电压，就是由其正极端沿着某条路径绕行至负极端，其沿途所有元件电压降之和。也就是说，计算电路中任意两点的电压，与绕行的路径无关。

在列 KVL 方程时，如图 2-14(a) 所示，绕向中电阻的电压为降，其电压为"$+u_R$"，其电压、电流为关联参考方向，则该项为"$+iR$"，如图 2-14(b) 所示，其电压、电流为非关联参考方向，则该项为"$+(-iR)$"，即"$-iR$"；如图 2-14(c) 所示，绕向中电阻的电压为升，其电压为"$-u_R$"，其电压、电流为关联参考方向，则该项为"$-(iR)$"，即"$-iR$"；如图 2-14(d) 所示，其电压、电流为非关联参考方向，则该项为"$-(-iR)$"，即"$+iR$"。可以

看出，当我们用"iR"去表示 KVL 方程中的电压项时，它的"$+$""$-$"由电流方向与绕向方向决定。如果电压降为正、升为负，则电阻电流方向与绕向相同为"$+$"，相反则为"$-$"。

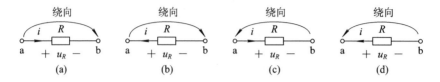

图 2-14 绕向中的电阻

KVL 分析步骤：

（1）设定绕向，尽量避开电流源：

① 回路绕向：可以是顺时针，也可以是逆时针。

② 两点电压：绕向必须从"$+$"到"$-$"。

（2）若绕向中电阻电流未知，求其电流。

（3）编写 KVL 方程：

① 回路：$\sum u_k = 0$（降为正、升为负）或（降为负、升为正）。

$\sum u_k + \sum R_l \cdot i_l = 0$（电阻电流方向与绕向相同为正，相反为负；此处电压必须降为正、升为负）。

② 两点电压：$u_{ab} = \sum u_k + \sum R_l \cdot i_l$（电阻电流方向与绕向相同为正，相反为负；此处电压必须降为正、升为负）。

最后需指出的是，KCL 和 KVL 确定了电路中支路电流间和支路电压间的约束关系。这种约束关系只与电路的连接方式有关，而与支路的元件性质无关。因此，无论电路由什么元件组成，也无论元件是线性还是非线性、时变还是非时变的，只要是集总参数电路，基尔霍夫这两个定律总是成立的。

2.3 电阻元件

电路元件是组成电路模型的最小单元，每一种元件反映某种确定的电路性质。集总参数元件假定：在任何时刻流入二端元件一个端钮的电流一定等于从另一个端钮流出的电流，两个端钮之间的电压值为单值量。

电路中电路元件的特性是由其端钮上的电压、电流关系来表征的，通常称为伏安关系（伏安特性或 VAR）。元件的 VAR 连同基尔霍夫定律共同构成了集总参数电路分析的基础，本书涉及的所有电路分析方法都是建立在这两种约束基础之上的。本节讨论的电阻元件是由实际电阻器抽象出来的理想化电路模型，只反映电阻器对电流阻碍的性能，具有消耗能量的单一电特性。

1. 电阻元件的定义

电阻元件是一种二端元件，其符号如图 2-15 所示。在任意时刻，其电压和电流都可以用 u—i 平面上的一条曲线来描述，即在任意时刻的电压和电流存在代数约束关系：

$$u = f(i) \tag{2-12}$$

式(2-12)称为电阻的伏安特性(VAR),其对应 u—i 平面上的曲线称为电阻的伏安特性曲线。

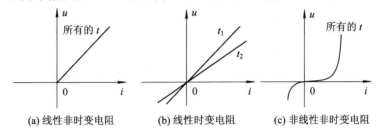

图 2-15 电阻符号

满足定义条件的电阻类型可以是线性的或非线性的、时变的或非时变的。若特性曲线不随时间变化,则称为非时变的,反之称为时变的。若特性曲线为过原点的直线,则称为线性的,凡不是直线的则为非线性的。非线性电阻的阻值随电压或电流的大小甚至方向的改变而改变,不是常数。图 2-16 所示为几种不同性质的电阻元件的伏安特性。

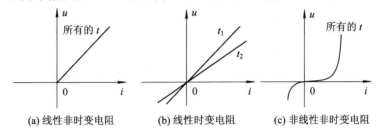

(a) 线性非时变电阻　　　　(b) 线性时变电阻　　　　(c) 非线性非时变电阻

图 2-16 不同性质电阻元件的伏安特性曲线

2. 线性非时变电阻元件

通常所说的电阻元件是满足欧姆定律的线性非时变电阻元件,其符号如图 2-15 所示。电压、电流在关联参考方向下,其伏安特性曲线如图 2-16(a)所示。该特性曲线的数学描述为

$$u = Ri \quad 或 \quad i = Gu \tag{2-13}$$

式中,R 为该直线的斜率,称为电阻元件的电阻量,单位为欧姆,简称欧,符号为 Ω,1 欧=1 伏/安;G 称为电导,单位为西门子,符号为 S,1 西门子=1 安/伏。电导为电阻的倒数,即

$$G = \frac{1}{R}$$

由式(2-13)和图 2-16 可知,电阻的一个重要特性是在任一时刻,电阻的端电压(或电流)由同一时刻的电流(或电压)决定,而与过去的电流(或电压)无关。从这个意义上讲,电阻是一种无记忆元件,也称即时元件。应该指出的是,式(2-13)是在电压、电流采用关联参考方向下得到的。若电压、电流非关联,则欧姆定律应改写为

$$\left. \begin{array}{l} u = -Ri \\ i = -Gu \end{array} \right\} \tag{2-14}$$

当电压、电流为关联参考方向时,线性非时变电阻的瞬时消耗(吸收)功率为

$$p = ui = Ri^2 = \frac{u^2}{R} \geqslant 0 \tag{2-15}$$

当电压、电流为非关联参考方向时,线性非时变电阻的瞬时消耗(吸收)功率为

$$\left. \begin{array}{l} p = -ui \\ u = -Ri \end{array} \right\} \Rightarrow p = -(-Ri) \cdot i = Ri^2 = \frac{u^2}{R} \geqslant 0 \tag{2-16}$$

可见，在所有时间和所有 u、i 的可能组合中，电阻元件消耗的功率都大于或等于零。因此，电阻元件是一种耗能元件，不向外电路提供能量。具有以上只消耗（或吸收）能量而不产生能量特性的元件被称为"无源的"。电阻消耗能量的结论当然是在正电阻($R>0$)条件下得出的，根据电阻的一般定义，在 u—i 平面上斜率为负的曲线所表征的元件也属于电阻元件，为负电阻。负电阻向外提供能量。含有受控源的电路有可能等效为负电阻，一般由电子电路来实现。

当 $R=\infty(G=0)$ 时称为开路，而当 $R=0(G=\infty)$ 时称为短路。电阻的伏安特性如图 2-17(a)和(b)所示。由图 2-17 可知，电阻开路时电流为零，电压可为任意值；而电阻短路时电压为零，电流可为任意值。

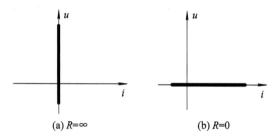

(a) $R=\infty$ (b) $R=0$

图 2-17 电阻开路、短路时的伏安特性曲线

【例 2-3】 如图 2-18 所示电路，求 a 点电位 u_a。

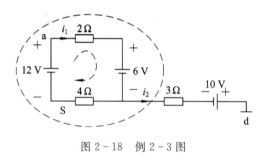

图 2-18 例 2-3 图

解 设电流 i_1、i_2 如图中所示。作闭合曲面 S，由 KCL 得 $i_2=0$。
对回路列 KVL 方程得

$$2i_1+6+4i_1-12=0$$
$$i_1=1 \text{ A}$$

故

$$u_a=u_{ad}=2i_1+6+3i_2-10=-2 \text{ V}$$

实例一 人体电路模型

对人体造成电击伤害的主要原因取决于电流的大小。在有防触电保护装置的情况下，按我国现使用的漏电保安器，人体允许通过的电流（安全电流）一般按 30 mA 考虑。那么，当我们安装某电力设备时，如何确定是否需要设置安全警示呢？

假设某电力设备的电源电压为 220 V，当人体体电阻为 200 Ω、头电阻为 300 Ω、臂电阻为 600 Ω、腿电阻为 400 Ω 时，试讨论该电力设备是否要设置安全警示。

首先必须建立一个简单的人体电路模型，如图 2-19 所示。假设某人头部接触电源正极，则相当于在该人体头及脚之间加入 220 V 的电压，其间电阻为 900 Ω；若该人单手接触电源正极，则相当于在该人体手及脚之间加入 220 V 的电压，其间电阻为 1200 Ω；若该人两手分别接触电源正、负极，则相当于在该人体两手之间加入 220 V 电压，其间电阻为 1200 Ω。可见只需考虑电阻最大时电流是否超过安全电流即可，即

$$I = \frac{U}{R} = \frac{220}{1200} \approx 183 \text{ mA}$$

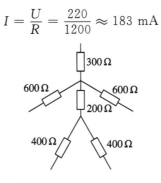

图 2-19　人体电路模型

实例二　电阻式触摸屏

2.4　电　阻　器

电阻器是在电子产品中应用最多的一种电子元件。

1. 电阻器的分类

电阻器的种类繁多，分类方法也不同，一般情况下可按表 2-1 所示进行分类。

表 2-1　电阻器的分类

固定电阻器	碳膜电阻器、金属膜电阻器、金属氧化膜电阻器、化学沉积膜电阻器及合成碳膜电阻器等
可变电阻器	半可调电阻器和电位器
敏感电阻器	热敏电阻器、光敏电阻器、压敏电阻器、磁敏电阻器、气敏电阻器和力敏电阻器

2. 电阻器的主要参数

电阻器的主要参数有标称值、允许偏差和额定功率。标称值是指电阻器的标注值，必须根据国家制定的系列标准标注，生产者不能任意标注。在选择电阻器时，必须按国家规定的阻值选用，若系列阻值范围中没有所需的阻值，可选择与系列中相近阻值的电阻器使用。表 2-2 是国家规定的电阻器的系列标称值及允许偏差，表中的数值乘以 10^n（n 为任意整数）就是该系列的电阻阻值。

表 2-2　电阻器的系列标称值

阻值系列	允许偏差/(%)	等级	标　称　值
E24	±5	I	1.0, 1.1, 1.2, 1.3, 1.5, 1.6, 1.8, 2.0, 2.2, 2.4, 2.7, 3.0, 3.3, 3.6, 3.9, 4.3, 4.7, 5.1, 5.6, 6.2, 6.8, 7.5, 8.2, 9.1
E12	±10	II	1.0, 1.2, 1.5, 1.8, 2.2, 2.7, 3.3, 3.9, 4.7, 5.6, 6.8, 8.2
E6	±20	III	1.0, 1.5, 2.2, 3.3, 4.7, 6.8

电阻器的额定功率是在一定气压和温度条件下长期连续工作所能承受的最大功率。当工作功率超过该功率值时,电阻器可能被烧毁。额定功率按照国家标准标定,有 1/8 W、1/4 W、1/2 W、1 W、2 W、5 W、10 W 等。一般 1/8 W、1/4 W 的电阻器使用较多,1 W 以上的电阻器大多用在电源电路中。

3. 电阻器的标注方式

(1) 直标法:如图 2-20 所示,将电阻器的阻值及允许偏差直接标注在电阻器的表面上。

图 2-20　直标法

(2) 符号法:将规定了特定意义的符号和数字标注在电阻器的表面,表示电阻器的阻值和偏差。这些规定了特定意义的符号有 R、Ω、K、M、G、T 等。这些符号既表示小数点的位置,也表示单位。其中,R 和 Ω 表示欧姆、K 表示千欧、M 表示兆欧、G 表示吉欧(10^9 欧姆)、T 表示太欧(10^{12} 欧姆)。符号法中的允许偏差也是用字母表示的,其字母代表的意义如表 2-3 所示。

表 2-3　允许偏差与字母对照表

符号	W	B	C	D	F	G	J	K	M	N
允许偏差/(%)	±0.05	±0.1	±0.25	±0.5	±1	±2	±5	±10	±20	±30

例如:R22K 表示 0.22 Ω,允许偏差为 ±10%;2R2 表示 2.2 Ω;2K2M 表示 2.2 kΩ,允许偏差为 ±20%;2M2 表示 2.2 MΩ 等。

(3) 色标法:将电阻器的标称值和允许偏差用不同的颜色环表示,标注在电阻器的表面。各色环代表的意义如表 2-4 所示。

表 2-4　各色环代表的意义

颜色	棕	红	橙	黄	绿	蓝	紫	灰	白	黑	金	银	无色
有效数字第一(二)位	1	2	3	4	5	6	7	8	9	0	—	—	—
乘数	10	10^2	10^3	10^4	10^5	10^6	10^7	10^8	10^9	10^0	10^{-1}	10^{-2}	—
允许偏差/(%)	±1	±2	—	—	±0.5	±0.25	±0.1	—	—	—	±5	±10	±20

普通电阻器一般用四条色环表示其阻值和偏差，如图 2-21(a)所示，距离电阻器一端最近的为第一条色环，其余依次为第二、三、四条色环。其中，第一、二条色环分别表示第一、二位有效数字，第三条色环表示乘数，即表示有效数字后应加"0"的个数，第四条色环表示允许偏差。如图 2-21(a)所示电阻器为 47 kΩ，允许偏差为±5%。

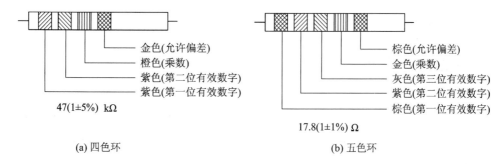

图 2-21　电阻的色环表示

精密电阻器一般用五条色环表示其阻值和偏差，如图 2-21(b)所示。其中，前三条色环表示有效数字，第四条色环表示乘数，第五条色环表示允许偏差。如图 2-21(b)所示电阻器为 17.8 Ω，允许偏差为±1%。

图 2-22 是几种常见电阻器的外形。热敏电阻器、压敏电阻器等特殊的电阻器可以作为传感器使用。

图 2-22　常见电阻器外形

2.5　独 立 电 源

电路中既然有消耗能量的元件(如电阻)，就一定存在产生能量的元件——电源。电池、发电机、信号源等都是日常应用最广泛的实际电源。所谓独立电源，是相对受控电源而言的，包括电压源和电流源，它们是由实际电源抽象而得到的电路模型，是有源二端元件。

1. 独立电压源

独立电压源(简称电压源)是这样一种二端元件，当其端接任意外电路后，其端电压都能保持规定的电压值不变，即对任意的 i 有

$$u = u_s(t) \tag{2-17}$$

电压源的符号如图 2-23 所示，任一时刻 t_1 的伏安特性曲线如图 2-24 所示。由电压源的定义可知，电压源的端电压是由其本身确定的，与外电路无关，也与流过它的电流无关。在任何情况下，其端电压总能保持定值 u_s(若电压源为直流电源)或一定的时间函数 $u_s(t)$(若电压源为交流电源)。流过电压源的电流则可以是任意的(无论大小和方向)，其电

流的大小和方向由电压源本身和外电路共同确定。因而，电压源既可产生能量也可吸收能量，甚至可以产生或吸收无穷大的能量。这是理想化的结果，实际电压源不可能产生或吸收无穷大的能量。当电压源置零时（即 $u_s=0$），其 VAR 曲线如图 2-17(b)所示，它与 $R=0$ 时的 VAR 相同，故电压源置零时等效为短路。

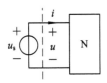

图 2-23　电压源符号

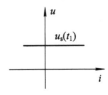

图 2-24　任一时刻 t_1 的电压源伏安特性曲线

测试实际电压源 VAR 的电路如图 2-25(a)所示。改变负载电阻 R，当 $R=\infty$ 时，得电压表读数 $u=u_s$；若 $R\downarrow$，则 $i\uparrow$ 且 $u\downarrow$，测得 VAR 曲线如图 2-25(b)所示。故其 VAR 为

$$u = u_s - R_s i \qquad (2-18)$$

式中，$R_s=\tan\alpha$。根据实际电压源的 VAR 可画出其等效电路模型，如图 2-25(c)所示。实际电压源的电路模型为理想电压源与电阻的串联，该电路也称为戴维南电路。

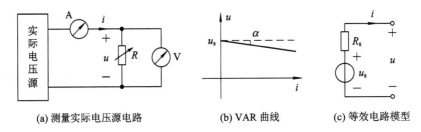

(a) 测量实际电压源电路　　　(b) VAR 曲线　　　(c) 等效电路模型

图 2-25　实际电压源的模型

【例 2-4】　图 2-26 为某电路的一部分，求 i_x、u_{ab}。

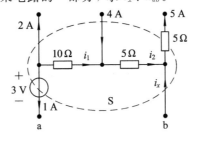

图 2-26　例 2-4 图

解　由 KCL 有

$$i_1 = -1 - 2 = -3 \text{ A}$$
$$i_2 = 4 + i_1 = 1 \text{ A}$$
$$i_x = 5 - i_2 = 4 \text{ A}$$

或作封闭曲面 S，有 KCL 方程：

$$i_x = 2 + 1 + 5 - 4 = 4 \text{ A}$$

由 KVL 方程得

$$u_{ab} = -3 + 10 i_1 + 5 i_2 = -3 + 10 \times (-3) + 5 \times 1 = -28 \text{ V}$$

2. 独立电流源

电压源是能够产生电压的装置，则电流源就是能够产生电流的装置。如电子电路中的恒流源，可以产生恒定的电流。理想电流源是从实际电流源抽象出来的电路模型。

与电压源对应，独立电流源(简称电流源)是这样一种二端元件，当其端接任意外电路后，流过该元件的电流都能保持规定的电流值不变，即对任意的 u 有

$$i = i_s(t) \tag{2-19}$$

电流源的符号如图 2-27 所示，任一时刻 t_1 的伏安特性曲线如图 2-28 所示。对于电流源来说，流过它的电流是由它本身确定的，与外电路无关，也与它两端的电压无关。在任何情况下，流过它的电流总能保持恒定值 I_s 或一定的时间函数 $i_s(t)$。而其端电压则可以是任意的，其端电压的大小和极性由电流源本身和外电路共同确定。所以在列 KVL 方程时，选择绕向路径时通常避开电流源，或者先设定绕向路径中的电流源两端电压。因而，电流源既可产生能量也可吸收能量，甚至可以产生或吸收无穷大的能量。这也是理想化的结果，实际电流源不可能产生或吸收无穷大的能量。当电流源置零时(即 $i_s = 0$)，其 VAR 曲线如图 2-17(a)所示，它与 $R = \infty$ 的 VAR 相同，故电流源置零时等效为开路。

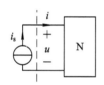

图 2-27　电流源符号

图 2-28　任一时刻 t_1 的电流源伏安特性曲线

同理，若测试实际电流源的 VAR，可得

$$i = i_s - \frac{1}{R_s}u \tag{2-20}$$

根据其 VAR 可画出等效电路模型，如图 2-29 所示。实际电流源的电路模型为理想电流源与电阻的并联，该电路也称为诺顿电路。

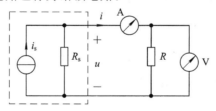

图 2-29　实际电流源的电路模型

【例 2-5】　如图 2-30 所示，求 a 点电位 u_a。

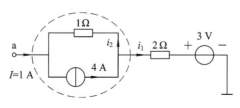

图 2-30　例 2-5 图

解 由闭合曲面得

$$i_1 = I = 1 \text{ A}$$

故

$$i_2 = 4 - i_1 = 3 \text{ A}$$

$$u_{\text{a}} = -i_2 + 2i_1 + 3 = 2 \text{ V}$$

2.6 受控电源(受控源)

前面讨论的电压源和电流源都是独立电源,电压源的端电压和电流源的电流都是由电源本身决定的,与电源以外的其他电路无关。

日常生活中所接触的电子器件,如变压器、共射晶体管放大器等,都可用受控源的电路模型来描述,如图 2-31 所示,其中 K 和 β 为常数。受控源是一个四端元件,作为一种理想电路元件,其定义为:受控源是一个具有两条支路的元件;其输入支路不是开路就是短路,输出支路不是电压源就是电流源;其电压或电流值受输入支路的控制。

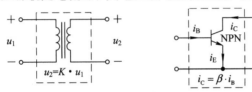

图 2-31 实际的受控源器件

受控源主要分为以下几类:

(1)电压控制的电压源(VCVS),电路符号如图 2-32(a)所示,图中 μ 为电压放大系数,变压器、真空五极管放大器均属此电路模型。

(2)电压控制的电流源(VCCS),电路符号如图 2-32(b)所示,图中 g 为转移电导,场效应管放大器、真空三极管放大器均属此电路模型。

(3)电流控制的电压源(CCVS),电路符号如图 2-32(c)所示,图中 r 为转移电阻,直流发电机、热偶均属此电路模型。

(4)电流控制的电流源(CCCS),电路符号如图 2-32(d)所示,图中 α 为电流放大系数,双极型三极管放大器属此电路模型。

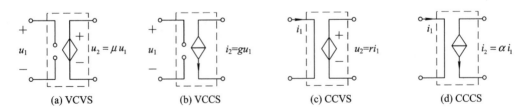

(a) VCVS (b) VCCS (c) CCVS (d) CCCS

图 2-32 受控源类型

在各端口电压、电流采用关联参考方向时,受控源的瞬时吸收功率为

$$p = u_1 i_1 + u_2 i_2$$

由于输入端不是 $u_1 = 0$ 就是 $i_1 = 0$,所以上式可写成

$$p = u_2 i_2 \qquad\qquad (2-21)$$

即受控支路的功率就是受控源的功率。

一般情况下，电路图中通常不直接画出输入支路，仅标注出控制量及参考方向，如图 2-33 所示。

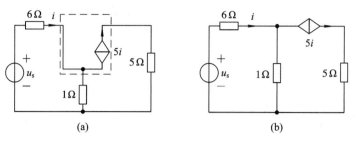

图 2-33　含受控源电路的简化画法

受控源是一种线性、时不变的有源元件。这里所指的"有源"，是指可以产生能量的器件，如独立电压源和电流源都是有源元件。电阻、电感和电容是不能产生能量的，称为无源元件。但是，与独立源有着本质不同的是，在电子电路中，受控源所产生的能量往往是来自于某独立源的，而在受控源模型中一般不标出该独立源。独立源称为激励源，电路中的电压和电流都是在独立源的作用下产生的。而受控源却不同，它反映的是电路中某种控制与被控制的关系或耦合关系。在分析电路时，受控源可以如同独立源一样处理，但是其输出电压或电流取决于控制量。因此，在列写含受控源的电路方程时，往往要增加一辅助方程来消去控制量。

【例 2-6】　如图 2-34 所示，求 u_1、i_1，独立源功率 p_s、受控源功率 p_D 和电阻功率 p_R。

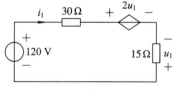

图 2-34　例 2-6 图

解　编写 KVL 方程有

$$30i_1 + 2u_1 - u_1 - 120 = 0 \qquad\qquad ①$$

辅助方程为

$$u_1 = -15i_1 \qquad\qquad ②$$

由①、②式解得 $i_1 = 8$ A，$u_1 = -120$ V，故各元件吸收的功率为

$$p_s = -u_s i_1 = -(120 \times 8) = -960 \text{ W}$$

$$p_D = 2u_1 i_1 = 2 \times (-120) \times 8 = -1920 \text{ W}$$

$$p_R = (30 + 15) \times i_1^2 = 45 \times 64 = 2880 \text{ W}$$

显然，$p_s + p_D + p_R = 0$（功率守恒）。

【例 2-7】　求图 2-35 所示电路中的电压放大倍数 $K_v (= u_2/u_s)$。

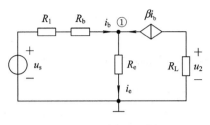

图 2-35 例 2-7 图

解 对节点①编写 KCL 方程，有

$$i_e = i_b + \beta i_b = (1+\beta)i_b$$

故对左边网孔编写 KCL 方程，得

$$u_s = (R_1 + R_b)i_b + R_e i_e = [R_1 + R_b + (1+\beta)R_e]i_b$$

又因为

$$u_2 = -R_L \beta i_b$$

所以

$$K_v = \frac{u_2}{u_s} = -\frac{\beta R_L}{R_1 + R_b + (1+\beta)R_e}$$

实验 故障判断

1. 某同学在做实验时，连成了如图所示的电路，闭合开关后，发现灯泡 L_1 亮、灯泡 L_2 不亮，电压表和电流表均有读数，产生这一现象的原因可能是（ ）。

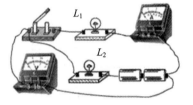

A. L_1 断路   B. L_1 短路

C. L_2 断路   D. L_2 短路

实验 1 图

（答案：D）

2. 如图所示，电源电压为 6 V，闭合开关后，两个小灯泡均不发光，用电压表测得 a、c 与 b、d 两点间的电压均为 6 V，则故障可能是（ ）。

A. L_1 的灯丝断了   B. L_2 的灯丝断了

C. R 的电阻丝断了   D. 开关接触不良

（答案：B）

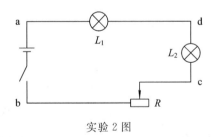

实验 2 图

3. 某同学根据图(a)把器材接成实验电路，测量小灯泡的电阻。（电阻约为10 Ω）

(1) 闭合开关 S 后，发现电流表和电压表出现了如图(c)所示的情况，这是因为电流表_____，电压表_____。

（2）闭合开关 S 后，发现灯泡比较暗，且无论怎样移动滑动变阻器滑片，灯泡的亮度都未发生变化，其原因是＿＿＿＿＿＿＿＿。

（3）当移动滑动变阻器的滑片时，灯泡变亮，而电压表的读数却变小了，其原因是＿＿＿＿＿＿＿＿。

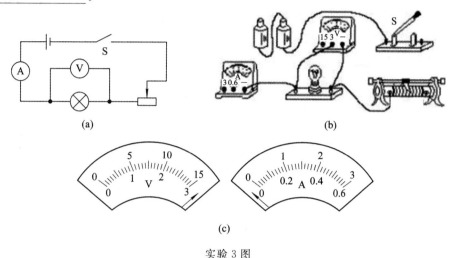

实验 3 图

（答案：（1）接线柱接反了，量程选择太小了；（2）滑动变阻器接在了下面两个接线柱上；（3）电压表位置接错了，接在了滑动变阻器两端。）

思 考 与 练 习

2-1　判断下列说法是否正确：

（1）在电路中，电流源两端电压为零。（　　）

（2）在电路中，电流源两端电压为无穷大。（　　）

2-2　判断下列说法是否正确：

（1）实际电源的 VAR 与外电路无关。（　　）

（2）实际电源的 VAR 与外电路有关。（　　）

2-3　求图示各电路中独立源的功率。

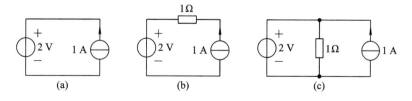

思考与练习 2-3 图

2-4　判断下列说法是否正确：

（1）基尔霍夫电流定律、电压定律对线性非时变电路适用，而对非线性或时变电路不适用。（　　）

(2) 基尔霍夫电流定律、电压定律对集总参数电路适用，而对分布参数电路不适用。（　　）

(3) 基尔霍夫电流定律、电压定律对线性、非线性、时变、非时变的集总参数电路都适用。（　　）

(4) 在节点处，各支路电流的参考方向不能都设为流入(或流出)该节点，否则将只有流入(或流出)节点的电流，而无流出(或流入)节点的电流，不符合电荷守恒定律。（　　）

(5) 利用 KCL 方程求某一支路电流时，若改变接在同一节点的所有其他已知支路电流的参考方向，将使求得的结果有符号的差别。（　　）

(6) 利用 KCL 方程求某一支路电流时，若改变该支路电流的参考方向，将使求得的结果有符号的差别。（　　）

2-5　填空：

(1) 三条或三条以上支路的连接点称为＿＿＿＿＿＿＿＿。

(2) 电路中的任何一闭合路径称为＿＿＿＿＿＿＿＿。

(3) 内部不再含有其他回路或支路的回路称为＿＿＿＿＿＿＿＿。

(4) ＿＿＿＿＿＿＿＿只取决于电路的连接方式。

(5) ＿＿＿＿＿＿＿＿只取决于电路元件本身电流与电压的关系。

(6) KCL 指出，对于任一集总电路中的任一节点，在任一时刻，流出(或流进)该节点的所有支路电流的＿＿＿＿＿＿＿＿为零。

(7) KCL 只与＿＿＿＿＿＿＿＿有关，而与元件的性质无关。

(8) KVL 指出，对于任一集总电路中的任一回路，在任一时刻，沿着该回路的＿＿＿＿＿＿＿＿代数和为零。

(9) 求电路中两点之间的电压与＿＿＿＿＿＿＿＿无关。

2-6　一个 25 Ω、1 W 的电阻应用于电路，则电阻两端不能超过（　　）伏？

(1) 1 V　　　　　(2) 5 V　　　　　(3) 25 V

2-7　试以 u 为横坐标、i 为纵坐标，在同一个坐标系中作出下列电阻的伏安特性曲线：(1) $R=0\ \Omega$；(2) $R=2\ \Omega$；(3) $R=4\ \Omega$；(4) $R=\infty$。

2-8　电路如图所示，试求电阻 R 及电路的功率。

2-9　如图所示电路，电压 u_{ab} 等于（　　）。

(1) -1 V　　　　(2) 0 V　　　　(3) 1 V　　　　(4) 以上均不对

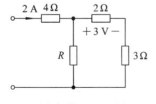
思考与练习 2-8 图

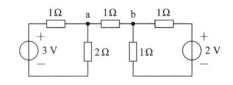
思考与练习 2-9 图

2-10　如图所示电路，判断下列说法是否正确：

(1) 图示电路所设的电压、电流参考方向是关联的。（　　）

(2) 图示电路所设的电压、电流参考方向是非关联的。（　　）

(3) 图示电路所设的电压、电流参考方向对于 A 来说是非关联的；对于 B 却是关联

的。(　　)

(4) 电路中两点间的电压等于该两点间的电位差。因电位是随参考点而改变的,所以两点间的电压亦随参考点的不同而改变。(　　)

(5) 电路中某点的电位虽然随参考点而改变,但两点间的电位差是不随参考点变化而变化的,因此两点间的电压是确定值。(　　)

2-11　若图示元件 A 提供的功率为 5 W,则电流 i 为(　　)。

(1) 2 A　　　　　(2) -2 A　　　　　(3) 0.5 A　　　　　(4) -0.5 A

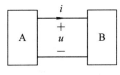
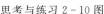

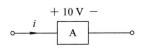

思考与练习 2-10 图　　　　　　思考与练习 2-11 图

2-12　试求图示各网络吸收的功率。

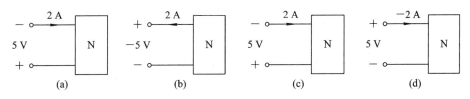

思考与练习 2-12 图

2-13　判断下列说法是否正确:

(1) 受控源的输出是随输入量而变化的,因而受控源都是时变元件。(　　)

(2) 受控源与独立源一样,能对外电路提供能量。(　　)

(3) 独立源只能产生能量,受控源只能吸收能量。(　　)

(4) 独立源和受控源都既能产生能量又能吸收能量。(　　)

2-14　如图所示各二端元件,已知端 2 至端 1 有 20 V 电压降,4 A 电流由端 2 流向端 1。

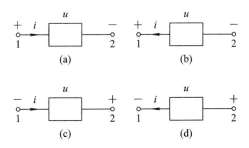

思考与练习 2-14 图

(1) 根据图(a)~(d)所标电压、电流参考方向,给出 u 和 i 的数值;

(2) 二端元件是吸收还是释放功率? 其功率是多少?

2-15　如图所示电路 A 与 B 相连,试计算在如下条件下电路 A、B 的功率,并说明功率是由 A 流向 B 还是由 B 流向 A。

(1) $i=5$ A，$u=120$ V；

(2) $i=-5$ A，$u=120$ V；

(3) $i=-5$ A，$u=-120$ V；

(4) $i=5$ A，$u=-120$ V。

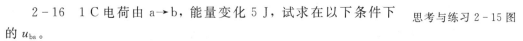

思考与练习 2-15 图

2-16 1 C 电荷由 a→b，能量变化 5 J，试求在以下条件下的 u_{ba}。

(1) 电荷为正，得到能量；

(2) 电荷为正，失去能量；

(3) 电荷为负，得到能量；

(4) 电荷为负，失去能量。

2-17 试分别求图(a)电路中 a、b 端开路时的电压值 u_{ab} 和图(b)电路中 a、b 端短路时的电流值 i_{ab}。

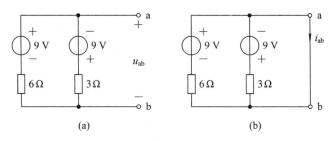

思考与练习 2-17 图

2-18 求图(a)、(b)所示电路中的电压 u_{ac}、u_{ad} 和 u_0。（注：图(a)中 a、d 端开路）

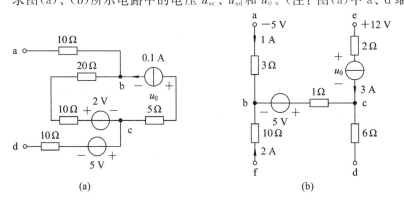

思考与练习 2-18 图

第3章 电路基本分析方法

【内容提要】 本章介绍线性电路方程的编写方法，根据所选电路变量的不同可分为支路分析法、网孔分析法、节点分析法和回路分析法。本章以电阻电路为对象进行讨论，但所述分析方法对任何线性电路都适用。通过本章的学习，可正确编写描述电路的方程式。

3.1 支路分析法

支路分析法是直接以支路电流或支路电压作为电路变量，应用两种约束关系，编写出与支路数相等的独立方程，先求得支路电流或支路电压，进而求得电路响应的方法。在支路分析法中，若选支路电流为电路变量，则称为支路电流分析法；若选支路电压为电路变量，则称为支路电压分析法。因为这两种分析方法类似，所以这里仅以支路电流法为例来介绍方程的编写过程。读者可用类似的方法得出支路电压分析法，这里不再赘述。

下面以图3-1所示的有4个由三条以上支路连接的节点、6个支路电流的电路为例介绍支路电流分析法。

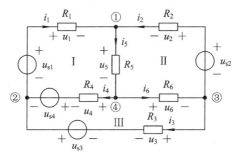

图3-1 支路分析法示例

列 KCL 方程：
节点①：
$$i_1 + i_2 - i_5 = 0 \tag{3-1a}$$

节点②：
$$-i_1 + i_3 + i_4 = 0 \tag{3-1b}$$

节点③：
$$-i_2 - i_3 + i_6 = 0 \tag{3-1c}$$

节点④：
$$-i_4 + i_5 - i_6 = 0 \tag{3-1d}$$

显然，式(3-1)的 4 个方程中存在(a)+(b)+(c)+(d)=0，即其中任何一个方程可由其他 3 个导出，故在具有 4 个由三条以上支路连接而成的节点的电路中，只有 3 个独立的 KCL 方程。因此，只需列出三条支路连接的节点数减一个节点的 KCL 方程即可。

上述结论可推广到一般情况：对于具有 n 个节点的连通网络[①]，其独立的 KCL 方程为 $n-1$ 个，且为任意的 $n-1$ 个。

图 3-1 中有 3 个网孔，对电路的网孔编写 KVL 方程。设绕向为顺时针方向，电压降为正、升为负，则有

网孔 I：
$$-u_{s1}+u_1+u_5+u_4+u_{s4}=0 \tag{3-2a}$$

网孔 II：
$$-u_5-u_2+u_{s2}-u_6=0 \tag{3-2b}$$

网孔 III：
$$-u_{s4}-u_4+u_6+u_3-u_{s3}=0 \tag{3-2c}$$

除了 3 个网孔外，尚有若干个回路存在，若对其中由 R_1、R_2、u_{s2}、R_3、u_{s3}、u_{s1} 所构成的回路列 KVL 方程，同样设绕向为顺时针方向，电压降为正、升为负，则有
$$-u_{s1}+u_1-u_2+u_{s2}+u_3-u_{s3}=0 \tag{3-2d}$$

显然，式(3-2)中，(d)=(a)+(b)+(c)。

可以证明，其他回路的 KVL 方程皆可由式(3-2a)、式(3-2b)、式(3-2c)导出，所以独立的 KVL 方程仅有 3 个。

上述结论可推广到一般情况：对于具有 n 个节点、b 条支路的连通网络，独立回路和独立的 KVL 方程数为 $b-n+1$ 个，即和网孔数相同。为了方便起见，对平面网络通常按网孔编写 KVL 方程。

综上所述，对于具有 n 个节点、b 条支路的连通网络，有 $n-1$ 个独立的 KCL 方程，有 $b-n+1$ 个独立的 KVL 方程，由拓扑约束关系可列出的独立方程总数为
$$(n-1)+(b-n+1)=b \tag{3-3}$$
恰好等于待求支路电流数 b，与元件约束关系(欧姆定律)联立求解这 b 个方程，可求得各支路电流。

对于具有 n 个节点、m 个网孔的连通网络，支路电流分析法的步骤如下：
(1) 在电路中标出支路电流；
(2) 列出 $n-1$ 个节点的 KCL 方程；
(3) 列出 m 个网孔的 KVL 方程；
(4) 代入欧姆定律消去电压变量，求解各支路电流。

【例 3-1】 电路如图 3-2 所示，试列写支路电流方程。

解 设支路电流为 $i_1 \sim i_6$，如图所示。电路的节点数 $n=4$，可列 3 个独立的 KCL 方程。

选择节点①～③，得
$$i_6-i_1-i_2=0$$

---

① 从网络的任一节点出发，沿着某些支路任意移动，能够到达其余所有节点的网络称为连通网络。

$$i_1 - i_4 - i_3 = 0$$
$$i_2 + i_3 - i_5 = 0$$

电路的网孔数为 3，可列 3 个独立的 KVL 方程，代入欧姆定律，得

$$R_1 i_1 + R_4 i_4 - u_s = 0$$
$$R_2 i_2 - R_3 i_3 - R_1 i_1 = 0$$
$$R_5 i_5 - R_4 i_4 + R_3 i_3 = 0$$

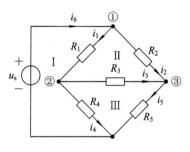

图 3-2　例 3-1 图

【例 3-2】　电路如图 3-3 所示，求电流 i。

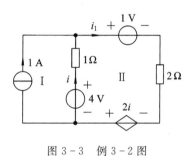

图 3-3　例 3-2 图

解　设支路电流 i_1 如图 3-3 所示。

由节点的 KCL 方程得

$$i + 1 - i_1 = 0$$

由回路 Ⅱ 的 KVL 方程得

$$1 + 2i_1 - 2i - 4 + 1i = 0$$

解得

$$i = 1 \text{ A}$$

该题中，由于一条支路的电流为电流源提供(已知)，故只有两个未知量，列两个方程。

因为电流源支路电流已知，所以不用列出含有电流源支路的回路的 KVL 方程。故例 3-2 中只需要列出回路 Ⅱ 的 KVL 方程。

采用支路法编写电路方程时，方程数等于支路数，因此在电路支路数较多时，方程的消元过程非常繁琐。这就自然提出一个问题：在以电流或电压作为电路变量时，能否使变量数最少，从而使所需联立求解的独立方程数最少呢？

以下将要介绍的网孔法、节点法是具备完备性和独立性电路变量的分析方法，方程数要比支路分析法更少，在分析电路中也更常用。

3.2 网孔分析法

网孔分析法是指以网孔电流为变量编写平面电路方程以求解电路响应的分析方法。

所谓网孔电流，是人们假想的一个仅在网孔边界循环流动的电流。如图 3-4 所示平面电路，假设有电流 i_{m1}、i_{m2}、i_{m3} 分别沿网孔 Ⅰ、Ⅱ、Ⅲ 边界循环流动，则电流 i_{m1}、i_{m2}、i_{m3} 为网孔电流，其参考方向是任意假定的。

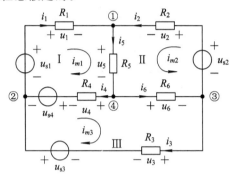

图 3-4 支路分析法示例

1. 网孔电流的特点

（1）网孔电流是一组完备的变量集。显然，一旦求得网孔电流 i_{m1}、i_{m2}、i_{m3}，则电路中的任一支路电流皆可由网孔电流确定。如 $i_1 = i_{m1}$，$i_2 = i_{m2}$，$i_3 = i_{m3}$，$i_4 = i_{m1} - i_{m3}$，$i_5 = i_{m1} + i_{m2}$，$i_6 = i_{m2} + i_{m3}$。

（2）网孔电流是一组独立的变量集。在网孔电流 i_{m1}、i_{m2}、i_{m3} 中，任意一个网孔电流不能由其他两个电流求得。若对电路各节点以网孔电流为变量编写 KCL 方程，以节点①、②为例，有

$$i_{m1} + i_{m2} = i_{m1} + i_{m2}, \quad i_{m1} + i_{m3} = i_{m1} + i_{m3}$$

可见，方程是恒等的，即网孔电流自动满足 KCL 方程，不受 KCL 方程约束，无需列 KCL 方程。

（3）网孔电流有且仅有 $b-n+1$ 个。在平面电路中，网孔数是 $b-n+1$ 个，因此网孔电流为 $b-n+1$ 个。

综上所述，由网孔电流为变量可以建立起一组数目最少而又能够完全描述电路的线性方程。

对图 3-4，用网孔电流表示支路电流，分别对网孔 Ⅰ、Ⅱ、Ⅲ 编写 KVL 方程，有

网孔 Ⅰ： $R_1 i_{m1} + R_5 (i_{m1} + i_{m2}) + R_4 (i_{m1} - i_{m3}) + u_{s4} - u_{s1} = 0$

网孔 Ⅱ： $R_2 i_{m2} + R_5 (i_{m1} + i_{m2}) + R_6 (i_{m2} + i_{m3}) - u_{s2} = 0$ （3-4）

网孔 Ⅲ： $-R_4 (i_{m1} - i_{m3}) + R_6 (i_{m3} + i_{m2}) + R_3 i_{m3} - u_{s3} - u_{s4} = 0$

同类项合并，可得

$$\begin{cases} (R_1 + R_4 + R_5) i_{m1} + R_5 i_{m2} - R_4 i_{m3} = u_{s1} - u_{s4} \\ R_5 i_{m1} + (R_2 + R_5 + R_6) i_{m2} + R_6 i_{m3} = u_{s2} \\ -R_4 i_{m1} + R_6 i_{m2} + (R_3 + R_4 + R_6) i_{m3} = u_{s3} + u_{s4} \end{cases}$$ （3-5）

令

$$R_1 + R_4 + R_5 = R_{11},\ R_5 = R_{12},\ -R_4 = R_{13},\ u_{s1} - u_{s4} = u_{s11}$$
$$R_5 = R_{21},\ R_2 + R_5 + R_6 = R_{22},\ R_6 = R_{23},\ u_{s21} = u_{s22}$$
$$-R_4 = R_{31},\ R_6 = R_{32},\ R_3 + R_4 + R_6 = R_{33},\ u_{s3} + u_{s4} = u_{s33}$$

则式(3-5)可写为网孔方程的一般形式:

$$\begin{cases} R_{11} i_{m1} + R_{12} i_{m2} + R_{13} i_{m3} = u_{s11} \\ R_{21} i_{m1} + R_{22} i_{m2} + R_{23} i_{m3} = u_{s22} \\ R_{31} i_{m1} + R_{32} i_{m2} + R_{33} i_{m3} = u_{s33} \end{cases} \tag{3-6}$$

对照原电路不难看出,式(3-6)中:

- $R_{ii}(i=1,2,3)$ 是第 i 个网孔的所有电阻之和,且为正值,称为第 i 个网孔的自电阻。
- $R_{ij}(i \neq j)$ 是第 i 个网孔和第 j 个网孔互相共有的电阻,称为互电阻。当 i、j 网孔电流流过该电阻的参考方向一致时,取正值;当 i、j 网孔电流流过该电阻的参考方向相反时,取负值。
- $u_{sii}(i=1,2,3)$ 是第 i 个网孔中沿着网孔电流方向的所有电源电压升的代数和,即电压升为正、降为负。注意,此处的电源电压不仅包括电压源电压,也包括电流源电压,所以通常当电流源介于两个网孔之间时要标出电流源电压的参考方向。

所以,对于具有 k 个网孔的电流方向,不难写出网孔方程的一般形式,即

$$\begin{cases} R_{11} i_{m1} + R_{12} i_{m2} + R_{13} i_{m3} = u_{s11} \\ R_{21} i_{m1} + R_{22} i_{m2} + R_{23} i_{m3} = u_{s22} \\ \qquad\qquad\qquad\vdots \\ R_{k1} i_{m1} + R_{k2} i_{m2} + R_{k3} i_{m3} = u_{skk} \end{cases} \tag{3-7}$$

列网孔方程的目的是求解网孔电流,所以当某一网孔电流就是电流源的电流(或其相反值)时,不需写出此网孔的网孔方程。对于有电流源的电路,通常都要写出电流源与网孔电流的关系式,称之为辅助方程。若电路中有受控源,也要写出控制量与网孔电流的关系式,也称之为辅助方程。联立网孔方程和辅助方程可求解出网孔电流。

网孔分析法就是以网孔电流为变量列出网孔的 KVL 方程,其步骤如下:

(1) 标出网孔电流 i_{m1},i_{m2},i_{m3},…。

(2) 如果电路中有电流源,那么若 ① 电流源是网孔 k 的电流,则该网孔电流为电流源电流,$i_{mk} = \pm i_{sk}$,电流源与网孔电流方向相同为正、相反为负,不需列出此网孔的网孔方程;② 电流源介于两网孔(网孔 p 和网孔间 q)之间,则标出其两端电压并把它看成电压源,需增加该网孔电流与电流源的关系式(辅助方程)$i_{sk} = \pm i_{mp} \pm i_{mq}$,电流源与网孔电流方向相同为正、相反为负。

(3) 列出网孔的网孔方程标准式:

$$\begin{cases} R_{11} i_{m1} + R_{12} i_{m2} + \cdots + R_{1n} i_{mn} = \sum u_{s1k} \\ R_{21} i_{m1} + R_{22} i_{m2} + \cdots + R_{2n} i_{mn} = \sum u_{s2k} \\ \qquad\qquad\qquad\vdots \\ R_{n1} i_{m1} + R_{n2} i_{m2} + \cdots + R_{nn} i_{mn} = \sum u_{snk} \end{cases}$$

(R_{kk} 为自电阻,恒为正;R_{nk} 为互电阻,若两网孔电流流过互电阻,则方向相同为正

（两网孔电一为顺时针，另一为逆时针）、相反为负（两网孔电匀为顺时针或逆时针））；$\sum u_{snk}$ 电压源降为负、升为正。

（4）若有受控源，则需列出控制量与网孔电流的关系式（辅助方程）。

【例 3 - 3】 电路如图 3 - 5(a)所示，求 u_1、u_2。

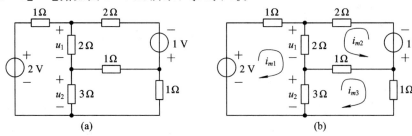

图 3 - 5 例 3 - 3 图

解 设网孔电流 i_{m1}、i_{m2}、i_{m3} 如图 3 - 5(b)所示。有

$$R_{11} = 6, \quad R_{12} = 2, \quad R_{13} = -3, \quad u_{s11} = 2$$
$$R_{21} = 2, \quad R_{22} = 5, \quad R_{23} = 1, \quad u_{s22} = -1$$
$$R_{31} = -3, \quad R_{32} = 1, \quad R_{33} = 5, \quad u_{s33} = 0$$

故网孔方程为

$$\begin{cases} 6i_{m1} + 2i_{m2} - 3i_{m3} = 2 \\ 2i_{m1} + 5i_{m2} + 1i_{m3} = -1 \\ -3i_{m1} + 1i_{m2} + 5i_{m3} = 0 \end{cases}$$

$$\Delta = \begin{vmatrix} 6 & 2 & -3 \\ 2 & 5 & 1 \\ -3 & 1 & 5 \end{vmatrix}$$

$$= 6 \times 5 \times 5 + 2 \times 1 \times (-3) + 2 \times 1 \times (-3) - [2 \times 2 \times 5] -$$
$$[(-3) \times 5 \times (-3)] - [1 \times 1 \times 6]$$
$$= 150 - 6 - 6 - 20 - 45 - 6 = 67$$

$$\Delta_1 = \begin{vmatrix} 2 & 2 & -3 \\ -1 & 5 & 1 \\ 0 & 1 & 5 \end{vmatrix}$$

$$= 2 \times 5 \times 5 + 2 \times 1 \times 0 + (-1) \times 1 \times (-3) - [2 \times (-1) \times 5] -$$
$$[0 \times 5 \times (-3)] - [1 \times 1 \times 2]$$
$$= 50 + 0 + 3 + 10 - 0 - 2 = 61$$

$$\Delta_2 = \begin{vmatrix} 6 & 2 & -3 \\ 2 & -1 & 1 \\ -3 & 0 & 5 \end{vmatrix}$$

$$= 6 \times (-1) \times 5 + 2 \times 1 \times (-3) + 2 \times 0 \times (-3) -$$
$$[2 \times 2 \times 5] - [(-3) \times (-1) \times (-3)] - [0 \times 1 \times 6]$$
$$= -30 - 6 + 0 - 20 + 9 - 0$$
$$= -47$$

$$\Delta_3 = \begin{vmatrix} 6 & 2 & 2 \\ 2 & 5 & -1 \\ -3 & 1 & 0 \end{vmatrix}$$

$$= 6 \times 5 \times 0 + 2 \times 1 \times 2 + 2 \times (-1) \times (-3) - [2 \times 2 \times 0] -$$
$$[(-3) \times 5 \times 2] - [1 \times (-1) \times 6]$$

$$= 0 + 4 + 6 - 0 + 30 + 6$$

$$= 46$$

得

$$i_{m1} = \frac{\Delta_1}{\Delta} = \frac{61}{67} \text{ A}, \ i_{m2} = \frac{\Delta_2}{\Delta} = -\frac{47}{67} \text{ A}, \ i_{m3} = \frac{\Delta_3}{\Delta} = \frac{46}{67} \text{ A}$$

则

$$u_1 = 2(i_{m1} + i_{m2}) = 2\left(\frac{61}{67} + \left(-\frac{47}{67}\right)\right) = \frac{28}{67} \text{ V}$$

$$u_2 = 3(i_{m1} - i_{m3}) = 3\left(\frac{61}{67} - \frac{46}{67}\right) = \frac{45}{67} \text{ V}$$

【例 3 - 4】 电路如图 3 - 6(a)所示，试用网孔分析法求电流 i_1、i_2。

解 方法一：设网孔电流为 i_{m1}、i_{m2}、i_{m3}，标出电流源的电压参考方向，如图 3 - 6(b) 所示。

网孔方程为

$$\begin{cases} 5i_{m1} - 3i_{m2} - 0i_{m3} = 2 & ① \\ -3i_{m1} + 4i_{m2} - 0i_{m3} = -u & ② \\ -0i_{m1} - 0i_{m2} + 5i_{m3} = u & ③ \end{cases}$$

辅助方程为

$$i_{m3} - i_{m2} = 2 \qquad\qquad ④$$

把式③代入式②，消去 u 得

$$-3i_{m1} + 4i_{m2} + 5i_{m3} = 0 \qquad\qquad ⑤$$

把式④分别代入式①和式⑥，消去 i_{m2} 得

$$5i_{m1} - 3(i_{m3} - 2) = 2 \Rightarrow 5i_{m1} - 3i_{m3} = -4 \qquad\qquad ⑥$$

$$-3i_{m1} + 4(i_{m3} - 2) + 5i_{m3} = 0 \Rightarrow -3i_{m1} + 9i_{m3} = 8 \qquad\qquad ⑦$$

将式⑦代入式⑥，消去 i_{m3} 得

$$5i_{m1} - 3\left(\frac{3i_{m1} + 8}{9}\right) = -4 \Rightarrow 4i_{m1} = -\frac{4}{3} \Rightarrow i_{m1} = -\frac{1}{3} \text{ A}$$

代入式⑦得

$$i_{m3} = \frac{7}{9} \text{ A}$$

代入式④得

$$i_{m2} = -\frac{11}{9} \text{ A}$$

则

$$i_1 = i_{m1} - i_{m2} = \frac{8}{9} \text{ A}, \ i_2 = i_{m3} = \frac{7}{9} \text{ A}$$

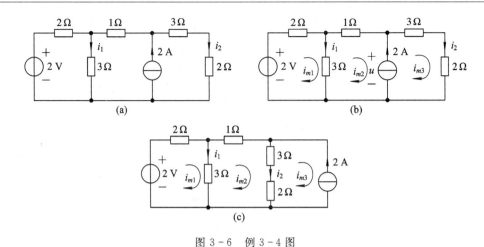

图 3-6　例 3-4 图

方法二：将电路变形为如图 3-6(c)所示，设网孔电流为 i_{m1}、i_{m2}、i_{m3}，得网孔方程为

$$\begin{cases} 5i_{m1} - 3i_{m2} - 0i_{m3} = 2 \\ -3i_{m1} + 9i_{m2} - 5i_{m3} = 0 \\ i_{m3} = -2 \end{cases}$$

解得

$$i_{m1} = -\frac{1}{3}\,\text{A}, \quad i_{m2} = -\frac{11}{9}\,\text{A}$$

则

$$i_1 = i_{m1} - i_{m2} = \frac{8}{9}\,\text{A}, \quad i_2 = i_{m3} = \frac{7}{9}\,\text{A}$$

【例 3-5】　电路如图 3-7 所示，试用网孔分析法求电流 i。

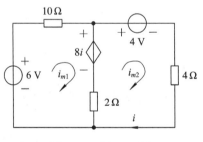

图 3-7　例 3-5 图

解　设网孔电流的参考方向如图 3-7 所示，得网孔方程为

$$\begin{cases} 12i_{m1} - 2i_{m2} = 6 - 8i \\ -2i_{m1} + 6i_{m2} = -4 + 8i \end{cases}$$

辅助方程为

$$i = i_{m2}（若有受控源，写出控制量与网孔电流的关系式）$$

解得

$$i = 3\,\text{A}$$

2. 超网孔的概念

网孔分析法的实质是：以网孔电流为变量，选择独立回路列写 KVL 方程。在此，所选

择的独立回路是电路的网孔。在这种情况下，若构成该网孔的支路含有电流源，则必须引入未知电压(电流源电压)u；如果在列写 KVL 方程时，选择避开电流源支路的回路，则可以不引入未知电压 u。该回路被称为超网孔，即以网孔电流为变量列写所有不包括电流源支路的回路的 KVL 方程，当然同样还要写出辅助方程(电流源与网孔电流的关系式，控制量与网孔电流的关系式)。

以网孔电流为变量，列出网孔的 KVL 方程是网孔分析法的第二种形式，其步骤如下：

(1) 标出网孔电流 i_{m1}，i_{m2}，i_{m3}，…。

(2) 如果电路中有电流源，那么若 ① 电流源是网孔电流，则 $i_{mk} = \pm i_{sk}$，电流源与网孔电流方向相同为正、相反为负，不需列出该网孔的 KVL 方程；② 电流源介于两网孔间，则设其断开，将两网孔合并成一个超网孔。需列出该网孔电流与电流源的关系式(辅助方程) $i_{sk} = \pm i_{mp} \pm i_{mq}$，电流源与网孔电流方向相同为正、相反为负。

(3) 列出网孔和超网孔的 KVL 方程。

(4) 若有受控源，则需列出控制量与网孔电流的关系式(辅助方程)。

可见，电流源多的电路，用网孔分析法很简便。

【例 3 - 6】 电路如图 3 - 8(a)所示，求电压 u_1 和 u_2。

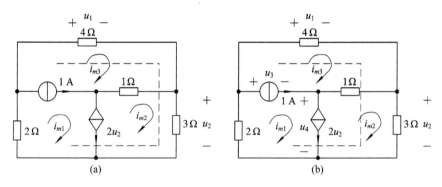

图 3 - 8 例 3 - 6 图

解 方法一：为避开电流源支路，选择虚线所示回路(超网孔)，以网孔电流为变量列写 KVL 方程，可得

$$2i_{m1} + 4i_{m3} + 3i_{m2} = 0$$

辅助方程为

$$i_{m1} - i_{m3} = 1$$
$$i_{m1} - i_{m2} = 2u_2$$
$$u_2 = 3i_{m2}$$

解得

$$i_{m1} = 0.62 \text{ A}, \quad i_{m2} = 0.089 \text{ A}, \quad i_{m3} = -0.38 \text{ A}$$
$$u_1 = 4i_{m3} = -1.52 \text{ V}, \quad u_2 = 3i_{m2} = 0.267 \text{ V}$$

方法二：设网孔电流和电流源端电压的参考方向如图 3 - 8(b)中所示，列网孔方程得

$$\begin{cases} 2i_{m1} - 0i_{m2} - 0i_{m3} = -u_3 - u_4 \\ -0i_{m1} + 4i_{m2} - i_{m3} = u_4 \\ -0i_{m1} - i_{m2} + 5i_{m3} = u_3 \end{cases}$$

辅助方程为

$$\begin{cases} i_{m1} - i_{m3} = 1 \\ i_{m1} - i_{m2} = 2u_2 \\ 3i_{m2} = u_2 \end{cases}$$

解得

$$i_{m1} = 0.62 \text{ A}, \quad i_{m2} = 0.089 \text{ A}, \quad i_{m3} = -0.38 \text{ A}$$
$$u_1 = 4i_{m3} = -1.52 \text{ V}, \quad u_2 = 3i_{m2} = 0.267 \text{ V}$$

3.3 节点分析法

在电路中任意选择某一节点为参考节点(零电位点),则其余各节点与参考节点间的电压(电位差)称为节点电压。以节点电压为变量,编写电路方程以求解响应的方法称为节点分析法。如图 3-9 所示电路,若选节点④为参考节点(零电位点),设电路中其他节点①、②和③相对于参考节点的电压(电位差)分别为 u_{n1}、u_{n2}、u_{n3},则 u_{n1}、u_{n2}、u_{n3} 为节点电压。节点电压的参考极性以参考节点为负,其余独立节点为正。故节点电压实质是节点与参考节点之间的电压差。

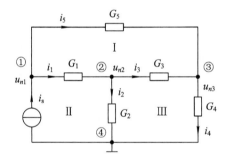

图 3-9 节点分析法示例

用节点分析法分析电路时,首先要选择参考节点并标出所有节点的节点电压。注意,此处所指的节点包括两个支路(元件)串联的节点。

1. 节点电压的特点

节点电压同样具有上节所述可以作为列方程求解电路的电压变量的一切特点。这体现在以下几个方面:

(1)节点电压是一组完备的变量集。

节点电压 u_{n1}、u_{n2}、u_{n3} 一旦求得,则不难看出所有的支路电压皆可由节点电压的线性组合得到。如图 3-9 所示,有

$u_1 = u_{n1} - u_{n2}, u_2 = u_{n2}, u_3 = u_{n2} - u_{n3}, u_4 = u_{n3}, u_5 = u_{n1} - u_{n3}, u_6 = u_{n1}$

(2)节点电压是一组独立的变量集。

在节点电压 u_{n1}、u_{n2}、u_{n3} 中,任意已知两个节点电压的值,不能求得第三个节点电压的值。若对电路各回路以节点电压为变量编写 KVL 方程,以网孔Ⅰ、Ⅱ为例,则有

$$(u_{n1} - u_{n3}) + (u_{n3} - u_{n2}) + (u_{n2} - u_{n1}) = 0$$
$$(u_{n1} - u_{n2}) + u_{n2} - u_{n1} = 0$$

可见，方程是恒等的，即节点电压自动满足 KVL 方程，不受 KVL 方程的约束，无需列 KVL 方程。

（3）节点电压为 $n-1$ 个。

在具有 n 个节点的电路中，当选择其中一个作为参考点后，其余独立节点数为 $n-1$ 个，即节点电压为 $n-1$ 个。

所以，以节点电压为变量可以建立起一组数目最少而又能够完全描述电路的线性方程。

2. 节点方程的一般形式

节点分析法的实质是以节点电压为变量编写节点的 KCL 方程。在图 3-9 所示的电路中，对节点①、②、③编写 KCL 方程，有

$$\begin{cases} i_1 + i_5 - i_s = 0 \\ -i_1 + i_2 + i_3 = 0 \\ -i_3 + i_4 - i_5 = 0 \end{cases} \tag{3-8}$$

用节点电压表示元件的约束关系，有

$$\begin{cases} i_1 = G_1 u_1 = G_1(u_{n1} - u_{n2}) \\ i_2 = G_2 u_2 = G_2 u_{n2} \\ i_3 = G_3 u_3 = G_3(u_{n2} - u_{n3}) \\ i_4 = G_4 u_4 = G_4 u_{n3} \\ i_5 = G_5 u_5 = G_5(u_{n1} - u_{n3}) \end{cases} \tag{3-9}$$

把式(3-9)代入式(3-8)，整理后可得

$$\begin{cases} (G_1 + G_5)u_{n1} - G_1 u_{n2} - G_5 u_{n3} = i_s \\ -G_1 u_{n1} + (G_1 + G_2 + G_3)u_{n2} - G_3 u_{n3} = 0 \\ -G_5 u_{n1} - G_3 u_{n2} + (G_3 + G_4 + G_5)u_{n3} = 0 \end{cases} \tag{3-10}$$

式(3-10)中，令

$$G_1 + G_5 = G_{11}, -G_1 = G_{12}, -G_5 = G_{13}, i_s = i_{s11}$$
$$-G_1 = G_{21}, G_1 + G_2 + G_3 = G_{22}, -G_3 = G_{23}, 0 = i_{s22}$$
$$-G_5 = G_{31}, -G_3 = G_{32}, G_3 + G_4 + G_5 = G_{33}, 0 = i_{s33}$$

则有 3 个节点电压的节点方程为

$$\begin{cases} G_{11} u_{n1} + G_{12} u_{n2} + G_{13} u_{n3} = i_{s11} \\ G_{21} u_{n1} + G_{22} u_{n2} + G_{23} u_{n3} = i_{s22} \\ G_{31} u_{n1} + G_{32} u_{n2} + G_{33} u_{n3} = i_{s33} \end{cases} \tag{3-11}$$

式中，G_{ii} 为自电导，它是与第 i 个节点相连的所有电导的总和，且恒为正；G_{ij} 为互电导，它是连接在第 i 个节点和第 j 个节点之间的电导，为两个节点所共有，且恒为负；i_{sii} 为流入第 i 个节点所有电源电流之和，即流入为正、流出为负。此处的电源同样包括电压源和电流源，所以通常须标出介于两节点间的电压源的电流参考方向。

不难看出，节点方程和网孔方程具有对偶性。

对具有 m 个节点电压的电路，相应的节点方程为

$$\begin{cases} G_{11}u_{n1} + G_{12}u_{n2} + G_{13}u_{n3} = i_{s11} \\ G_{21}u_{n1} + G_{22}u_{n2} + G_{23}u_{n3} = i_{s22} \\ \quad\quad\quad\vdots \\ G_{m1}u_{n1} + G_{m2}u_{n2} + G_{m3}u_{n3} = i_{smn} \end{cases} \tag{3-12}$$

同样，列节点方程是为了求解节点电压，所以当某一节点电压就是电压源的电压（或其相反值）时，则不需列出此节点的节点方程。对于有电压源的电路，通常都要写出电压源与节点电压的关系式，称之为辅助方程。若电路中有受控源，同样也要写出控制量与节点电压的关系式，也称之为辅助方程。联立节点方程和辅助方程即可求解出节点电压。

【例 3 - 7】 电路如图 3 - 10(a)所示，求电压 u。

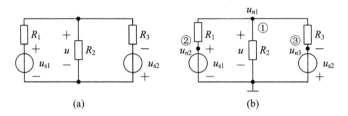

图 3 - 10 例 3 - 7 图

解 设参考点及节点电压 u_{n1}、u_{n2}、u_{n3} 如图 3 - 10(b)所示。由于节点②、③的节点电压为电压源电压，故不需列节点②、③的节点方程。

由节点①列节点方程：

$$\left(\frac{1}{R_1} + \frac{1}{R_2} + \frac{1}{R_3}\right)u_{n1} - \frac{1}{R_1}u_{n2} - \frac{1}{R_3}u_{n3} = 0$$

辅助方程为

$$u_{n2} = u_{s1}, \quad u_{n3} = -u_{s2} \text{（电压源与节点电压的关系式）}$$

解得

$$u = u_{n1} = \frac{\dfrac{u_{s1}}{R_1} - \dfrac{u_{s2}}{R_2}}{\dfrac{1}{R_1} + \dfrac{1}{R_2} + \dfrac{1}{R_3}}$$

【例 3 - 8】 电路如图 3 - 11(a)所示，试列写节点方程。

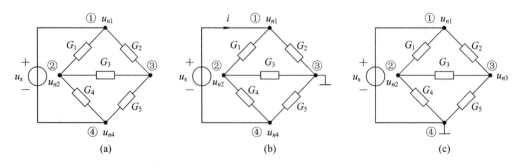

图 3 - 11 例 3 - 8 图

解 方法一：设节点③为参考点，其余各节点的节点电压分别为 u_{n1}、u_{n2}、u_{n4}。（电压源介于两个非参考节点之间)设电压源电流为 i，如图 3-11(b)所示。列节点①、②、④的节点方程：

$$\begin{cases}(G_1+G_2)u_{n1}-G_1u_{n2}-0u_{n4}=i\\-G_1u_{n1}+(G_1+G_3+G_4)u_{n2}-G_4u_{n4}=0\\-0u_{n1}-G_4u_{n2}+(G_4+G_5)u_{n4}=-i\end{cases}$$

辅助方程为

$$u_s=u_{n1}-u_{n4}$$

方法二：若设节点④为参考点，则其余各节点的节点电压分别为 u_{n1}、u_{n2}、u_{n3}，如图 3-11(c)所示。(不需列节点①的节点方程)

节点②、③的节点方程为

$$\begin{cases}-G_1u_{n1}+(G_1+G_3+G_4)u_{n2}-G_3u_{n3}=0\\-G_2u_{n1}-G_3u_{n2}+(G_2+G_3+G_5)u_{n3}=0\end{cases}$$

辅助方程为

$$u_{n1}=u_s（电压源与节点电压的关系式）$$

上例说明：虽然参考节点的选择是任意的，但正确选择可以使方程大大简化；通常选择多个电压源的公共节点为参考节点是有利的。

节点分析法就是以节点电压为变量列出节点的 KCL 方程，其步骤如下：

（1）选一个节点作为参考节点，标出其他各节点的节点电压 u_{n1}、u_{n2}、u_{n3}（包括电压源与电阻串联的连接节点）。

（2）如果有电压源，且电压源是节点电压，则 $u_{nk}=\pm u_{sk}$，节点电压与电压源电压极性相同为正、相反为负，不需列出该节点的节点方程；电压源介于两节点间，则标出其电流并把它看成电流源，列出电压源与两节点电压的关系式（辅助方程）$u_{sk}=u_{np}-u_{nq}$，电压源电压为两节点电压之差。

（3）列出节点的节点方程标准式：

$$\begin{cases}G_{11}u_{n1}+G_{12}u_{n2}+\cdots+G_{1n}u_{nn}=\sum i_{s1k}\\G_{21}u_{n1}+G_{22}u_{n2}+\cdots+G_{2n}u_{nn}=\sum i_{s2k}\\\vdots\\G_{n1}u_{n1}+G_{n2}u_{n2}+\cdots+G_{nn}u_{nn}=\sum i_{snk}\end{cases}$$

自电导恒为正，互电导恒为负，电流源出为负、入为正。

（4）若有受控源，则需列出控制量与节点电压的关系式（辅助方程）。

【例 3-9】　电路如图 3-12(a)所示，求 u_2 和 i。

解　设受控源电流为 i_1，将独立电压源与 1Ω 电阻对调，设参考点和各节点电压如图 3-12(b)所示，有

$$\begin{cases}u_{n1}=0.5u_2\\-u_{n1}+\left(1+\dfrac{1}{0.5}\right)u_{n2}-0u_{n3}-0u_{n4}=-i_1\\-\dfrac{1}{0.5}u_{n1}-0u_{n2}+\left(1+\dfrac{1}{0.5}\right)u_{n3}-u_{n4}=i_1\\u_{n4}=2\end{cases}$$

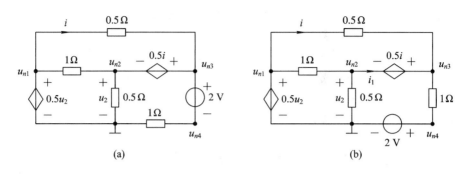

图 3-12　例 3-9 图

$$0.5i = u_{n3} - u_{n2}（电压源与节点电压的关系）$$

$$i = \frac{1}{0.5}(u_{n1} - u_{n3})（控制量与节点电压的关系）$$

$$u_2 = u_{n2}（控制量与节点电压的关系）$$

解得

$$u_{n1} = \frac{4}{15}\ \text{V}, \quad u_{n2} = \frac{8}{15}\ \text{V}, \quad u_{n3} = \frac{2}{5}\ \text{V}$$

$$u_2 = u_{n2} = \frac{8}{15}\ \text{V}, \quad i = 2(u_{n1} - u_{n3}) = -\frac{4}{15}\ \text{A}$$

3. 超节点的概念

从以上分析中可以看到，在应用节点法分析电路时，对介于两个非参考节点间的电压源的处理一般要引入未知电流 i。考虑到节点分析法即是以节点电压为变量，列写 KCL 方程，如果作闭合曲面将电压源支路及其两端点包含在内，对该闭合曲面列写 KCL 方程以避开电压源支路，则可以不引入未知电流 i。该闭合曲面称为超节点（广义节点）。

以节点电压为变量，列出节点的 KCL 方程是节点分析法的第二种形式，其步骤如下：

（1）选一个节点作为参考节点，标出其他各节点的节点电压 u_{n1}、u_{n2}、u_{n3}（包括电压源与电阻串联的连接节点）。

（2）如果有电压源，且电压源是节点电压，则 $u_{nk} = \pm u_{sk}$，节点电压与电压源电压极性相同为正、相反为负，不需列出该节点的 KCL 方程；电压源介于两节点间，则两节点合并成一个超节点，列出电压源与两节点电压的关系式（辅助方程）$u_{sk} = u_{np} - u_{nq}$。

（3）列出节点和超节点的 KCL 方程。

（4）若有受控源，则需列出控制量与节点电压的关系式（辅助方程）。

【例 3-10】 电路如图 3-12(a)所示，求 u_2 和 i。

解　将独立电压源与 1 Ω 电阻对调，设参考点和各节点电压如图 3-13 所示，为避开电压源支路，作虚线所示闭合曲面（超节点），以节点电压为变量列写 KCL 方程，可得

$$-\frac{u_{n1} - u_{n3}}{0.5} - \frac{u_{n1} - u_{n2}}{1} + \frac{u_{n2}}{0.5} + \frac{u_{n3} - 2}{1} = 0$$

$$u_{n1} = 0.5u_2, \quad u_{n4} = 2$$

$$0.5i = u_{n3} - u_{n2}（电压源与节点电压的关系）$$

$$i = 2(u_{n1} - u_{n3}), \quad u_2 = u_{n2}（控制量与节点电压的关系）$$

解得

$$u_{n1} = \frac{4}{15}\ \text{V}, \quad u_{n2} = \frac{8}{15}\ \text{V}, \quad u_{n3} = \frac{2}{5}\ \text{V}$$

$$u_2 = u_{n2} = \frac{8}{15}\ \text{V}, \quad i = 2(u_{n1} - u_{n3}) = -\frac{4}{15}\ \text{A}$$

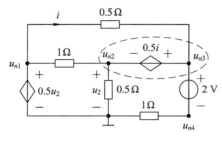

图 3-13   例 3-10 图

显然,用这种方法的方程数要比例 3-9 的少。此方法只需列出没有电压源的超节点和节点的 KCL 方程及辅助方程即可,对电压源多的电路用这种方法方程数会比较少。

网孔分析法和节点分析法是比较常用的分析电路的方法,为了分析方便,通常电路的网孔数少就用网孔法,节点数少则用节点法。

3.4   回 路 分 析 法

网孔是一组独立回路,网孔电流是人们假想的沿网孔边界循环流动的电流,是一组独立的变量集。不妨设想,任意找到一组独立回路,假设存在沿回路边界循环流动的电流——回路电流,则该组回路电流也应是一组独立的变量集。以回路电流为变量列方程求解电路的方法,称为回路分析法(回路电流法)。网孔电流法仅适用于平面电路,而回路电流法则适用于平面或非平面电路。

对于一个具有 n 个节点、b 条支路的连通网络来说,其独立回路数为 $b-(n-1)$ 个。所谓独立回路,是指在该组回路中,任一回路都包含其他回路所没有的新支路。下面以图 3-14(a)所示电路为例来具体说明回路电流法。

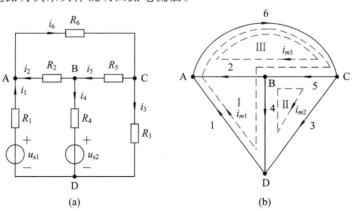

图 3-14   回路分析法示例

该电路有 4 个节点、6 条支路，故独立回路数为 $6-(4-1)=3$ 个。选择独立回路如图 3-14(b)所示，并假设回路电流为 i_{m1}、i_{m2}、i_{m3}，则各回路的 KVL 方程为

回路 Ⅰ：

$$-u_{s1}+R_1 i_{m1}+R_6(i_{m1}+i_{m3})+R_5(i_{m1}-i_{m2}+i_{m3})+R_4(i_{m1}-i_{m2})+u_{s2}=0$$

回路 Ⅱ：

$$R_3 i_{m2}-u_{s2}+R_4(i_{m2}-i_{m1})+R_5(i_{m2}-i_{m1}-i_{m3})=0$$

回路 Ⅲ：

$$R_6(i_{m1}+i_{m3})+R_5(i_{m1}+i_{m3}-i_{m2})+R_2 i_{m3}=0$$

整理得

$$\begin{cases} (R_1+R_6+R_5+R_4)i_{m1}-(R_5+R_4)i_{m2}+(R_6+R_5)i_{m3}=-u_{s2}+u_{s1} \\ -(R_5+R_4)i_{m1}+(R_3+R_4+R_5)i_{m2}-R_5 i_{m3}=u_{s2} \\ (R_6+R_5)i_{m1}-R_5 i_{m2}+(R_6+R_5+R_2)i_{m3}=0 \end{cases} \tag{3-13}$$

将式(3-13)改写为如下一般形式：

$$\begin{cases} R_{11}i_{m1}+R_{12}i_{m2}+R_{13}i_{m3}=u_{s11} \\ R_{21}i_{m1}+R_{22}i_{m2}+R_{23}i_{m3}=u_{s22} \\ R_{31}i_{m1}+R_{32}i_{m2}+R_{33}i_{m3}=u_{s33} \end{cases} \tag{3-14}$$

与网孔分析法相似，$R_{ii}(i=1,2,3)$ 是第 i 个回路的所有电阻之和，且为正值，称为第 i 个回路的自电阻。$R_{ij}(i\neq j)$ 是第 i 个回路和第 j 个回路互相共有的电阻，称为互电阻。当 i、j 回路电流流过该电阻的参考方向一致时，取正值；当 i、j 回路电流流过该电阻的参考方向相反时，取负值。$u_{sii}(i=1,2,3)$ 是第 i 个回路中沿着回路电流方向的所有电源电压升的代数和，即电压升为正、降为负。

应用回路分析法和网孔分析法对受控源和电流源的处理是一样的，当电路中含受控源时，可先将受控源按独立源对待，列写回路方程，再用辅助方程将受控源的控制量用回路电流表示。对电流源的处理比较灵活，在学习中可以体会。

【例 3-11】 如图 3-15(a)所示电路中，已知 $R_1=10\ \Omega$，$R_2=5\ \Omega$，$R_3=15\ \Omega$，$R_4=5\ \Omega$，$i_s=2\ A$，试用回路分析法求支路电流 i_1。

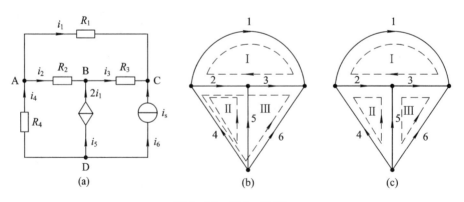

图 3-15 例 3-11 图

解 选择独立回路，如图 3-15(b)所示，并假设回路电流为 i_{m1}、i_{m2}、i_{m3}，则有回

路方程

$$\begin{cases} (R_1 + R_2 + R_3)i_{m1} + R_2 i_{m2} + R_3 i_{m3} = 0 \\ i_{m2} = 2i_1 \\ i_{m3} = i_s \end{cases}$$

辅助方程为

$$i_1 = i_{m1}$$

代入数据解得

$$i_1 = -1 \text{ A}$$

若选择如图 3 - 15(c)所示独立回路,则须引入受控源电压 u,并增加辅助方程。在此不作分析,读者可自行完成。

3.5　电路的对偶特性与对偶电路

1. 电路的对偶特性

从前面的学习可以发现,电路中的许多变量、元件、结构及定律等都是成对出现的,存在明显的一一对应关系,这种类比关系就称为电路的对偶特性。例如在平面电路中,对于每一节点可列一个 KCL 方程:

$$\sum_k i_k = 0 \tag{3-15}$$

而对于每一网孔可列一个 KVL 方程:

$$\sum_k u_k = 0 \tag{3-16}$$

这里,电路结构节点与网孔对偶,电路定律 KCL 与 KVL 对偶。又如,对于图 3 - 16 所示实际电源的戴维南电路和诺顿电路模型分别有

$$u = u_s - R_s i \tag{3-17}$$

$$i = i_s - G_s u \tag{3-18}$$

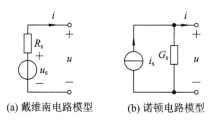

(a) 戴维南电路模型　　(b) 诺顿电路模型

图 3 - 16　实际电源的电路模型

在这里又有电路变量电流与电压对偶,电路元件电阻与电导对偶,以及电压源与电流源对偶,电路结构串联与并联对偶。在电路分析中将上述对偶的变量、元件、结构和定律等统称为对偶元素。式(3 - 15)和式(3 - 16)及式(3 - 17)和式(3 - 18)的数学表达式形式相同,若将其中一式的各元素用它的对偶元素替换,则得到另一式。像这样具有对偶性质的关系式称为对偶关系式。电路的对偶特性是电路的一个普遍性质,电路中存在大量的对偶元素,现将一些常见的对偶元素列于表 3 - 1 中。

表 3-1 电路中的常见对偶元素

电路变量	电压 u——电流 i	电路结构	节点——网孔
	电荷 q——磁链 ψ		参考节点——外网孔
电路元件	电阻 R——电导 G		串联——并联
	电容 C——电感 L		割集——回路
	电压源 u_s——电流源 i_s		树支——连支
	短路($R=0$)——开路($G=0$)	电路定律	KVL——KCL
	VCCS——CCVS	电特性	节点电压——网孔电流
	VCVS——CCCS		树支电压——连支电流

2. 对偶电路

考虑如图 3-17 所示两电路,对于图(a)可列出节点方程:

$$(G_1+G_3)u_{n1}-G_3 u_{n2}=i_{s1} \tag{3-19a}$$

$$-G_3 u_{n1}+(G_2+G_3)u_{n2}=-i_{s2} \tag{3-19b}$$

对于图(b)可列出网孔方程:

$$(R_1+R_3)i_{m1}-R_3 i_{m2}=u_{s1} \tag{3-20a}$$

$$-R_3 i_{m1}+(R_2+R_3)i_{m2}=-u_{s2} \tag{3-20b}$$

比较这两组方程,不难发现,它们的形式相同,对应变量是对偶元素,因此是对偶方程组。电路中把像这样一个电路的节点方程(网孔方程)与另一个电路的网孔方程(节点方程)对偶的两电路称为对偶电路。因此图 3-17(a)与(b)是对偶电路。如果进一步令两电路的对偶元件参数在数值上相等,即 $R_1=G_1$,$R_2=G_2$,$R_3=G_3$,$i_{s1}=u_{s1}$,$i_{s2}=u_{s2}$,则只要求得一个电路的响应,它的对偶电路的对偶响应将同时可得,因此会收到事半功倍的效果。

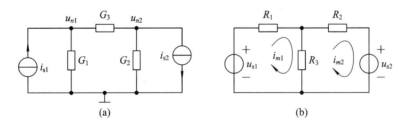

图 3-17 对偶电路

最后应当指出,由于只有平面电路才有网孔,所以只有平面电路才有对偶电路,非平面电路不存在对偶电路。对偶电路反映了不同结构电路之间存在的对偶特性。它与等效变换是两个不同的概念。两个等效电路的对外特性完全相同,而两个对偶电路的对外特性一般不相同。

实验　电流表设计

1. 指针式万用表原理

现有微安表头，其内阻 $R_g = 2$ kΩ，满度电流 $I_g = 37.5$ μA。若用这一表头设计具有 50 μA 和 500 μA 两量程挡的电流表，确定分流电阻，首先建立相应电路模型，如图 3-18 所示，由分流公式有

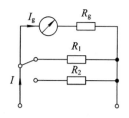

图 3-18　电流表量程设计简图

$$I_g = \frac{R_1}{R_1 + R_g} I$$

故

$$R_1 = \frac{R_g I_g}{I - I_g}$$

若 $I = 50$ μA，则

$$R_1 = \frac{R_g I_g}{I - I_g} = \frac{2 \times 37.5}{12.5} = 6 \text{ kΩ} \qquad ①$$

若 $I = 500$ μA，则

$$R_2 = \frac{R_g I_g}{I - I_g} = \frac{2 \times 37.5}{462.5} = 0.162 \text{ kΩ}$$

图 3-19 为常用 MF30 型袖珍万用表的直流电流测量电路。其中，二极管 VD_1、VD_2，电容 C 和熔丝管 FU 组成表头双重过载保护电路，微安表头满度电流 $I_g = 37.5$ μA，内阻 $R_g = 2$ kΩ。由图可知，当转换开关 S_{1-1} 掷于"50 μA"挡时，$R_1 \sim R_9$ 串联作为分流电阻，R_g 与 $R_1 \sim R_9$ 串联总电阻 $R_{1\sim9}$（6 kΩ）并联，由式①可知满度电流为 50 μA。当转换开关 S_{1-1} 掷于"500 mA"挡时，$R_1 = 0.6$ Ω 作为分流电阻，R_g 与 $R_2 \sim R_9$ 串联总电阻 $R_{2\sim9}$（5.9994 kΩ）串联得 7.9994 kΩ，此时满度电流为

$$I = I_g \frac{R_1 + 7999.4}{R_1} = 37.5 \times \frac{8000}{0.6} = 500 \text{ mA}$$

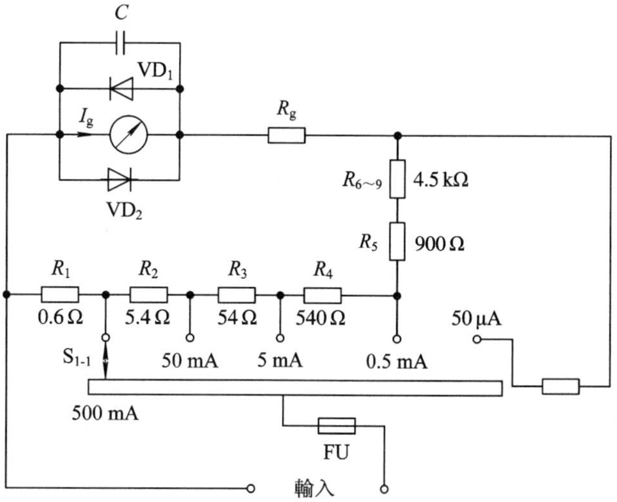

图 3-19　常用 MF30 型袖珍万用表的直流电流测量电路

2. 实验要求

试设计一具有 100 μA 和 1 mA 两量程挡的电流表。

实例　汽车后窗玻璃除霜器

汽车后窗玻璃除霜器的电路模型如图 3－20 所示，其中 x 和 y 标记栅格元件的水平和垂直间距，每一根导线相当于一个电阻，靠导线的发热来除霜。

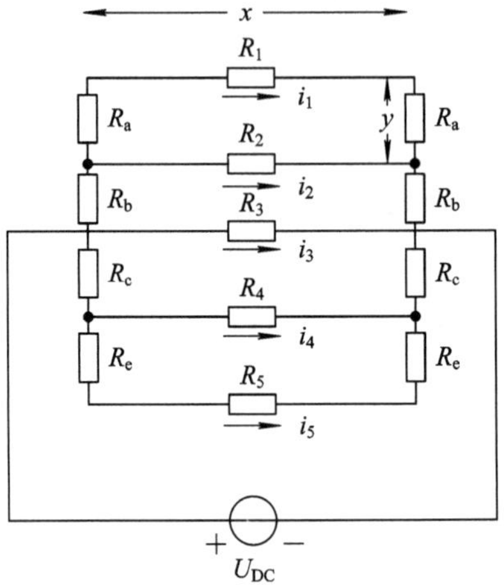

图 3－20　汽车后窗玻璃除霜器电路模型

思考与练习

3－1　填空：

(1) 支路分析法是以______________或______________作为变量列方程，求解响应的方法。

(2) 支路分析法包括__________和__________两种方法。

(3) 支路分析法的优点是______________；缺点是______________。

3－2　列出用支路分析法求图示电路各支路电流的方程。

3－3　试列出图示电路的网孔方程。

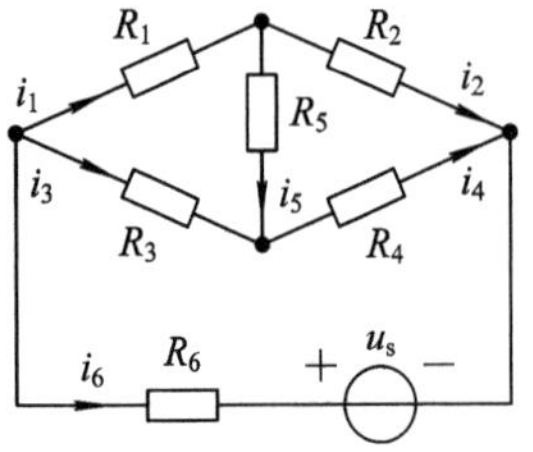

思考与练习 3－2 图

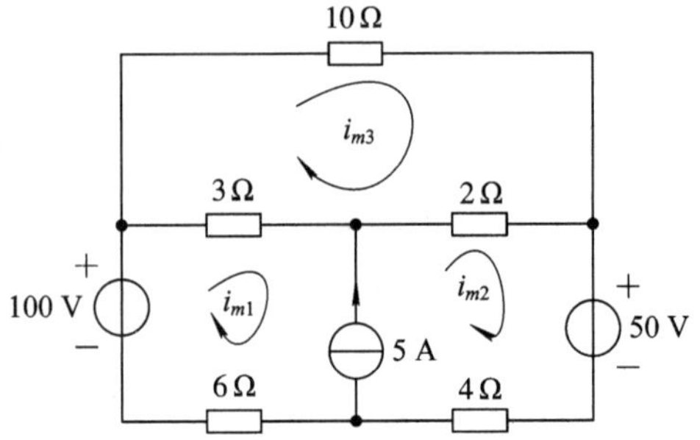

思考与练习 3－3 图

3－4　用网孔电流法求图示电路的 u_0，列出方程组。

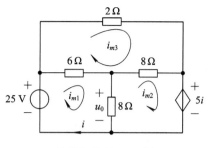

思考与练习 3-4 图

3-5　试判断下列说法是否正确：

(1) 随着所选参考节点的不同，各节点电压会发生变化，但支路电压总保持不变。(　　)

(2) 节点方程中自电导总取正号，互电导总取负号，并将流入节点的电源电流取为正。(　　)

3-6　判断以下为减少节点方程数目的做法中哪个是正确的：

(1) 选电路公共接地点为参考点。(　　)

(2) 选电压源支路的一端为参考点。(　　)

(3) 选电流源支路的一端为参考点。(　　)

3-7　用节点法列出求解图示电路电压 u 所需的方程。

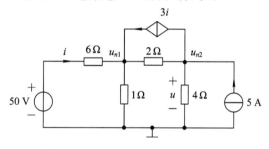

思考与练习 3-7 图

3-8　晶体管放大器等效电路如图所示，试以支路电流作为变量，列出求解电路支路电流所必需的方程组。

3-9　用支路电流法求图示电路的电流 i。

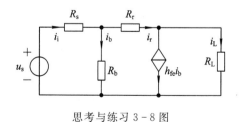

思考与练习 3-8 图　　　　　　思考与练习 3-9 图

3-10　试用支路电流法求解图示电路的各支路电流。

3-11　用网孔电流法求图示电路的电流 i_1、i_2、i_3、i_4 和电压 u。

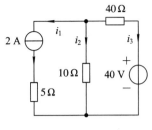

思考与练习 3-10 图

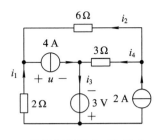

思考与练习 3-11 图

3-12 用网孔电流法求图示电路的电压 u。

3-13 电路如图所示，求 4 A 电流源释放的功率。

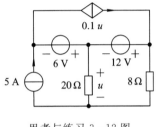

思考与练习 3-12 图

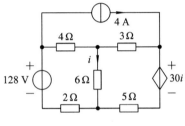

思考与练习 3-13 图

3-14 求图示电路的网孔电流和 u。

3-15 电路如图所示，用网孔分析法求 i_A，并求受控源提供的功率。

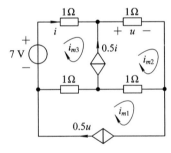

思考与练习 3-14 图

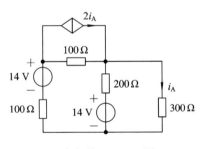

思考与练习 3-15 图

3-16 电路如图所示，用网孔分析法求 4 Ω 电阻的功率。

3-17 用节点法求图示电路中各独立源及受控源的功率。

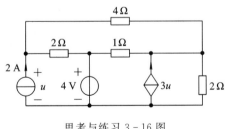

思考与练习 3-16 图

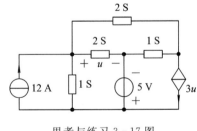

思考与练习 3-17 图

3-18 用节点法求图示电路中各电源释放的功率。

3-19 用节点法求图示电路的电压 u_{ab}。

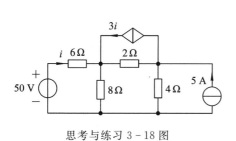

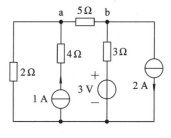

思考与练习 3-18 图　　　　　　　思考与练习 3-19 图

3-20　用节点法求图示电路中的电流 i_1、i_2、i_3、i_4。

3-21　用节点法求图示电路中的 u_0 及 i_1。

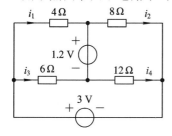

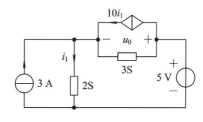

思考与练习 3-20 图　　　　　　　思考与练习 3-21 图

3-22　电路如图所示，已知 $u_s = 20$ V，$i_s = 2$ A，$\alpha = 2$，$\beta = 0.5$，求电压 u_{ab} 及 i_1。

3-23　试用节点法求图示电路的 u_1 和 i_a。

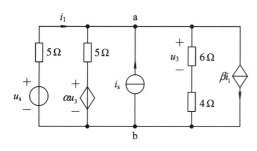

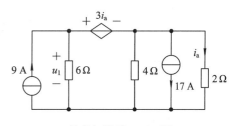

思考与练习 3-22 图　　　　　　　思考与练习 3-23 图

3-24　求图示电路的电压 u、电流 i 和 4 V 电压源产生的功率 p_s。

3-25　电路如图所示，用节点法求各节点电压及电流 i_1。

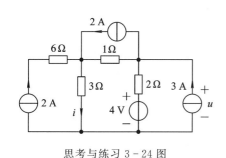

思考与练习 3-24 图　　　　　　　思考与练习 3-25 图

3-26 仅用一个方程求图示电路中的电压 u。

3-27 电路如图所示，试列一个回路方程解出 i_1。

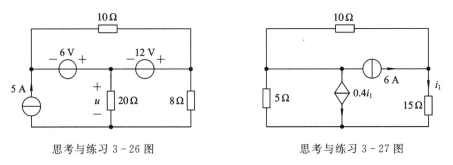

思考与练习 3-26 图   思考与练习 3-27 图

3-28 用回路法求图示电路中的电压 u。

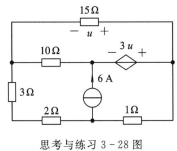

思考与练习 3-28 图

第4章　网络的 VAR 和电路的等效

【内容提要】　本章首先讨论网络的 VAR，给出应用网络 VAR 由作图法(负载线法)求解电路响应的方法，并引出网络等效的概念，给出一些重要的等效变换规律、公式及定律。

应用作图法(负载线法)求解电路响应是电子电路分析中一种常用的方法，等效变换概念则是电路分析中的重要概念，也是电路分析中常用的分析方法。通过本章的学习，要求了解作图法，学会正确运用电路的等效变换简化电路的分析计算。

线性网络的分析方法大致可以分为两类。其一为网络方程法。它是以两种约束关系(元件约束关系(VAR)和拓扑约束关系(KCL、KVL))为依据，选择适当未知变量，建立一组独立的网络方程并求解该方程，最后得到所需响应的方法。这也是第 2 章所提供的方法，是一种普遍使用的方法。其二为等效变换法。考虑到当待求的响应仅为某一支路(通常为输出支路即负载支路)的电压或电流等变量时，如图 4-1 所示，则从待

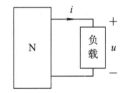

图 4-1　含源单口网络

求支路(负载)端来看，电路的其余部分通常为一个复杂的包含激励源在内的单口网络，称为含源单口网络或含源二端网络，常用符号 N 表示。这时，可采用等效变换法来简化电路的分析。其方法是将复杂的单口网络 N 用简单的单口网络 N′代替(等效)，再求解响应。

比较以上两类分析方法，前者通用性强，原则上对各种线性网络(甚至非线性网络)都适用，属于基本的分析方法；后者只对一定范围内的网络适用，但它对实践中遇到的许多网络具有通用性，是分析电路的有用工具。两种方法结合应用，可以大大简化电路的分析计算过程。

4.1　单口网络的 VAR

在第 2 章中，我们已经讨论了二端元件的 VAR，即该元件两端电压与流过该元件电流间的关系。它是由这个元件本身所确定的，与外接的电路无关。例如，在 u、i 关联参考方向条件下，电阻的 VAR 总是 $u=Ri$，这一关系不会因外接电路不同而有所不同。同样，一个单口网络的 VAR 就是该网络端口电压与流过该网络的电流间的关系。它也是由这个网络本身所确定的，与外接的电路无关。这里所指的单口网络(简称单口，也称二端网络)是指由元件连接而成，对外只有两个端钮的网络整体。它分为有源单口网络(含有独立源)和无源单口网络(不含独立源)。

网络的 VAR 与元件的 VAR 一样,是该网络端口电压、电流所遵循的约束关系,即关系式 $u=f(i)$ 或 $i=f(u)$,体现了网络的对外特性,是电路分析中非常重要的概念。下面以图 4-2 所示单口网络 N 为例讨论单口网络 VAR 的求解方法。

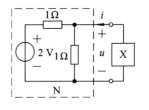

图 4-2 单口网络

图 4-2 所示有源单口网络中,在外接任意电路 X 的情况下,设网络端口电压 u、电流 i 参考方向如图所示,则有

$$i = \frac{u}{1} + \frac{u-2}{1}$$

即

$$u = 1 + \frac{1}{2}i \qquad (\text{或 } i = 2u-2) \qquad (4-1)$$

式(4-1)即单口网络在所设 u、i 参考方向下的 VAR。

在求解网络的 VAR 时,外接电路 X 是任意的,可以是电源、电阻或其他任意电路。当然,也可以不接外电路而直接设出端口电压、电流参考方向并假设该电压、电流是存在的。

若两个单口网络 N_1、N_2 的端口相连,如图 4-3 所示,则两网络端口处的电压 u、电流 i 不仅要满足 N_1 的 VAR,也要满足 N_2 的 VAR。因此,求出 N_1、N_2 网络的 VAR 联立解或其伏安特性曲线的交点,即为两网络端口相连处的电压、电流值。在电子电路中,二极管和三极管都是非线性元件,其 VAR 用输入特性或输出特性曲线描述。工程上,晶体管的特

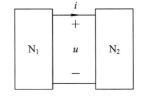

图 4-3 两单口网络连接图示

性曲线可通过实验或仪器测量得到。若电路中含有非线性元件,通常将非线性元件划分为一个单口网络(非线性电路部分),将除非线性元件之外电路的其他部分(线性电路部分)作为另一个单口网络。求出线性部分单口网络的 VAR,并将其伏安特性曲线绘制在非线性元件特性曲线坐标系上,则两曲线的交点 Q 的坐标 $(U_Q、I_Q)$ 便是对应线性与非线性网络端口连接处的电压、电流值。通常称点 $Q(U_Q、I_Q)$ 为非线性元件的"工作点"。若从非线性元件角度来看,线性电路部分可看成是它的负载,因此,工程上称线性部分单口网络的伏安特性曲线(直线)为负载线。用绘图求非线性元件"工作点"的方法称为作图法(负载线法)。

【例 4-1】 电路如图 4-4(a)所示,求其 VAR 并画出其伏安特性曲线和最简等效电路。

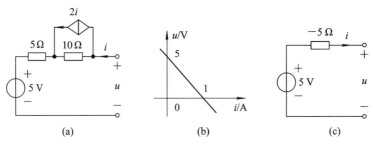

图 4-4 例 4-1 图

解 设端口电压 u、i 如图 4-4(a)所示,则有

$$u = 10(i-2i) + 5i + 5 = -5i + 5$$

其对应的伏安特性曲线如图 4 - 4(b)所示，最简等效电路如图 4 - 4(c)所示。有受控源的二端网络有可能出现负电阻，它不但不消耗功率，反而向外界输出功率，相当于发电机。

【例 4 - 2】　电路如图 4 - 5(a)所示，求电流 i。

解　将电路分成 N_1、N_2 两个网络，设端口电压为 u、电流为 i，如图 4 - 5(b)所示，则对网络 N_1 有

$$\begin{cases} u = 5(i + 1 - 2i_1) - 5i_1 + 5 \\ i_1 = -i - 1 \end{cases}$$

故

$$u = 5(i + 1 + 2i + 2) + 5i + 5 + 5$$
$$u = 20i + 25 \qquad\qquad ①$$

对网络 N_2 有

$$u = -5i \qquad\qquad ②$$

联立式①和式②，可解得 $u = 5$ V，$i = -1$ A。

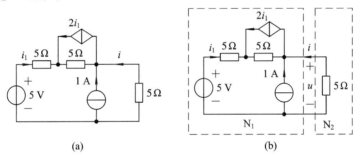

图 4 - 5　例 4 - 2 图

【例 4 - 3】　电路如图 4 - 6(a)所示，其中，二极管伏安特性曲线如图 4 - 6(b)所示，试求其工作点电压 u、电流 i。

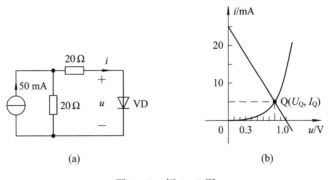

图 4 - 6　例 4 - 3 图

解　将电路的线性部分和非线性部分划分为两个单口网络。其中，线性网络 VAR 为
$$u = -20i + 20(5 \times 10^{-2} - i) = 1 - 40i$$

在图 4 - 6(b)中作线性网络伏安特性曲线与二极管伏安特性曲线交于 Q，得二极管工作点 Q(0.8 V，5 mA)。

【例 4 - 4】　某放大器的直流通路如图 4 - 7(a)所示，其中三极管的输出特性曲线 $i_C =$

$f(u_{CE})$ 如图 4 - 7(b)所示，求三极管的工作点 Q(I_C，U_{CE})。

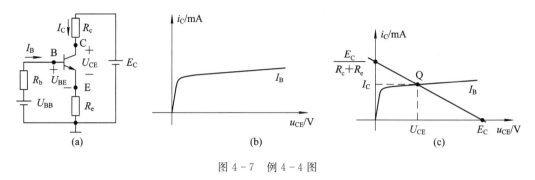

图 4 - 7　例 4 - 4 图

解　画直流负载线求 Q 点，输出回路直流负载线方程(CE 两端线性部分单口网络的 VAR)为

$$E_C = R_c I_C + U_{CE} + R_e I_E \approx (R_c + R_e)I_C + U_{CE}$$

得

$$I_C = \frac{E_C - U_{CE}}{R_c + R_e}$$

截距式为

$$\begin{cases} 当\ u_{CE} = 0\ 时，i_C = \dfrac{E_C}{R_c + R_e} \\ 当\ I_C = 0\ 时，u_{CE} = E_C \end{cases}$$

在输出伏安坐标系中，连接点 $\left(0, \dfrac{E_C}{R_c + R_e}\right)$ 和点 $(E_C, 0)$，作直流负载线 (i_C, u_{CE})，与三极管输出特性曲线交点即为 Q 点 (U_{CE}, I_C)，如图 4 - 7(c)所示。

4.2　单口网络的等效

如果一个单口网络 N_1 外部端钮的伏安关系和另一个单口网络 N_2 外部端钮的伏安关系完全相同，即它们在 u、i 平面上的伏安特性曲线完全重叠，则 N_1 和 N_2 等效。反过来，如果 N_1 和 N_2 等效，则它们的端口伏安关系一定完全相同。

用数学形式可表示为：若 N_1、N_2 外部端钮的 VAR 分别为

$$N_1: u = f(i)$$
$$N_2: u = \varphi(i)$$

且在任何时刻皆存在

$$f(i) = \varphi(i)$$

则 N_1 和 N_2 等效。记为 $N_1 \Leftrightarrow N_2$。若 N_1 和 N_2 是两个等效的单口网络，则任一外部电路 M 与 N_1 或 N_2 相接时，外部电路 M 内的电压、电流分配关系不变，如图 4 - 8 所示。

运用等效的概念，可以将一个结构复杂的单口网络等效为一个结构简单的单口网络，从而简化电路的计算。应该注意到，等效是对单口网络的外部电路 M 而言的，在考虑 M 内部的电参数时，可以用等效后的电路进行计算。但是，若计算单口网络 N_1 或 N_2 内部的电参数，由于 N_1 和 N_2 的结构和参数已经完全不同，所以，不能随意使用等效的概念。

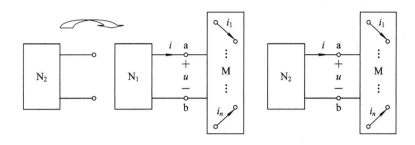

图 4 - 8　等效概念图示

可以用大家最熟悉的串联电阻等效电路为例来理解等效的定义。在图 4 - 9 所示电路中，不难得到

$$N_1: u = R_1 i + R_2 i = (R_1 + R_2)i = f(i)$$
$$N_2: u = Ri = \varphi(i)$$

显然，只有当 $R_1 + R_2 = R$ 时，有 $f(i) = \varphi(i)$。此时，N_1 和 N_2 等效。故串联电阻的等效电路为电阻，其阻值等于所有串联电阻阻值之和。即

$$R = \sum_{i=1}^{n} R_i \tag{4-2}$$

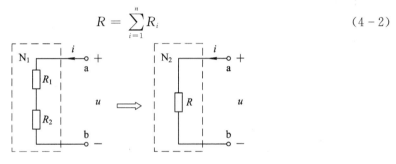

图 4 - 9　串联电阻的等效

同理，运用等效的定义，可以推导出并联等效电阻（电导）的计算公式

$$\frac{1}{R} = \sum_{i=1}^{n} \frac{1}{R_i} \text{（或 } G = \sum_{i=1}^{n} G_i\text{）} \tag{4-3}$$

4.3　简单的等效规律和公式

有些简单的等效规律和公式是我们已熟知的，例如电阻（电导）的串并联等效公式。这些结论和公式在分析电路时可以直接应用，而不必再由 VAR 去推导。因此，研究一些简单的单口网络及其等效电路对简化分析电路是非常有益的。下面我们对常见的几种电路情况作出分析。

1. 两电压源串联

如图 4 - 10 所示，两电压源串联可等效为一个电压源，其电压值为

$$u_s = u_{s1} + u_{s2}$$

该结论可推广到多个不同极性电压源串联的情况。

2. 两电压源并联

电压源的并联只允许在大小相同、极性一致的电压源间发生，否则会产生矛盾，违背

KVL。如图 4-11 所示，两相同电压源并联可等效为它们中的任何一个。

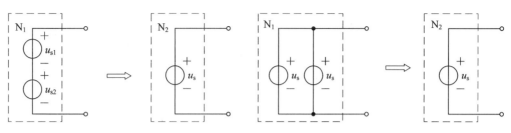

图 4-10 电压源串联   图 4-11 电压源并联

3. 两电流源串联

与电压源并联类似，电流源的串联只允许在大小相同、方向一致的电流源间发生，否则会产生矛盾，违背 KCL。如图 4-12 所示，两相同电流源串联可等效为它们中的任何一个。

4. 两电流源并联

如图 4-13 所示，两电流源并联可等效为一个电流源，其电流值为

$$i_s = i_{s1} + i_{s2}$$

该结论可推广到多个不同方向电流源并联的情况。

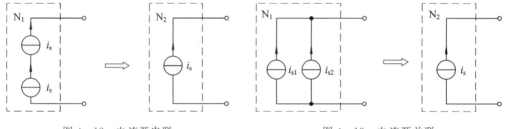

图 4-12 电流源串联   图 4-13 电流源并联

5. 电压源与其他元件(电流源或电阻)并联

如图 4-14 所示，电压源与电流源或电阻的并联等效为该电压源，即与电压源并联的元件对其外电路而言是无效的。该结论可以推广到电压源与任一网络 N 的并联。

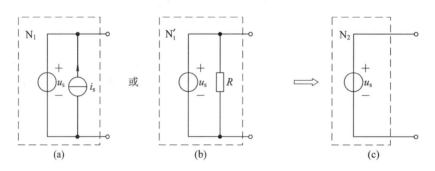

图 4-14 电压源与其他元件并联

6. 电流源与其他元件(电压源或电阻)串联

如图 4-15 所示，电流源与电压源或电阻的串联等效为该电流源，即与电流源串联的

元件是无效的。

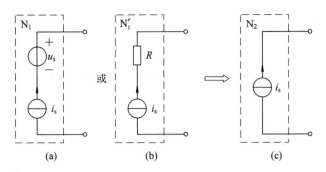

图 4 - 15　电流源与其他元件串联

【例 4 - 5】　电路如图 4 - 16(a)所示，求电流 i_1 和电源提供的功率。

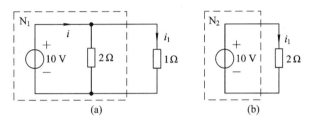

图 4 - 16　例 4 - 5 图

解　计算外部电路参数时，用网络 N_2 来等效 N_1，如图 4 - 16(b)所示，有 $i_1 = 10$ A。

计算电源提供的功率时，若仍用图 4 - 16(b)所示的电路，有

$$p_s = -10 \times i_1 = -100 \text{ W}$$

所以电源提供 100 W 的功率。

若用图 4 - 16(a)计算，则有

$$i = \frac{10}{2} + \frac{10}{1} = 15 \text{ A}$$

$$p_s = -10 \times i = -150 \text{ W}$$

所以电源提供 150 W 的功率。

显然，"等效"不是"相等"，等效是对外部电路而言的，两个等效网络的内部电路不相同，所以在计算内部电路时不能用等效电路来代替。

4.4　电源模型的等效变换

我们来考虑这样一个问题：如图 4 - 17(a)、(b)所示的单口网络 N_1 和 N_2，它们之间能否存在等效关系？若存在，则其参数间应满足什么样的关系？

为回答上述问题，对网络 N_1 和 N_2 分别写出外部端钮的电压、电流约束关系（VAR），得

$$N_1: u = u_s - R_s i$$
$$N_2: u = R'_s(i_s - i) = R'_s i_s - R'_s i$$

显然，若要 $N_1 \Leftrightarrow N_2$，则要求其参数满足以下关系：

$$\begin{cases} u_s = R'_s i_s \\ R_s = R'_s \end{cases} \tag{4-4}$$

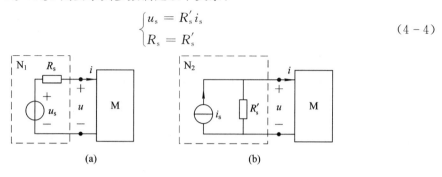

图 4-17 两种电源模型的等效

可见，只要其参数间满足式(4-4)的关系，N_1 和 N_2 是等效的。也就说明电压源串联电阻电路和电流源并联电阻电路之间是可以相互转换的。由于这两种电路都对应实际电源的电路模型，故这种变换被称为电源模型的等效变换。在电源的等效中要注意电压源和电流源的参考方向，电压源的"＋"极是电流源电流参考方向的箭头指向端。同时，等效前后电阻的两端电压和流过电阻的电流并不相等。

以上所有关于独立源的等效变换也同样适用于受控源，只是在含受控源的电路作等效变换时，必须注意受控源的控制量不能消失也不能改变。否则，这种变换将会导致错误的结果。另外，在应用等效法求解电路响应时，待求量所在的支路是不能参与变换的。通常在分析电路时保留控制量的支路和待求量所在支路，将其余部分进行等效变换。

【例 4-6】 电路如图 4-18(a)所示，求受控源的电压 u。

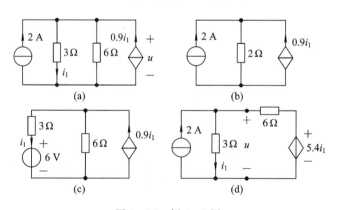

图 4-18 例 4-6 图

解 (1) 若对电路作等效变换，得图 4-18(b)，原电路的受控源控制量支路已消失，控制量 i_1 消失，电路发生错误。

(2) 若对电路作等效变换，得图 4-18(c)，3 Ω 电阻支路虽然存在，但其流过的电流 i_1 已不等于原控制电流 i_1，因此不能用它作为控制量参与列方程，否则会产生错误结果。

(3) 若对电路作等效变换，得图 4-18(d)，虽然电路没错，但待求量所在支路已作了等效变换，待求量 u 两端发生改变，容易出错。因此，这几种变换都是不可取的。

该电路的节点数很少，直接由图 4-18(a)编写节点方程更简单，有

$$\left(\frac{1}{3}+\frac{1}{6}\right)u = 2 + 0.9i_1$$

辅助方程为

$$i_1 = \frac{u}{3}$$

解得

$$u = 10 \text{ V}$$

【例 4 - 7】　求图 4 - 19(a)所示电路的电流 i。

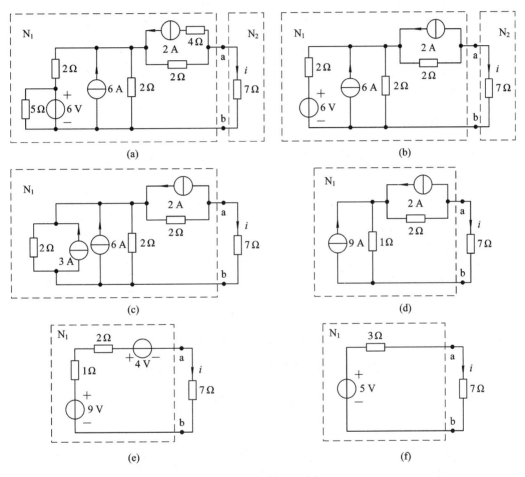

图 4 - 19　例 4 - 7 图

　　解　将电路分为两个二端网络 N_1、N_2，如图 4 - 19(a)所示，对网络 N_1 进行等效变换：将与电压源并联、和电流源串联的电阻去掉，可得图(b)；将电压源与电阻的串联等效成电流源与电阻并联，可得图(c)；将电流源合并，可得图(d)；将电流源等效为电压源，得图(e)；将电压源合并，得图(f)，有

$$i = \frac{5}{3+7} = 0.5 \text{ A}$$

　　可见，简化电路的方法通常是保留待求支路，去掉与电压源并联和与电流源串联的支路。若实际电源(电压源与电阻串联或电流源与电阻并联)与外电路是串联关系，则将电流

源等效为电压源；若为并联关系，则将电压源等效为电流源。

4.5　T-Π变换

为了将单口网络的等效推广到双口网络和 n 端口网络，本节研究 T 形网络和 Π 形网络间的等效变换关系。

以电阻网络为例，T(Y)形连接和 Π(△)形连接如图 4-20 所示，为双口网络。

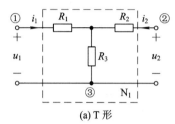 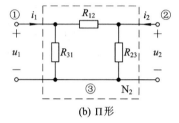

(a) T形　　　　　　　　　　　　(b) Π形

图 4-20　T 形和 Π 形网络

设 N_1、N_2 的端口电流和电压如图 4-21(a) 和 (b) 所示，对图 4-21(a) 有

$$\begin{cases} u_1 = (R_1 + R_3)i_1 + R_3 i_2 \\ u_2 = R_3 i_1 + (R_2 + R_3)i_2 \end{cases} \qquad (4-5)$$

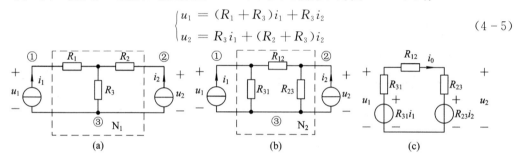

(a)　　　　　　　　(b)　　　　　　　　(c)

图 4-21　T-Π 变换电路

对图 4-21(b) 的 N_2 进行电源模型互换，如图 4-21(c) 所示，则有

$$i_0 = \frac{R_{31} i_1 - R_{23} i_2}{R_{12} + R_{23} + R_{31}}$$

N_2 的 VAR 为

$$\begin{cases} u_1 = -R_{31} i_0 + R_{31} i_1 = \dfrac{R_{31}(R_{12} + R_{23})}{R_{12} + R_{23} + R_{31}} \cdot i_1 + \dfrac{R_{31} R_{23}}{R_{12} + R_{23} + R_{31}} \cdot i_2 \\[2ex] u_2 = R_{23} i_0 + R_{23} i_1 = \dfrac{R_{31} R_{23}}{R_{12} + R_{23} + R_{31}} \cdot i_1 + \dfrac{(R_{12} + R_{31})R_{23}}{R_{12} + R_{23} + R_{31}} \cdot i_2 \end{cases} \qquad (4-6)$$

根据等效条件，令 N_1、N_2 的 VAR 相等，对比式(4-6)式(4-5)得

$$R_1 + R_3 = \frac{R_{31}(R_{12} + R_{23})}{R_{12} + R_{23} + R_{31}}$$

$$R_3 = \frac{R_{31} R_{23}}{R_{12} + R_{23} + R_{31}}$$

$$R_2 + R_3 = \frac{(R_{12} + R_{31})R_{23}}{R_{12} + R_{23} + R_{31}}$$

故若由 Π⇒T，则有

$$\begin{cases} R_1 = \dfrac{R_{12}R_{31}}{R_{12}+R_{23}+R_{31}} \\[2mm] R_2 = \dfrac{R_{12}R_{23}}{R_{12}+R_{23}+R_{31}} \\[2mm] R_3 = \dfrac{R_{31}R_{23}}{R_{12}+R_{23}+R_{31}} \end{cases} \tag{4-7}$$

若由 T⇒Π，则有

$$\begin{cases} R_{12} = \dfrac{R_1R_2+R_2R_3+R_3R_1}{R_3} \\[2mm] R_{23} = \dfrac{R_1R_2+R_2R_3+R_3R_1}{R_1} \\[2mm] R_{31} = \dfrac{R_1R_2+R_2R_3+R_3R_1}{R_2} \end{cases} \tag{4-8}$$

【例 4 - 8】 电路如图 4 - 22(a)所示，求 i_1。

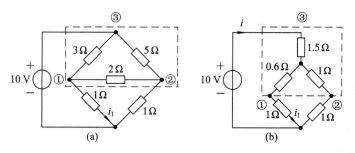

图 4 - 22　例 4 - 9 图

解　将图 4 - 22(a)所示电路等效变换成图 4 - 22(b)所示电路，利用式(4 - 7)可求得相应的电阻值：

$$R_1 = \frac{2\times3}{3+5+2} = 0.6\ \Omega, \quad R_2 = \frac{5\times2}{3+5+2} = 1.5\ \Omega, \quad R_3 = \frac{5\times3}{3+5+2} = 1\ \Omega$$

$$i_1 = \frac{10}{1.5+1.6//2} \times \frac{2}{2+1.6} = 2.33\ \text{A}$$

【例 4 - 9】 电路如图 4 - 23(a)所示，已知 $i_1=1$ A，求 R_x 的值。

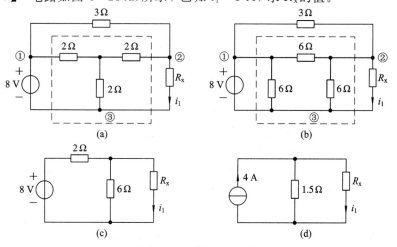

图 4 - 23　例 4 - 10 图

解 将图 4-23(a)所示电路中的 T 形网络变换成 Ⅱ 形网络，如图(b)所示，有

$$R_{12} = R_{23} = R_{31} = \frac{2\times 2 + 2\times 2 + 2\times 2}{2} = 6\ \Omega$$

将图 4-23(b)所示电路作等效变换，依次得图(c)、(d)所示电路。

由图 4-23(d)所示电路可得

$$R_{x} = \frac{1.5 \times (4 - i_1)}{i_1} = 4.5\ \Omega$$

实例　数模转换电路

在信号处理中，经常会遇到将模拟信号转换为数字信号(模数转换)或将数字信号转换为模拟信号(数模转换)的问题。所谓模拟信号，是指其取值和时间都是连续变化的信号；而数字信号的取值和时间都是离散的，是只有 0 和 1 两个数码的二进制量。

在二进制中，只有 0 和 1 两个数码，采用逢二进一的进位方式，即 $1 + 1 = 10$，也就是说，二进制中的代码 10(数字量)代表十进制中的 2(模拟量)。

对二进制量(数字量)，只要按其权展开即可转换为十进制量(模拟量)。设某 4 位二进制量为 $D_3 D_2 D_1 D_0$，则其对应的十进制量为

$$S = D_3 \times 2^3 + D_2 \times 2^2 + D_1 \times 2^1 + D_0 \times 2^0$$

例如，二进制量 1101 可展开为

$$(1101)_2 = 1 \times 2^3 + 1 \times 2^2 + 0 \times 2^1 + 1 \times 2^0 = (13)_{10}$$

即二进制数值(数字量)1101 对应的十进制数值(模拟量)为 13。

将数字信号转换为模拟信号(数模转换)可用电阻网络来实现，这种网络又称为 DAC 解码网络，图 4-24 所示的 T 形电阻网络就是其中的一种。

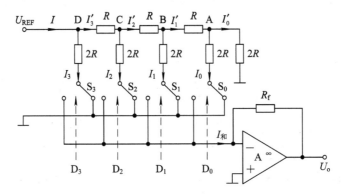

图 4-24　T 形电阻网络

在图 4-24 所示的电路中，U_{REF} 为外加基准电源，用以建立输出电流。理想运算放大器 A 与反馈电阻 R_f 构成求和电路，其输出 $U_o = -R_f I_和$。$S_3 \sim S_0$ 为数码控制的电子开关，$D_3 \sim D_0$ 为控制电子开关动作的数据输入端，即数码输入端，其输入为 4 位二进制代码。当某位上输入码元为 1 时，该位所控制的电子开关接通左边触点，与理想运算放大器 A 的反相输入端(一极端)相连接，电流 I_i 流入运算放大器的反相输入端。若输入码元为 0，则电子开关倒向右边触点接地，电流 I_i 流入地端。例如，当输入数码 $D_3 \sim D_0$ 为 1101 时，I_3、I_2 和 I_0 流入运算放大器合成 $I_和$，而 I_1 流入地端。由理想运算放大器的特点可知，其同相输入端

(十极端)和反相输入端(一极端)电位相同(虚短)。对图 4-26 所示电路,理想运算放大器 A 的十极端接地,故其一极端虚地(电位为零)。因此对于由 R 和 $2R$ 电阻所构成的 T 形分流网络来说,无论电子开关接向何端,都不影响 $I_3 \sim I_0$ 和 $I'_3 \sim I'_0$ 的电流分配关系。

观察图 4-24 电路的电阻网络可知,由 A~D 各节点向右看的二端网络的等效电阻都为 $2R$,故由分流公式得

$$I_3 = I'_3 = \frac{1}{2}I = \frac{U_{\text{REF}}}{2R}, \; I_2 = I'_2 = \frac{1}{2}I'_3 = \frac{1}{2^2}I$$

$$I_1 = I'_1 = \frac{1}{2}I'_2 = \frac{1}{2^3}I, \; I_0 = I'_0 = \frac{1}{2}I'_1 = \frac{1}{2^4}I$$

考虑到电子开关 $S_3 \sim S_0$ 的状态分别受代码 $D_3 \sim D_0$ 的控制,当 $D_i = 1$ 时开关接通左触点,$D_i = 0$ 时开关接通触点接地,故有

$$I_{\text{和}} = \left(\frac{D_3}{2^1} + \frac{D_2}{2^2} + \frac{D_1}{2^3} + \frac{D_0}{2^4} \right) \frac{U_{\text{REF}}}{R}$$

$$= \frac{U_{\text{REF}}}{2^4 R}(D_3 \times 2^3 + D_2 \times 2^2 + D_1 \times 2^1 + D_0 \times 2^0)$$

输出电压为

$$U_{\text{o}} = -R_f I_{\text{和}} = -\frac{R_f U_{\text{REF}}}{2^4 R} \sum_{0}^{3} D_i \times 2^i$$

即数模转换所得信号。

实训

图 4-25 所示为三极管放大器电路,用 PSpice 画出晶体管输出特性曲线,并作直流负载线,确定工作点的坐标 I_{CQ} 和 U_{CEQ} 的值。

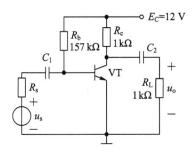

图 4-25　三极管放大器电路

思 考 与 练 习

4-1　判断下列说法是否正确:

(1) 电路等效就是电路相等。(　　)

(2) 网络 N_1 和 N_2 端口伏安特性处处重合时,才称网络 N_1 和 N_2 是等效的。(　　)

(3) 两电路等效,说明它们对某一特定外电路的作用相同。(　　)

(4) 两电路等效,说明它们对所有相同外电路的作用都相同。(　　)

（5）理想电压源和理想电流源是两种模型，因此不能等效互换。（　　）

（6）N_1 和 N_2 等效，因此计算 N_1 内部响应量时能用 N_2 来求解。（　　）

4-2　回答以下问题：

（1）图示两电路是否等效？

（2）两电路接上同样外电路时，电压源和电流源是否提供一样大的功率？

（3）两电路接上同样外电路时，2 Ω 电阻是否获得一样大的功率？

（4）两电路接上同样外电路时，外电路是否获得一样大的功率？

4-3　"图示两电路等效，因此接相同负载时，电压源输出的电流相同。"这句话对吗？

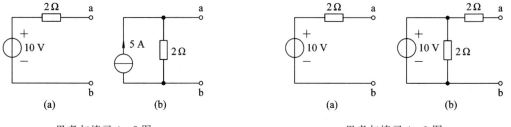

思考与练习 4-2 图　　　　　　　　　思考与练习 4-3 图

4-4　图示的两电路是否等效？

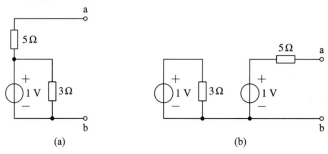

思考与练习 4-4 图

4-5　判断下列说法是否正确：

（1）由于一个实际电源存在电压源模型和电流源模型两种形式，因此这两种模型是等效的，可以相互转换。（　　）

（2）无受控电源的电阻网络可以等效为一个正电阻，而含受控源的电阻网络也可以等效为一个电阻，但有可能是负的。（　　）

4-6　试等效简化图示的网络。

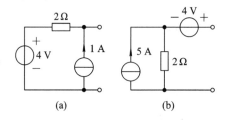

思考与练习 4-6 图

4-7　电阻进行 T-Ⅱ 等效，试判断下列说法是否正确：

（1）等效前后流入（或流出）各对应端钮的电流相等。（　　）

（2）等效前后各对应端钮的电压相等。（　　）

（3）等效前后三个电阻消耗的总功率相等。（　　）

4－8　试将图示 T 形连接变换为△形连接，△形连接变换为 T 形连接。

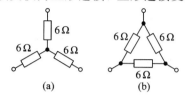

(a)　　　　(b)

思考与练习 4－8 图

4－9　电路如图所示，用电源等效法求图（a）的电流 i，用 T-Ⅱ 等效法求图（b）的电流 i。

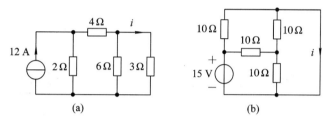

(a)　　　　　　(b)

思考与练习 4－9 图

4－10　电路如图所示：

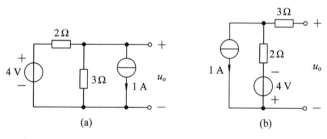

(a)　　　　　　(b)

思考与练习 4－10 图

（1）试求开路电压 u_o；

（2）把图（a）和（b）各作为一个单口网络，求它们的端口 VAR。

4－11　试判断图示电路（a）和（b）是否等效。

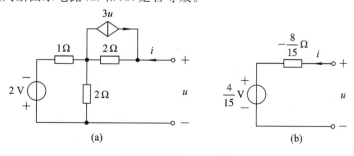

(a)　　　　　　(b)

思考与练习 4－11 图

4-12 求图示单口网络的等效电阻。

4-13 求图示电路的输入电阻 R_{ab}。

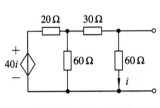

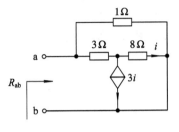

思考与练习 4-12 图   思考与练习 4-13 图

4-14 求图示电路的开路电压 u_{oc}。

4-15 求图示电路的电压 u。

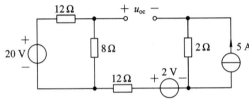

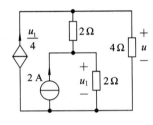

思考与练习 4-14 图   思考与练习 4-15 图

4-16 求图示电路的端口伏安关系，并绘出等效电路（可先应用电源模型互换）。

4-17 将图示电路等效为最简电路（提示：求 VAR，画等效电路）。

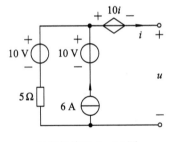

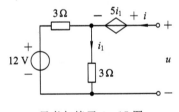

思考与练习 4-16 图   思考与练习 4-17 图

4-18 电路如图所示，求 i。

4-19 电路如图所示，求电压 u。

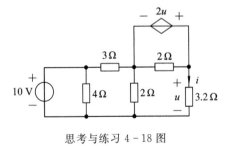

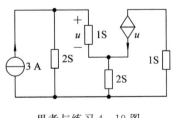

思考与练习 4-18 图   思考与练习 4-19 图

4－20　电路如图所示,试求端口电压 u。

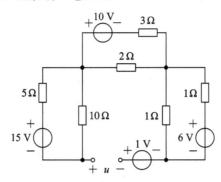

思考与练习 4－20 图

4－21　求图示电路的电压 u。

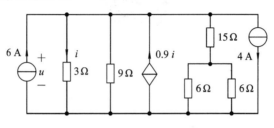

思考与练习 4－21 图

4－22　求图示电路的电阻 R(已知 $i=-3\,\text{A}$)。

4－23　电路如图所示,试求元件 X 吸收的功率。

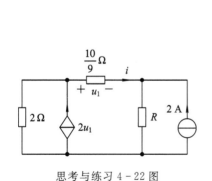

思考与练习 4－22 图

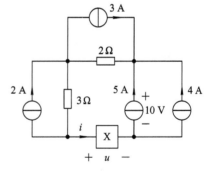

思考与练习 4－23 图

4－24　电路如图所示,求电压 u。

4－25　对图示电桥电路应用 T－Π 等效,求电压 u、u_{ab}。

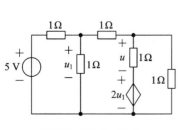

思考与练习 4－24 图

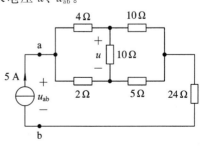

思考与练习 4－25 图

4-26 求图示各电路的输出电阻。

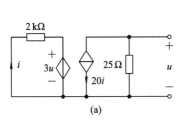 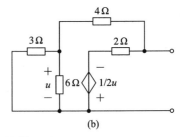

(a)   (b)

思考与练习 4-26 图

第 5 章　网 络 定 理

【内容提要】　本章介绍叠加定理、置换定理、戴维南定理和诺顿定理等常用的几个网络定理。这些定理在电路理论的研究和分析中起着十分重要的作用。叠加定理、戴维南定理和诺顿定理应深刻理解和掌握,并学会应用戴维南定理和诺顿定理分析电路的最大功率传输问题。尽管本章是以电阻电路为对象来讨论这几个定理的,但它们的运用范围并不局限于这种电路。

　　在电路分析中,运用网络定理常可把网络的某些性质或某些局部电路变得简单或便于计算,从而大大简化电路的分析。为了便于突出网络定理的物理实质,本章不过多地涉及数学方面的推导和演算,这里仅以电阻电路为具体讨论对象,所得结论仍然具有通用性。

5.1　叠 加 定 理

　　叠加定理是线性电路固有的属性,凡满足叠加定理的电路就是线性电路。在给出叠加定理前,先看图 5 - 1(a)所示电路,并求响应 i。

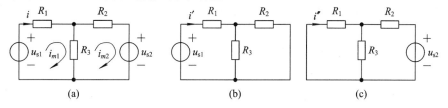

图 5 - 1　叠加定理示例

　　由图 5 - 1(a)设网孔电流为 i_{m1} 和 i_{m2},有

$$\begin{cases} (R_1 + R_3)i_{m1} - R_3 i_{m2} = u_{s1} \\ -R_3 i_{m1} + (R_2 + R_3)i_{m2} = -u_{s2} \end{cases}$$

解得

$$i = i_{m1} = \frac{R_2 + R_3}{R_1 R_2 + R_2 R_3 + R_3 R_1} \cdot u_{s1} + \frac{-R_3}{R_1 R_2 + R_2 R_3 + R_3 R_1} \cdot u_{s2}$$
$$= K_1 u_{s1} + K_2 u_{s2}$$

由图 5 - 1(b) 得

$$i' = \frac{R_2 + R_3}{R_1 R_2 + R_2 R_3 + R_3 R_1} \cdot u_{s1} = K_1 u_{s1}$$

由图 5 - 1(c) 得

$$i'' = \frac{-R_3}{R_1R_2 + R_2R_3 + R_3R_1} \cdot u_{s2} = K_2 u_{s2}$$

可见

$$i = i' + i''$$

即线性电路中，两个激励源共同作用产生的响应等于各激励源分别单独作用时所产生的响应分量的叠加，且每个激励源产生的响应分量与该激励源成正比。对于以上结论，不难推广到具有 n 个激励的情况。通常用 f 表示激励源即独立源，用 y 表示某响应即电流或电压，若某线性电路有 n 个独立源，则有

$$y = K_1 f_1 + K_2 f_2 + \cdots + K_n f_n = y_1 + y_2 + \cdots + y_n \qquad (5-1)$$

因此，叠加定理可表述为：对于一个具有唯一解的线性电路，由多个独立源共同作用所形成的各支路电流或电压，是各独立源分别单独作用时，在各相应支路形成的电流或电压的代数叠加。

如图 5-2 所示，设激励源（独立源）$f(t)$ 通过线性网络所产生的响应为 $y(t)$，简记为 $f(t) \rightarrow y(t)$，则叠加定理的数学描述为

图 5-2 叠加定理图示

若 $f_1 \rightarrow y_1$，$f_2 \rightarrow y_2$，则有

$$\alpha f_1 \rightarrow \alpha y_1, \quad \beta f_2 \rightarrow \beta y_2 \qquad （齐次性）$$
$$f_1 + f_2 \rightarrow y_1 + y_2 \qquad （可加性）$$

即

$$\alpha f_1 \pm \beta f_2 \rightarrow \alpha y_1 \pm \beta y_2$$

故线性网络中任意电流或电压与独立源之间都有线性关系：

$$y(t) = K_1 f_1(t) + K_2 f_2(t) + \cdots + K_n f_n(t) \qquad (5-2)$$

应用叠加定理时，应注意以下几点：

(1) 叠加定理仅适用于线性电路，不适用于非线性电路。

(2) 在叠加的各分电路中，不作用的电源置零，即在独立电压源处用短路线替代；不作用的独立电流源处用开路线替代。电路中所有电阻都不予更动，受控源应保留在各分电路中。

(3) 叠加时各分电路中的电压和电流的参考方向取原电路中的参考方向；叠加求和时注意各分量前的"＋""－"号。

(4) 原电路的功率不等于各分电路计算所得功率的叠加，这是因为功率是电压和电流的乘积。例如，图 5-1 所示电路电阻 R_1 所消耗的功率为

$$P_{R_1} = R_1 i_1^2 = R_1 (i_1' + i_1'')^2 \neq R_1 i_1'^2 + R_1 i_1''^2$$

【例 5-1】 电路如图 5-3(a)所示，用叠加法求 u_1。

解 设 3 A $\rightarrow u_1'$，2 A $\rightarrow u_1''$，4 V $\rightarrow u_1'''$，则 $u_1 = u_1' + u_1'' + u_1'''$。

3 A 电流源单独作用的电路如图 5-3(b)所示，有

$$u_1' = \frac{2}{2+(3+5)} \times 3 \times 5 = 3 \text{ V}$$

2 A 电流源单独作用的电路如图 5-3(c)所示，有

$$u_1'' = \frac{5 \times (3+2)}{5+(3+2)} \times 2 = 5 \text{ V}$$

4 V 电压源单独作用的电路如图 5-3(d)所示，有

$$u_1''' = (2+3) \times \frac{-4}{5+3+2} = -2 \text{ V}$$

故

$$u_1 = u_1' + u_1'' + u_1''' = 3 + 5 + (-2) = 6 \text{ V}$$

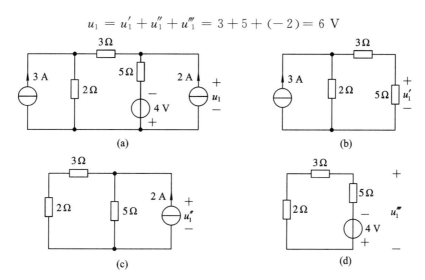

图 5-3 例 5-1 图

【例 5-2】 电路如图 5-4(a)所示，求 u_1。

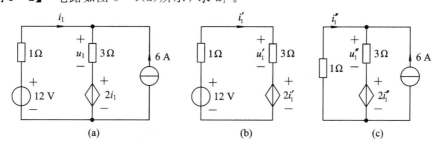

图 5-4 例 5-2 图

解 设 12 V → u_1'，6 A → u_1''。

(1) 12 V 作用时的电路如图 5-4(b)所示，有

$$(1+3)i_1' + 2i_1' - 12 = 0$$

得

$$i_1' = 2 \text{ A}$$

$$u_1' = 3i_1' = 6 \text{ V}$$

(2) 6 A 单独作用的电路如图 5-4(c)所示，有

$$i_1'' + 3(i_1'' + 6) + 2i_1'' = 0$$

得

$$i_1'' = -3 \text{ A}$$

$$u_1'' = 3(i_1'' + 6) = 9 \text{ V}$$

故

$$u_1 = u_1' + u_1'' = 15 \text{ V}$$

【例 5-3】 已知图 5-5 所示网络 N 为线性网络，当 $u_s = 1$ V，$i_s = 1$ A 时，$u_2 = 0$ V；当 $u_s = 10$ V，$i_s = 0$ A 时，$u_2 = 1$ V。求：当 $u_s = 40$ V，$i_s = 10$ A 时，$u_2 = ?$

解 设 $u_2 = K_1 u_s + K_2 i_s$，则有

$$\begin{cases} 0 = K_1 + K_2 \\ 1 = 10K_1 \end{cases}$$

解得

$$K_1 = \frac{1}{10}, \quad K_2 = -\frac{1}{10}$$

故当 $u_s = 40$ V，$i_s = 10$ A 时

$$u_2 = \frac{1}{10} \times 40 - \frac{1}{10} \times 10 = 3 \text{ V}$$

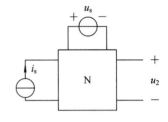

图 5-5 例 5-3 图

【例 5-4】 求图 5-6 所示 T 形电路中各支路的电流。

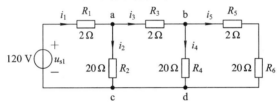

图 5-6 例 5-4 图

解 在图 5-6 的电路中，将各电流变量 $i_1 \sim i_5$ 用 $i_1' \sim i_5'$ 表示，并设 $i_5' = 1$ A，则

$$u_{bc}' = (R_5 + R_6)i_5' = 22 \text{ V}$$

$$i_4' = \frac{u_{bc}'}{R_4} = 1.1 \text{ A}$$

$$i_3' = i_4' + i_5' = 2.1 \text{ A}$$

$$u_{ad}' = R_3 i_3' + u_{bc}' = 26.2 \text{ V}$$

$$i_2' = \frac{u_{ad}'}{R_2} = 1.31 \text{ A}, \quad i_1' = i_2' + i_3' = 3.41 \text{ A}$$

$$u_s' = R_1 i_1' + u_{ad}' = 33.02 \text{ V}$$

现给定 $u_s = 120$ V，相当于将以上激励 u_s' 增至 120/33.02 倍，即 $K = 120/33.02 = 3.63$，故支路电流应同时增至 3.63 倍，即

$$i_1 = Ki_1' = 12.38 \text{ A}, \quad i_2 = Ki_2' = 4.76 \text{ A}$$

$$i_3 = Ki_3' = 7.62 \text{ A}, \quad i_4 = Ki_4' = 3.99 \text{ A}$$

$$i_5 = Ki_5' = 3.63 \text{ A}$$

可见用叠加定理中的齐次性分析 T 形电路，计算简单，并且很有规律：

(1) 先设末支路的电流为已知；

(2) 求各假设电压、电流、电流和；

（3）重复第(2)步，直至求出电源的假设值；

（4）求出电源的真实与假设值之比，则每个支路的假设电流乘上比值即得实际电流。

5.2 置换定理(替代定理)

在具有唯一解的集总参数电路中，若已知某条支路的电压值为 u_k，电流值为 i_k，则该支路总可用电压为 u_k 的电压源、电流为 i_k 的电流源、电阻值为 $R_k = \dfrac{u_k}{i_k}$ 的电阻去代替，这对电路其他部分的电压、电流没有影响，如图 5-7(a)、(b)、(c)、(d)所示。

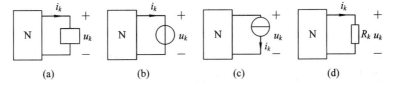

图 5-7 置换定理图示

下面通过一个具体例子来验证置换定理的正确性，如图 5-8(a)所示电路。

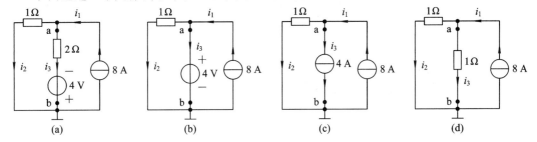

图 5-8 验证置换定理正确性的电路

首先计算图 5-8(a)各支路电流 i_1、i_2、i_3 和 ab 两端电压 u_{ab}。由节点方程得

$$\left(1 + \frac{1}{2}\right)u_a - \frac{1}{2}(-4) = 8$$

所以

$$u_{ab} = u_a = 4 \text{ V}$$

$$i_1 = 8 \text{ A}, \ i_2 = \frac{u_{ab}}{1} = 4 \text{ A}, \ i_3 = i_1 - i_2 = 4 \text{ A}$$

这些结果的正确性无可置疑。

（1）将 ab 支路用 4 V 理想电压源置换，如图 5-8(b)所示，则各支路电流 i_1、i_2、i_3 及 ab 两端电压 u_{ab} 为

$$i_1 = 8 \text{ A}, \ i_2 = \frac{4}{1} = 4 \text{ A}, \ i_3 = i_1 - i_2 = 4 \text{ A}, \ u_{ab} = 4 \text{ V}$$

（2）将 ab 支路用 4 A 理想电流源置换，如图 5-8(c)所示，则各支路电流 i_1、i_2、i_3 及 ab 两端电压 u_{ab} 为

$$i_1 = 8 \text{ A}, \ i_2 = 4 \text{ A}, \ i_3 = i_1 - i_2 = 4 \text{ A}, \ u_{ab} = 1 \times i_2 = 4 \text{ V}$$

（3）将 ab 支路用电阻 $R_{ab} = u_{ab}/i_3 = 4/4 = 1 \ \Omega$ 置换，如图 5-8(d)所示，则各支路电

流 i_1、i_2、i_3 及 ab 两端电压 u_{ab} 为

$$i_1 = 8 \text{ A}, \quad i_2 = i_3 = 8/2 = 4 \text{ A}, \quad u_{ab} = 1 \times i_3 = 4 \text{ V}$$

此例说明在三种置换后的电路中,计算出的各支路电流 i_1、i_2、i_3 及 ab 两端电压 u_{ab} 与置换前的电路完全相同,这就验证了置换定理的正确性。

对于置换定理,应注意以下几点:

(1)置换定理适用于任意集总参数网络,无论网络是线性的还是非线性的、时变的还是非时变的。

(2)置换是对特定情况而言的,与等效变换不同。置换前后置换支路以外电路的拓扑结构和元件参数都不能改变,一旦改变,置换支路的电压和电流也将发生变化;而等效变换是两个具有相同端口伏安特性的电路间的相互转换,与变换以外电路的拓扑结构和元件参数无关。

(3)置换适用于任何已知端口电压或端口电流的二端网络,通常应用于大网络的分析,将大网络撕裂成小网络,如图 5-9 所示。

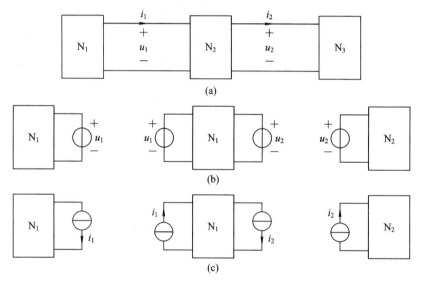

图 5-9 大网络的撕裂

【例 5-5】 电路如图 5-10(a)所示,求电流 i。

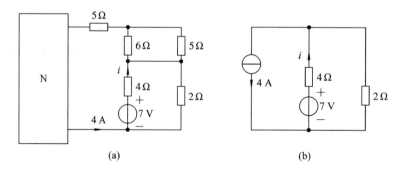

图 5-10 例 5-5 图

解　将电流为 4 A 的支路用电流源来代替，如图 5-10(b)所示。设 4 A 电流源→i'，7 V 电压源→i''，应用叠加定理计算得

$$i = i' + i'' = \frac{2}{2+4} \times 4 + \frac{7}{6} = 2.5 \text{ A}$$

5.3　戴 维 南 定 理

戴维南定理(Thevenin's Theorem)由法国电信工程师戴维南于 1883 年提出。其表述如下：任一线性含源二端网络 N，对其外部电路而言，总可以等效为一个独立电压源串联电阻的电路。其电压源的电压值，等于该网络 N 的开路电压值 u_{oc}；其串联电阻的值，等于该网络所有独立源置零时，所得的网络 N_0 的等效电阻 R_0。戴维南定理可用图 5-11 加以说明。

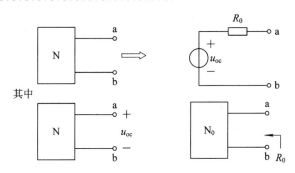

图 5-11　戴维南定理图示

定理中的独立电压源与电阻串联的电路通常称为二端网络 N 的戴维南等效电路，其串联的电阻称为戴维南等效电阻。戴维南定理为我们提供了求含源二端网络端口 VAR 及最简等效电路的另一方法，那就是只要求出表征二端网络特性的两个参数(开路电压 u_{oc} 和等效电阻 R_0)，在网络端口电压、电流采用关联参考方向的条件下，即可得网络端口 VAR 为

$$u = u_{oc} + R_0 i \tag{5-3}$$

应用戴维南定理，可将一个结构复杂的二端网络等效为结构简单的网络，从而可以简化电路的分析计算。其中，作为戴维南电路的两个重要参数(开路电压 u_{oc} 和等效电阻 R_0)的求解是分析的关键。开路电压是将网络的两端开路后求其两端电压，而网络的等效电阻 R_0 的求解通常有三种方法：

(1) 直接等效法，即将网络内部的独立源置零后从网络两端直接看电阻的串并联，这种方法比较简单，但只适用于无受控源的网络。

(2) 开路短路法，即求出开路电压 u_{oc} 和短路电流 i_{sc}，$R_0 = \dfrac{u_{oc}}{i_{sc}}$。由于戴维南等效电路可以等效为一个电流源并联电阻 R_0，如图 5-12 所示，所以戴维南等效电阻 $R_0 = \dfrac{u_s}{i_s} = \dfrac{u_{oc}}{i_{sc}}$。用开路短路法的时候要注意短路电流的参考方向是从原开路电压"+"到"−"。开路短路法只适用于有独立源的网络。

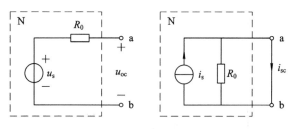

图 5-12 开路短路法图示

（3）外加激励法，即外加激励源 u（或 i），并假设在此激励作用下，在网络端口所产生的电流为 i（或电压为 u），则网络的等效电阻 $R = u/i$，如图 5-13 所示。

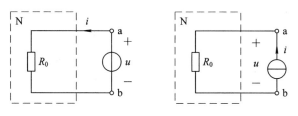

图 5-13 外加激励法图示

此时，若网络是有源的，则必须将网络内的所有独立源置零。注意外加的激励源 u（或 i）与端口所产生的电流为 i（或电压为 u）的参考方向对网络而言是关联参考方向。外加激励法适用于所有类型的网络。

值得注意的是，由于受控源也可以产生能量，故含受控源的电路可能会等效为负电阻。

在工程上，经常会遇到输入电阻和输出电阻的概念。所谓输入电阻，是指由网络的输入端（通常为信号输入一端）看入电路的等效电阻，对输入式仪器或设备来说，这是一个重要的参数。而输出电阻则是指由网络的输出端（通常为信号输出一端）看入电路的等效电阻，这对输出式仪器或设备来说是一个重要的参数。实质上都是网络两端的等效电阻。

【例 5-6】 电路如图 5-14（a）所示，求 u_1。

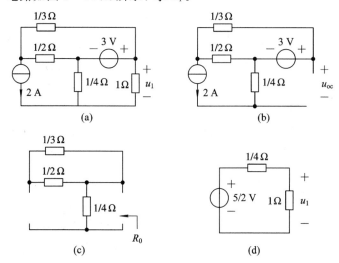

图 5-14 例 5-6 图

解　将待求支路(1 Ω 电阻支路)断开,如图 5-14(b)所示,求含源二端网络的戴维南等效电路。得开路电压为

$$u_{oc} = 3 - \frac{1}{4} \times 2 = \frac{5}{2}\ \text{V}$$

用直接等效法求等效电阻。将二端网络内部独立源置零,得电路如图 5-14(c)所示。显然,

$$R_0 = \frac{1}{4}\ \Omega$$

将其等效戴维南电路画出并接上待求支路,如图 5-14(d)所示,得

$$u_1 = \frac{1}{1+\frac{1}{4}} \times \frac{5}{2} = 2\ \text{V}$$

【**例 5-7**】　电路如图 5-15(a)所示,求 u_1。

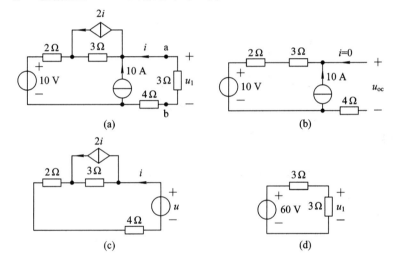

图 5-15　例 5-7 图

解　先求由图 5-15(a)的 ab 端断开后左边二端网络的戴维南等效电路。

(1) 求开路电压 u_{oc}。

ab 端断开后,电流 $i = 0$,受控源电流为零,亦开路,如图 5-15(b)所示,则

$$u_{oc} = 5 \times 10 + 10 = 60\ \text{V}$$

(2) 求等效内阻 R_0(外加激励法)。

将二端网络内所有独立源置零,外加激励电压 u,如图 5-15(c)所示,有

$$u = 3(i - 2i) + 6i = 3i$$

故

$$R_0 = \frac{u}{i} = 3\ \Omega$$

画出二端网络的戴维南等效电路并连接待求支路,得电路如图 5-15(d)所示,有

$$u_1 = \frac{3}{3+3} \times 60 = 30\ \text{V}$$

5.4 诺顿定理

诺顿定理(Norton's theorem)由美国贝尔电话实验室工程师诺顿于 1926 年提出。诺顿定理与戴维南定理具有对偶关系,其表述如下:任一线性含源二端网络 N,对其外部电路而言,总可以等效为一个独立电流源并联电阻的电路。其电流源的电流值,等于该网络 N 的短路电流值 i_{sc};其并联电阻的值,等于该网络所有独立源置零时,所得的网络 N_0 的等效电阻 R_0。该定理可用图 5 - 16 表示。

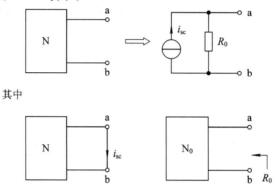

其中

图 5 - 16 诺顿定理图示

【例 5 - 8】 电路如图 5 - 17(a)所示,求 u_1。

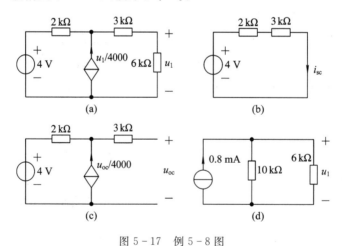

图 5 - 17 例 5 - 8 图

解 先求待求支路断开后左边二端网络的诺顿等效电路。

(1)求短路电流 i_{sc}。

电路如图 5 - 17(b)所示,端口短路后,由于 $u_1 = 0$,所以受控电流源电流为零(开路),有

$$i_{sc} = \frac{4}{5000} = 0.8 \text{ mA}$$

(2)求等效内阻 R_0(开路短路法)。

求开路电压 u_{oc},电路如图 5 - 17(c)所示,有

$$u_{oc} = 2000 \times \frac{u_{oc}}{4000} + 4$$

得

$$u_{oc} = 8 \text{ V}$$

$$R_0 = \frac{u_{oc}}{i_{sc}} = 10 \text{ k}\Omega$$

画出二端网络的诺顿等效电路并连接待求支路，所得电路如图 $5-17$(d)所示，由图得

$$u_1 = \frac{6 \times 10}{6 + 10} \times 0.8 = 3 \text{ V}$$

5.5　最大功率传输定理

作为戴维南和诺顿定理的应用，我们来讨论常见的最大功率传输问题。如图 $5-18$(a)
所示，若提供功率和能量的网络一定，我们讨论当负载电阻 R_L 任意可变时，R_L 为何值时
网络提供给负载的功率最大且最大功率 P_{Lmax} 应如何计算。

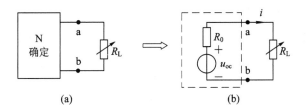

图 $5-18$　最大功率传输定理图示

将有源二端网络等效成戴维南电路，如图 $5-18$(b)所示，显然

$$i = \frac{u_{oc}}{R_0 + R_L} \tag{5-4}$$

因为

$$P_L = R_L i^2 = R_L \left(\frac{u_{oc}}{R_0 + R_L} \right)^2 = \frac{u_{oc}^2 R_L}{(R_0 + R_L)^2} \tag{5-5}$$

功率与负载电阻的关系曲线如图 $5-19$ 所示。

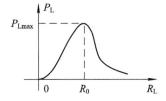

图 $5-19$　功率与负载电阻的关系曲线

求 P_L 的极值，令 $\dfrac{\mathrm{d}P_L}{\mathrm{d}R_L} = 0$，得

$$\frac{\mathrm{d}P_L}{\mathrm{d}R_L} = \frac{R_0 - R_L}{(R_0 + R_L)^3} u_{oc}^2 = 0 \tag{5-6}$$

得

$$R_{\mathrm{L}} = R_0$$

即当 $R_{\mathrm{L}} = R_0$ 时，R_{L} 获最大功率，此时

$$P_{\mathrm{Lmax}} = \frac{u_{\mathrm{oc}}^2}{4R_0} \text{ 或 } P_{\mathrm{Lmax}} = \frac{i_{\mathrm{sc}}^2}{4G_0} \qquad (5-7)$$

其中 $G_0 = 1/R$ 为其诺顿等效电路的等效电导。

【例 5 - 9】 电路如图 5 - 20 所示，求：R_{L} 为何值时可获得最大功率？P_{Lmax} 为多少？

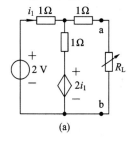 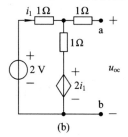 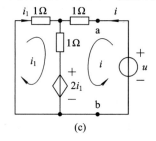

          (a)   (b)   (c)

图 5 - 20　例 5 - 9 图

解　求戴维南等效电路，ab 端开路时的电路如图 5 - 20(b)所示，有

$$u_{\mathrm{oc}} = i_1 + 2i_1 = 3i_1$$

由左边的回路得

$$2 = i_1 + i_1 + 2i_1$$

所以

$$i_1 = 0.5 \text{ A}, \ u_{\mathrm{oc}} = 1.5 \text{ V}$$

用外加激励法求 R_0，如图 5 - 20(c)所示，由网孔方程

$$\begin{cases} 2i_1 + i = -2i_1 \\ i_1 + 2i = -2i_1 + u \end{cases}$$

可得

$$i = \frac{4}{5}u$$

所以

$$R_0 = \frac{u}{i} = \frac{5}{4} \ \Omega$$

所以，当 $R_{\mathrm{L}} = R_0 = \dfrac{5}{4}\Omega$ 时获得最大功率：

$$P_{\mathrm{Lmax}} = \frac{u_{\mathrm{oc}}^2}{4R_0} = \frac{1.5^2}{4 \times \dfrac{5}{4}} = \frac{9}{20} \text{ W}$$

思 考 与 练 习

5 - 1　判断下列说法是否正确：

(1) 叠加定理适用于任何线性、非线性电路。（　　　）

(2) 对于线性电路，无论电压、电流、功率，均具有叠加特性。（　　　）

（3）含多个电源的线性电路，当其中任一电源升至原来的 5 倍时，其负载支路电流都增为原来的 5 倍。（　　）

（4）含多个电源的线性电路，只有当所有电源都增为原来的 5 倍时，其负载支路电流才增为原来的 5 倍。（　　）

（5）应用叠加定理计算图示电路的电压 u 时，当 u_s 单独作用时，电流源 i_s 应开路，而受控电压源应短路。（　　）

5-2　如图所示电路，N 为线性无源的电阻网络，已知

（1）当 $u_s = 12$ V，$i_s = 4$ A 时，$u = 0$；

（2）当 $u_s = -12$ V，$i_s = -2$ A 时，$u = -6$ V。

求当 $u_s = 9$ V，$i_s = -1$ A 时，电压 u。

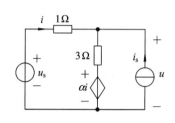
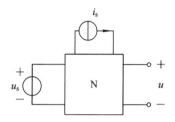

思考与练习 5-1 图　　　　　　　　思考与练习 5-2 图

5-3　用叠加定理求图示电路的 u。

5-4　如图所示电路，为使 $i = 0$，u_s 应为

（1）-8 V　（2）-4 V　（3）4 V　（4）8 V

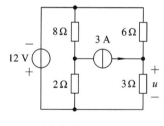
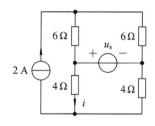

思考与练习 5-3 图　　　　　　　　思考与练习 5-4 图

5-5　判断下列说法是否正确：

（1）零值电流源可用一根短路线置换。（　　）

（2）置换定理和叠加定理都适用于线性电路。（　　）

（3）置换定理和叠加定理都适用于非线性电路。（　　）

（4）理想电压源与理想电流源之间不能等效置换，但对某一确定电路，若已知理想电压源的电流为 i，根据置换定理，可用电流值为 i 的理想电流源来代替该电源，可见，这是矛盾的。（　　）

（5）与电流源串联的元件是多余元件，因为根据置换定理，该支路可用一电流值等于原电流值的电流源来代替。（　　）

5-6　求图示电路的电流 i_1。

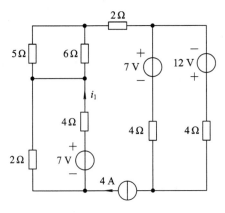

思考与练习 5-6 图

5-7 图中哪个电路可以用 10 V 电压源与 10 Ω 电阻串联的电路等效?

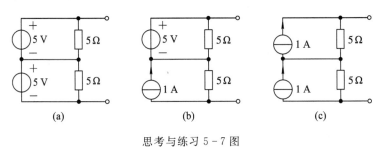

(a)   (b)   (c)

思考与练习 5-7 图

5-8 电路如图(a)所示,其戴维南等效电路如图(b)所示。其中,$u_s = \_\_$ V;$R_s = \_\_$ Ω。

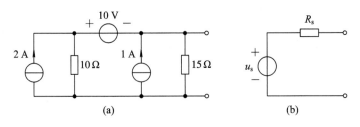

(a)   (b)

思考与练习 5-8 图

5-9 试判断下列说法是否正确:

(1) 一个有源二端网络根据置换定理可以用一个电压源来代替,而根据戴维南定理,却要用电压源串联电阻来替换,因此,置换定理更为有用。(　　)

(2) 一个实际电源其实就是一个有源二端网络;同样,一个有源二端网络也可以看成一个实际电源。因此,它们具有相同的等效电路形式。(　　)

5-10 为测试某含源单口网络的输出电阻,而又避免进行短路实验,我们往往做如下测试:

(1) 测试开路电压 u_{oc}。

(2) 接上负载 R_L 后,测试其端口电压 u_1。

试推导网络的戴维南等效电阻计算公式。

5-11 试判断下列说法是否正确:

（1）一个有源二端网络 N 的等效内阻为 R_0，则 R_0 消耗的功率就是 N 内所有元件消耗和吸收的功率之和。（　　）

（2）根据 $P = i^2 R_L$，负载电阻越大，其获得的功率也越大。（　　）

（3）根据最大功率传输定理，当负载电阻值等于有源网络的等效内阻时，才得到最大功率，因此，此时有源网络的功率传输效率应为 50%。（　　）

（4）负载得到最大功率时，网络的功率传输达到最大。（　　）

（5）负载得到最大功率时，网络的功率传输效率也应为最大。（　　）

5-12　求图示电路的电压 u。

5-13　电路如图所示：

（1）用叠加定理求电压源电压 u_s；

（2）用电源模型互换求 u_s。

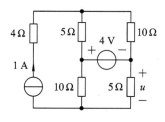
思考与练习 5-12 图

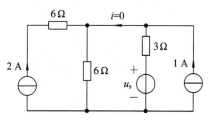
思考与练习 5-13 图

5-14　电路如图所示，求 u_s。

5-15　试用叠加定理求图示电路的电流 i。

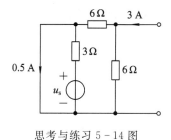
思考与练习 5-14 图

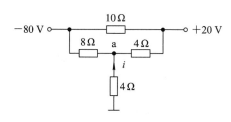
思考与练习 5-15 图

5-16　电路如图所示，用叠加定理求 i 及 a 点电位 u_a。

5-17　图示电路中 N_0 为无源电阻网络，当 $u_{s1}=2$ V，$u_{s2}=3$ V 时，$u_x=20$ V；又当 $u_{s1}=-2$ V，$u_{s2}=1$ V 时，$u_x=0$ V。若将 N_0 变换为含有独立源的网络，在 $u_{s1}=u_{s2}=0$ V 时，$u_x=-10$ V。试求网络变换后，当 $u_{s1}=u_{s2}=5$ V 时的电压 u_x。

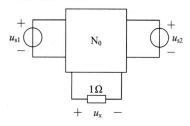
思考与练习 5-16 图　　思考与练习 5-17 图

5-18　电路如图所示，当 3 A 电流源断开时，2 A 电流源输出功率为 28 W，此时

$u_2=8$ V。当 2 A 电流源断开时，3 A 电流源输出功率为 54 W，此时 $u_1=12$ V。试求两电源同时作用时各自的输出功率。

5-19 电路如图所示，用叠加定理求 i。

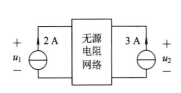

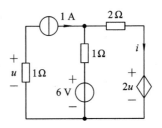

思考与练习 5-18 图　　　　　　　　思考与练习 5-19 图

5-20 电路如图所示，用叠加定理求 i_x。

5-21 电路如图所示，用叠加定理求 i。

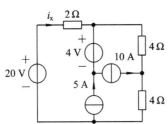

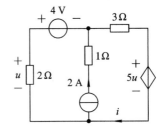

思考与练习 5-20 图　　　　　　　　思考与练习 5-21 图

5-22 电路如图所示，当开关 S 置"1"位置时，毫安表读数为 20 mA；当开关 S 置"2"位置时，毫安表读数为 -40 mA。求开关 S 置"3"位置时的毫安表读数。

5-23 电路如图所示，用叠加定理中的齐次性求电流 i_0。

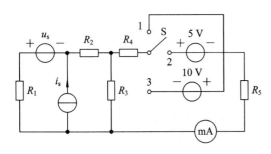

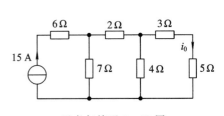

思考与练习 5-22 图　　　　　　　　思考与练习 5-23 图

5-24 电路如图所示，用叠加定理求电压 u。

5-25 电路如图所示，用戴维南定理求 R_x。

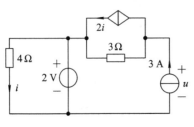

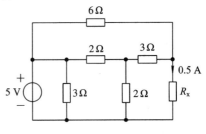

思考与练习 5-24 图　　　　　　　　思考与练习 5-25 图

5-26　电路如图所示，试用置换定理求 u 和 i。

5-27　分别用叠加定理、置换定理和戴维南定理三种方法求图示电路的电流 i 和电阻 R。

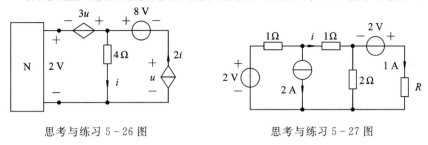

思考与练习 5-26 图　　　　　　　思考与练习 5-27 图

5-28　用电源模型互换等效求图示电路的 i。

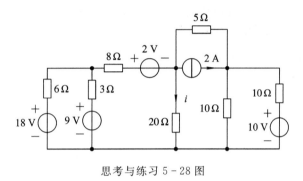

思考与练习 5-28 图

5-29　试分别用戴维南定理和电源模型互换等效求图示电路的电压 u。

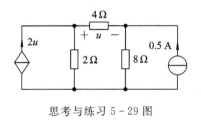

思考与练习 5-29 图

5-30　求图示电路 ab 端的戴维南等效电路参数。（提示：采用叠加定理求 u_{oc}）

5-31　如图所示二端网络电路，当用内阻为 9 kΩ 的电压表测其端口 AB 处电压时，读数为 9 V；用内阻为 4 kΩ 的电压表测量，读数为 8 V。问不接电压表时 u_{AB} 的实际值为多少。

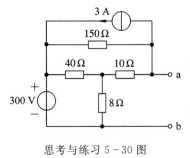　　　　　　　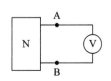

思考与练习 5-30 图　　　　　　　思考与练习 5-31 图

5-32 如图所示电路，选择适当方法求当 $R_0 = 1\ \Omega$ 和 $R_0 = 3\ \Omega$ 时的电流 i_0。

5-33 电路如图所示，当 R 为何值时它可得到最大功率？最大功率是多少？

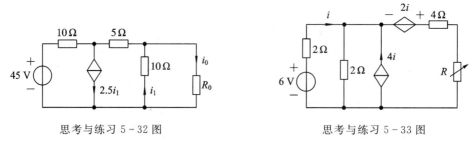

思考与练习 5-32 图　　　　　　　　思考与练习 5-33 图

5-34 电路如图所示，求：

(1) 当负载 R 为何值时它可得到最大功率？最大功率是多少？

(2) 各独立电源对电路提供的功率；

(3) 受控源的功率；

(4) 电路的功率传输效率。

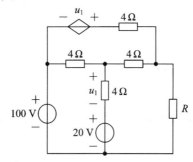

思考与练习 5-34 图

5-35 如图(a)所示，N 为线性无源电阻网络，测得 $u_{s1} = 20\ V$，$i_1 = 10\ A$，$i_2 = 2\ A$，方向如图中所示。如有电压源 u_{s2} 接在 22′端处，如图(b)所示，$i_1' = 4\ A$，求 u_{s2}。

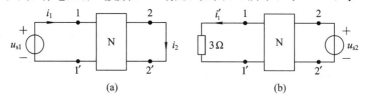

(a)　　　　　　　　　　(b)

思考与练习 5-35 图

第6章　电容元件与电感元件

【内容提要】　本章在给出电容元件、电感元件定义的基础上，详细讨论这两种动态元件的伏安特性和储能；要求从动态元件、记忆元件和惰性元件三个方面深刻理解两种元件的约束关系。

6.1　电容元件

电容元件是实际电容器的理想化模型。把两块金属极板用介质隔开就构成了一个简单的电容器，如图 6-1(a)所示。由于理想介质是不导电的，在外电源的作用下，两块极板上能分别聚集等量的异性电荷，从而在极板之间形成电场，可见电容器是一种能聚集电荷、储存电场能量的元件。

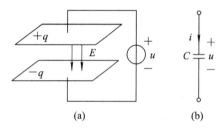

图 6-1　电容元件及其符号

电容元件的电路符号如图 6-1(b)所示。

1. 电容元件的定义

一个二端元件，如果在任一时刻 t，它所聚集的电荷 $q(t)$ 与它两端的电压 $u(t)$ 可用 u—q 平面上的一条曲线描述，则此二端元件称为电容元件。

同电阻元件一样，按不同分类方法，电容元件可分为不同的类型。图 6-2(a)所描述的电容元件为非线性时变电容元件，而图 6-2(b)所描述的则为非线性非时变的电容元件，图 6-2(c)所描述的为线性非时变的电容元件。

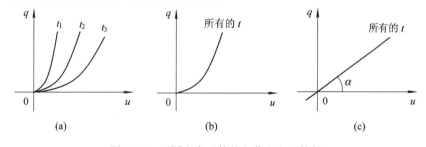

图 6-2　不同电容元件的电荷和电压特性

电容元件是一种电荷与电压相约束的元件，其电荷瞬时值与电压瞬时值之间具有函数关系。

2. 线性非时变电容元件

对图 6-2(c)所示的线性非时变电容元件，其 $q(t)$ 与 $u(t)$ 的关系可以写成

$$q(t) = Cu(t) \quad \text{或} \quad C = \frac{q(t)}{u(t)} \tag{6-1}$$

式中，C 是单位电压作用下所聚集电荷的数量，称为电容量，它是与 q、u、t 无关的正值常量。对图 6-2(c)曲线而言，$C=\tan\alpha$，为曲线的斜率。在国际单位制(SI)中，电容的单位为法拉(简称"法"，符号为 F)，1 法＝1 库/伏，即 1 F＝1 C/V。常用电容的单位有微法(μF)和皮法(pF)，它们的关系是 1 pF＝$10^{-6}\mu$F＝10^{-12} F。

3. 线性非时变电容元件的伏安关系

注意到 $i(t)=\dfrac{\mathrm{d}q(t)}{\mathrm{d}t}$，对式(6-1)两边求导并以 u_C、i_C 表示电容电压和电流，得

$$i_C(t) = C\frac{\mathrm{d}u_C(t)}{\mathrm{d}t} \tag{6-2}$$

式(6-2)也可写为

$$u_C(t) = \frac{1}{C}\int_{-\infty}^{t} i_C(\tau)\mathrm{d}\tau \tag{6-3}$$

式(6-2)和式(6-3)即电容的伏安关系。需要注意这一结论是在 u_C、i_C 关联参考方向下导出的。若 u_C、i_C 采用非关联参考方向，则其 VAR 应为

$$i_C(t) = -C\frac{\mathrm{d}u_C(t)}{\mathrm{d}t} \quad \text{或} \quad u_C(t) = -\frac{1}{C}\int_{-\infty}^{t} i_C(\tau)\mathrm{d}\tau \tag{6-4}$$

式(6-2)表明，电容的电流与电压的变化率成正比，在任一时刻电流的大小取决于电压变化的快慢程度。若电容两端的电压波形和电流波形如图 6-3 所示，并不是电压最大，电流就最大；电压为零，电流就为零。特别地，如果电容电压不变(u_C 为直流)，则 $i_C = 0$，即电容有阻断直流的功能。与电阻元件不同的是，电阻两端只要有电压，就会有电流；而电容两端必须有变化的电压才会有电流。因此，从这一意义上说，电阻被称为即时元件，电容被称为动态元件。

由式(6-3)可知，电容电压为电流的积分。如图 6-4 所示，在任意时刻 t_0，电容两端的电压不仅与该时刻的电流有关，而且与过去所有时刻的电流有关，即电容有记忆电流的作用，为记忆元件。若流过电容的电流存在突变，则只要这种突变是有限的，电容的电压就是连续的，不会发生突变。所以，电容又被称为惰性元件。

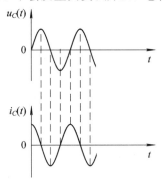

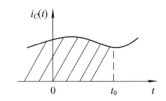

图 6-3　电容两端的电压波形和电流波形　　　　图 6-4　电容的电流波形

实际上，要知道电容电流的全部作用是不必要和不容易的。电路分析中常常只对某一时刻 t_0 以后的情况感兴趣，因此式(6-3)可改写成

$$u_C(t) = \frac{1}{C}\int_{-\infty}^{t_0} i_C(\tau)\mathrm{d}\tau + \frac{1}{C}\int_{t_0}^{t} i_C(\tau)\mathrm{d}\tau$$

令

$$u_C(t_0) = \frac{1}{C}\int_{-\infty}^{t_0} i_C(\tau)\mathrm{d}\tau$$

式中，$u_C(t_0)$ 为电容在 t_0 时刻的电压，称为电容的初始电压。它反映了 t_0 前电流的全部作用对 t_0 时刻电压的影响，则

$$u_C(t) = u_C(t_0) + \frac{1}{C}\int_{t_0}^{t} i_C(\tau)\mathrm{d}\tau \qquad (6-5)$$

式 $(6-5)$ 表明，如果知道了 $t \geqslant t_0$ 时的电流 $i(t)$ 及电容的初始电压，就能确定 $t \geqslant t_0$ 后的电容电压。

4. 电容的储能

电容是一种储能元件，它可以吸收功率并转化为电场能量进行储存，也可以释放功率。在电压电流关联参考方向下，电容吸收的瞬时功率为 $p(t) = u_C(t)i_C(t)$，考虑到 $p(t) = \dfrac{\mathrm{d}w(t)}{\mathrm{d}t}$，则电容在 $t_1 \sim t_2$ 时间内所储存的能量为

$$
\begin{aligned}
w_C(t_1, t_2) &= \int_{t_1}^{t_2} p(\tau)\mathrm{d}\tau = \int_{t_1}^{t_2} u_C(\tau)i_C(\tau)\mathrm{d}\tau \\
&= \int_{t_1}^{t_2} Cu_C(\tau)\frac{\mathrm{d}u_C(\tau)}{\mathrm{d}\tau}\mathrm{d}\tau = C\int_{u_C(t_1)}^{u_C(t_2)} u_C\mathrm{d}u_C \\
&= \frac{1}{2}Cu_C^2 \Big|_{u_C(t_1)}^{u_C(t_2)} = \frac{1}{2}Cu_C^2(t_2) - \frac{1}{2}Cu_C^2(t_1) \\
&= w_C(t_2) - w_C(t_1)
\end{aligned}
$$

式中，$w_C(t_2) = \dfrac{1}{2}Cu_C^2(t_2)$ 表示 t_2 时刻的储能，$w_C(t_1) = \dfrac{1}{2}Cu_C^2(t_1)$ 表示 t_1 时刻的储能，即电容在某一时刻的储能只与该时刻的电压值有关。所以，在任意时刻 t，电容的储能为

$$w_C(t) = \frac{1}{2}Cu_C^2(t) \qquad (6-6)$$

【例 6-1】　电路如图 $6-5(a)$ 所示，$u_s(t)$ 波形如图 $6-5(b)$ 所示，求电容电流 $i_C(t)$、功率 $p(t)$、储能 $w_C(t)$，并绘出波形图。

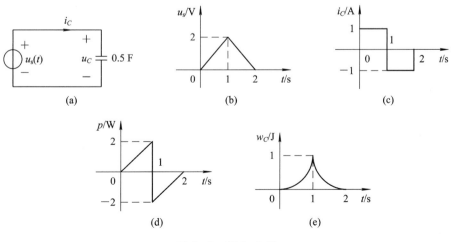

(a)　　　　　(b)　　　　　(c)

(d)　　　　　(e)

图 $6-5$　例 $6-1$ 图

解 由图 6-5(a)和(b)有

$$u_C(t) = u_s(t) = \begin{cases} 0 & t \leqslant 0 \\ 2t & 0 \leqslant t \leqslant 1 \\ -2(t-2) & 1 \leqslant t \leqslant 2 \\ 0 & t \geqslant 2 \end{cases}$$

所以

$$i_C(t) = C\frac{\mathrm{d}u_C}{\mathrm{d}t} = \begin{cases} 0 & t \leqslant 0 \\ 1 & 0 \leqslant t \leqslant 1 \\ -1 & 1 \leqslant t \leqslant 2 \\ 0 & t \geqslant 2 \end{cases}$$

由 $p(t) = u(t)i(t)$ 有

$$p(t) = \begin{cases} 0 & t \leqslant 0 \\ 2t & 0 \leqslant t \leqslant 1 \\ 2(t-2) & 1 \leqslant t \leqslant 2 \\ 0 & t \geqslant 2 \end{cases}$$

因为 $w_C(t) = \dfrac{1}{2}Cu_C^2$，有

$$w_C(t) = \begin{cases} 0 & t \leqslant 0 \\ t^2 & 0 \leqslant t \leqslant 1 \\ (t-2)^2 & 1 \leqslant t \leqslant 2 \\ 0 & t \geqslant 2 \end{cases}$$

相应的波形如图 6-5(c)～图 6-5(e)所示。

6.2 电 感 元 件

电路理论中的电感元件是实际电感器的理想化模型。将导线绕制成线圈便成为一个简单的电感器，如图 6-6(a)所示。当电流流过电感线圈时，就会在线圈内外建立起磁场，产生磁通。若线圈匝数为 N，各线匝产生的磁通为 Φ，则电感线圈各线匝磁通的总和称为磁链，用 ψ 表示，$\psi = N\Phi$。电感器是一种能建立磁场、储存磁场能量的元件。

电感元件的电路符号如图 6-6(b)所示。

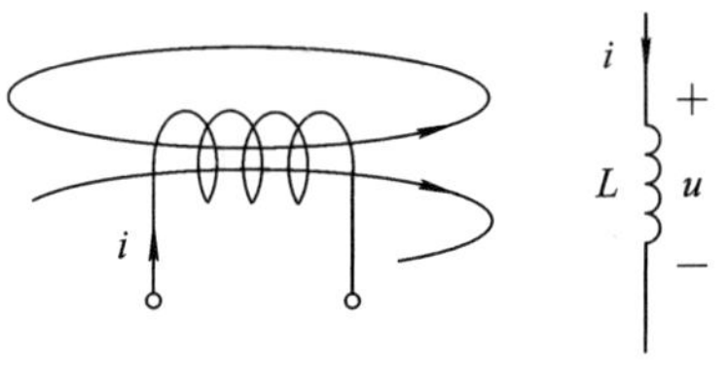

1. 电感元件的定义

一个二端元件，如果在任一时刻 t，它所产生

(a)   (b)

图 6-6 电感元件及其符号

的磁链 $\psi(t)$ 与流过它的电流 $i(t)$ 可用 ψ—i 平面上的一条曲线来描述，则此二端元件称为电感元件。

与电阻元件和电容元件类似，电感元件也有时变、非时变，线性、非线性之分。我们仅讨论线性非时变电感元件。

2. 线性非时变电感元件

如果电感元件的 $\psi - i$ 特性曲线是一条通过原点的直线，且不随时间而变化，如图 6 - 7 所示，则此电感元件为线性非时变电感元件。其 $\psi(t)$ 与 $i(t)$ 的关系为

$$\psi(t) = Li(t) \quad \text{或} \quad L = \frac{\psi(t)}{i(t)} \tag{6-7}$$

式中，L 是单位电流作用下所产生的磁链，它是与 ψ、i、t 无关的正值常量，称为电感量。对图 6 - 7 直线而言，$C = \tan\alpha$，为直线的斜率。

在国际单位制（SI）中，电感的单位为亨利（简称"亨"，符号为 H），1 亨＝1 韦/安，即 1 H＝1 Wb/A，也可用毫亨（mH）或微亨（μH）作单位，其关系是

$$1\ \mu H = 10^{-3}\ mH = 10^{-6}\ H$$

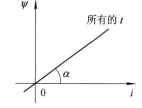

图 6 - 7　线性非时变电感元件的 $\psi - i$ 曲线

3. 线性非时变电感元件的 VAR

根据法拉第电磁感应定律：

$$u_L(t) = \frac{d\psi(t)}{dt} \tag{6-8}$$

和式（6 - 7），可推导得电感元件的 VAR 如下：

$$u_L(t) = L\frac{di_L(t)}{dt} \quad \text{或} \quad i_L(t) = \frac{1}{L}\int_{-\infty}^{t} u_L(\tau)d\tau \tag{6-9}$$

若已知 t_0 时刻电感的电流 $i_L(t_0)$，则

$$i_L(t) = i_L(t_0) + \frac{1}{L}\int_{t_0}^{t} u_L(\tau)d\tau \tag{6-10}$$

可见，电感元件与电容元件具有对偶关系。电感的电压与电流的变化律成正比，如果电感电流不变（i_L 为直流），则 $u_L = 0$，即直流作用下电感是短路的。同样，在任意时刻 t_0，电感的电流不仅与该时刻电感两端的电压有关，而且与过去所有时刻的电压有关，即电感有记忆电压的作用。若电感的电压存在突变，则只要这种突变是有限的，电感的电流就是连续的，不会发生突变。所以，与电容相同，电感也是动态的、记忆的、惰性的元件。

4. 电感的储能

在任意时刻 t，电感的储能为

$$w_L(t) = \frac{1}{2}Li_L^2(t) \tag{6-11}$$

【例 6 - 2】　电路如图 6 - 8(a)所示，电感和电容无初始储能，$i_s(t)$ 如图 6 - 8(b)所示，求 $u_L(t)$ 和 $u_C(t)$ 并画出波形。

解　由图 6 - 8(a)和(b)有

$$i_L(t) = i_C(t) = i_s(t) = \begin{cases} t, & 0 \leqslant t \leqslant 1 \\ 1, & 1 \leqslant t \leqslant 2 \\ -t+3, & 2 \leqslant t \leqslant 3 \\ 0, & \text{其他} \end{cases}$$

所以

$$u_L(t) = L\frac{\mathrm{d}i_\mathrm{L}}{\mathrm{d}t} = \begin{cases} 1 & 0 < t < 1 \\ 0 & 1 < t < 2 \\ -1 & 2 < t < 3 \\ 0 & \text{其他} \end{cases}$$

由于 $u_C(t) = \dfrac{1}{C}\displaystyle\int_{-\infty}^{t} i(\tau)\mathrm{d}\tau$，所以

① $t < 0$ 时，

$$u_C(t) = 0$$

② $0 < t < 1$ 时，

$$u_C(t) = \int_0^t \tau\,\mathrm{d}\tau = \frac{1}{2}t^2$$

③ $1 < t < 2$ 时，

$$u_C(t) = \int_0^1 \tau\,\mathrm{d}\tau + \int_1^t 1\mathrm{d}\tau = u_C(1) + \int_1^t 1\mathrm{d}\tau = t - \frac{1}{2}$$

④ $2 < t < 3$ 时，

$$u_C(t) = \int_0^1 \tau\,\mathrm{d}\tau + \int_1^2 1\mathrm{d}\tau + \int_2^t (-\tau + 3)\mathrm{d}\tau$$

$$= u_C(2) + \int_2^t (-\tau + 3)\mathrm{d}\tau = -\frac{1}{2}t^2 + 3t - \frac{5}{2}$$

⑤ $t > 3$ 时，

$$u_C(t) = u_C(3) = 2$$

相应的波形如图 6-8(c) 和 (d) 所示。

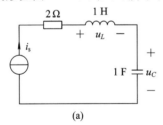

(a)

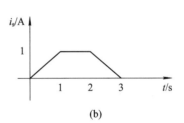

(b)

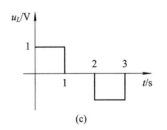

(c)

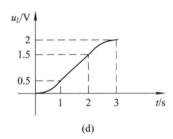

(d)

图 6-8 例 6-2 图

6.3 电容器和电感器

1. 常用电容器的特点及应用

电容器的种类繁多，分类方法也不同，其中常用电容器有以下几种。

1) 电解电容器

一般，电解电容器是有极性的电容器，用于直流电路中，使用中正、负极不能接错，否则会损坏。无极性的电解电容器用于交流电路中。电解电容器的电容量较大，为 μF 数量级。常用的电解电容器有铝电解电容器和钽电解电容器、铌电解电容器和钛电解电容器等。

铝电解电容器是电路中应用较多的一种电容器，一般用于低频电路，作为旁路电容、耦合电容和滤波电容。钽电解电容器的寿命、可靠性、稳定性、损耗及温度特性等各项指标都较铝电解电容器好，因此多用于如通信、航天及高档家用电器等要求较高的电路中，但其价格较高。图 6-9(a)、(b)分别为铝电解电容器和钽电解电容器的外形。

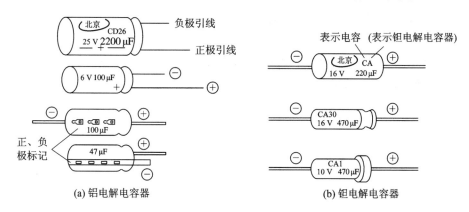

图 6-9　电解电容器的外形

2) 涤纶电容器

涤纶电容器是以涤纶薄膜作介质的电容器。其容量较大、工作电压范围宽、耐热、耐湿、成本低，但稳定性不高，一般用在要求不高的电子电路和低频电路中作耦合、退耦、隔直、旁路等电容。其外形如图 6-10(a)所示。

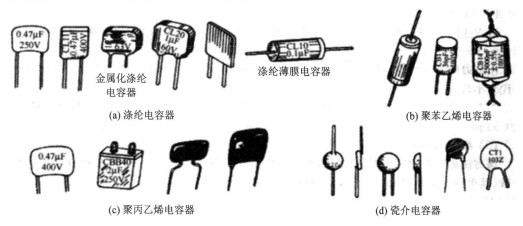

图 6-10　各种电容器的外形

3) 聚苯乙烯电容器

聚苯乙烯电容器可分为箔式和金属化两种类型。其中金属化聚苯乙烯电容器绝缘电阻大(10 000 MΩ 以上)、稳定性好、耐高压(几百至上千伏),但不耐高温且高频特性差,一般用于家用电器中。其外形如图 6 - 10(b)所示。

4)聚丙乙烯电容器

聚丙乙烯电容器具有良好的高频绝缘特性,损耗小,稳定性及机械性能好,广泛用于高频电路中。其外形如图 6 - 10(c)所示。

5)瓷介电容器

瓷介电容器以陶瓷材料作为介质,成本低,绝缘性、稳定性及频率特性好,容量较小(pF 数量级),主要用于高频调谐电路的滤波和旁路。其外形如图 6 - 10(d)所示。

另外,通过制作工艺还可以使电容器具有大小可调节的功能,这一类电容器可分为微调电容器(半可调电容器)和可变电容器。

2. 电容器的主要参数

电容器的主要参数有标称值、允许偏差和额定工作电压等。电容器的容量必须根据国家制定的系列标准生产。使用时,须按国家规定的系列值范围选用。表 6-1 是国家规定的系列标称值及允许偏差,表中的数值乘以 10^n(n 为任意正或负整数),就是该系列的电容容量。

表 6 - 1 电容器的标称值系列

标称值系列	允许偏差/(%)	等级	标 称 值
E24	±5	Ⅰ	1.0、1.1、1.2、1.3、1.5、1.6、1.8、2.0、2.2、2.4、2.7、3.0、3.3、3.6、3.9、4.3、4.7、5.1、5.6、6.2、6.8、7.5、8.2、9.1
E12	±10	Ⅱ	1.0、1.2、1.5、1.8、2.2、2.7、3.3、3.9、4.7、5.6、6.8、8.2
E6	±20	Ⅲ	1.0、1.5、2.2、3.3、4.7、6.8
E3	>20		1.0、2.2、4.7

3. 电容器的标注方式

(1)直标法:将电容器的容量、额定电压等参数用数字或字母直接标注在电容器的表面。例如,CA、100 μF、100 V 表示该电容器为钽电解电容器,容量和耐压为 100 μF、100 V。

(2)字母数字混合标注法:用 2~4 位数字和一个字母表示容量。如 100 m 表示 100 mF(毫法,即 10^{-3} F),而 μ、n、p 分别表示微法(10^{-6} F)、纳法(10^{-9} F)和皮法(10^{-12} F)。也可以用字母代表小数点,如 3μ3 表示 3.3 μF,3F3 表示 3.3 F,中间的字母既代表单位又代表小数点。若有 R、P 等字母排在最前面,则表示为零点几的意思。如 R33 为 0.33 μF,P33 为0.33 pF。

(3)数码表示法:用 3 位数字来表示标称容量。前两位为有效值,最后一位为有效数字后面零的个数,其单位为 pF。如 103 表示 10 000 pF,222 表示 2200 pF。注意,当第三位数字为 9 时,表示 10^{-1},如 229 表示 2.2 pF。

(4)四位数字表示法:用 4 位数字直接表示容量大小,不标单位。若数字为整数,则单位为 pF;若数字为零点几的小数,则单位为 μF。如 2200 表示 2200 pF,0.022 表示 0.022 μF。

（5）色标法：色标法标注的容量单位一般为 pF。与电阻的色环法基本一样。各颜色代表的意义如表 6 - 2 所示。

表 6 - 2　色环中各颜色所代表的意义

颜色	黑	棕	红	橙	黄	绿	蓝	紫	灰	白	金	银	无色
有效数字	0	1	2	3	4	5	6	7	8	9	—	—	—
允许偏差/(%)	—	±1	±2	—	—	±0.5	±0.25	±0.1	—	−25～50	±5	10	±20
工作电压/V	4	6.3	10	16	25	32	4	50	63	—	—	—	—
倍率	10^0	10	10^2	10^3	10^4	10^5	10^6	10^7	10^8	10^9	10^{-1}	10^{-2}	

距电容器引线最远端为第一色带，其余依次为第二、三、四色带。其中，第一、二色带分别表示第一、二位有效数字，第三色带表示有效数字后应加"0"的个数，第四色带表示允许偏差。

4. 电容器的检测

1）漏电电阻的检测

一只良好的电容器，其绝缘电阻（漏电电阻）很大，一般大于 10 MΩ，可用兆欧表进行测量。如果漏电电阻过小，说明电容器漏电严重，已损坏；如果漏电电阻过大（为无穷大），说明电容器断路，同样已损坏。

在没有兆欧表的情况下，对于无极性的容量较大的电容器可用一副耳机和一个 1.5 V 的电池进行检测，电路如图 6 - 11 所示。当耳机与电容器及电池相碰时，耳机中会听到"喀"的一声，多碰几下，声音会越来越小，直至无声。说明电容器已充满电，且无漏电电阻放电，电容器良好。如果每次相碰都有声音，且声音很大，说明电容器有漏电。如果第一次相碰时就没有声音，说明电容器已断路。对于有极性的

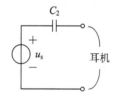

图 6 - 11　无极性大容量电容器的检测

电解电容器，不能用兆欧表检查其漏电程度，这时可用指针式万用表来进行测量。测量时将万用表置于 R×1 k 挡，用两表笔分别接被测电容器的两根引出线（注意黑表笔接电容正极）。此时，万用表的指针会迅速沿顺时针方向向 0 Ω 处摆动，然后，指针逐渐向逆时针方向复原退回到 ∞ Ω 的方向，指针停止时所指的电阻阻值即电容器的漏电阻阻值。一般电解电容器的漏电电阻为几兆欧左右，如果所测得漏电电阻远小于上述阻值，说明电容器漏电严重，不能使用。如果万用表的指针不能沿顺时针方向向 0 Ω 处摆动，则说明电容器断路。

2）电容极性的检测

对于"＋""－"极性不明的电解电容器，可用测漏电电阻的方法判别其极性，具体方法是交换万用表的表笔进行两次测量，其中测出漏电电阻小的一次其黑表笔所接的一端是电容的"＋"极。

5. 常用电感器及标注方式

电感线圈（电感器）是应用电磁感应原理制成的元件。通常分为两类：一类是应用自感作用的电感线圈，另一类是应用互感作用的变压器（耦合电感）。其中，有关变压器（耦合电感）的内容我们将在以后的章节介绍。

将漆包线单层或多层地绕制在绝缘骨架上就可制成一个电感线圈。常见的电感线圈有

天线线圈、振荡线圈（含高频、中波和短波三种）、阻流圈（含高频和低频两种）和行偏转线圈、场偏转线圈等。

电感器的标注方式有两种：直标法和色标法。直标法就是将标称电感量用数字直接标注在电感线圈的外壳上，同时还用字母 A、B、C、D、E 表示电感线圈的标称电流（分别为 50 mA、150 mA、300 mA、0.7 A、1.6 A），用Ⅰ、Ⅱ、Ⅲ表示允许偏差，如图 6-12(a)所示。例如，标注为 C、Ⅱ、330 μH 的电感线圈，表明电感量为 330 μH、最大工作电流为 300 mA、允许偏差为±10%。色标法就是将电感线圈的参数用色环或色点表示在其外壳上的方法，如图 6-12(b)所示，各色环所表示的数字和意义与色环电阻器的标注方法相同。

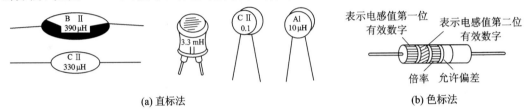

(a) 直标法   (b) 色标法

图 6-12　电感器的标注

6. 电感器的检测

电感线圈都有一定的电阻值，其阻值与绕制线圈的漆包线的粗细及线圈的圈数多少有关。用万用表 $R\times 1$ 挡测量，若得线圈的阻值为 0 Ω 或 ∞ Ω，说明线圈短路或开路，已经损坏。电阻值是否正常可与同型号的正常值进行比较。

7. 片状电容器和片状电感器

片状电容器与插件式电容器一样，分为无极性和有极性两种，其外形如图 6-13(a)所示。其标注方法与片状电阻相似，前两位表示有效数字，第三位表示有效数字后零的个数，单位为 pF。例如：151 表示 150 pF，1p5 表示 1.5 pF。由于体积较小，有的电容器采用缩简符号表示容量。缩简符号的第一个字符是英文字母，代表有效数字；第二个字符是数字，表示有效数字后零的个数；单位为 pF。例如，"B2"中 B 代表"1.1"，2 代表"$\times 10^2$"，该电容器的容量为 110 pF。表 6-3 给出了各英文字母的含义。片状电感器的外形如图 6-13(b)所示，其电感量一般直接标在电感器上。

(a) 片状电容器   (b) 片状电感器

图 6-13　片状电容器、电感器外形

表 6-3　片状电容器各英文字母的含义

字母	A	B	C	D	E	F	G	H	I	K	L	M
值	1	1.1	1.2	1.3	1.5	1.6	1.8	2.0	2.2	2.4	2.7	3.0
字母	N	P	Q	R	S	T	U	V	W	X	Y	Z
值	3.3	3.6	3.9	4.3	4.7	5.1	5.6	6.2	6.8	7.5	9.0	9.1

6.4　电感器和电容器的电路模型

　　实际部件可以近似地用理想电路元件作为它的模型，因条件不同，即便是同一个部件的模型也可以不同。

　　实际电感器(电感线圈)可以用图 6-14(a)所示电感元件作为模型。如果线圈绕线电阻的影响不能忽略，则其模型如图 6-14(b)所示，其中 R_L 为绕线电阻；如果线圈在高频条件下工作，线圈的匝间电容的影响不能忽略，则其模型如图 6-14(c)所示，其中 C_L 为匝间电容。一个实际电感器使用时，不仅需要了解它的电感量，还要注意不得超过它的额定电流。电流过大会使电感线圈过热而损坏。

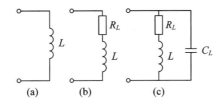

图 6-14　电感线圈的模型

　　类似地，可以得到实际电容器在不同条件下的三种电路模型，如图 6-15 所示。其中 R_C 为电容极板间介质损耗，L_C 为电容引线电感。一个实际电容器在使用时，不仅需要了解它的电容量，还要注意不得超过它的额定电压。电压过大会使电容器介质击穿而损坏。

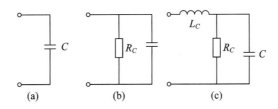

图 6-15　电容器的模型

实例　电容式触摸屏

思 考 与 练 习

　　6-1　判断下列说法是否正确：

　　(1) 电容元件的电压和电流会随激励波形而变化，因此一个线性非时变电容可以有多种伏安特性。(　　)

（2）流入电容的电流越大，电荷积累也越快，电容两端电压也越高。（　　）

（3）电容充电时，电压、电流参考方向关联，这种功率为正，所以电容在一段时间里可能消耗电能。（　　）

6-2　如图所示电路，已知 $u_C(t) = 3e^{-2t}$ V（$t>0$），求 $t>0$ 时的 $u_R(t)$。

6-3　如图所示电路，$i_C(t) = 4e^{-2t}$ A（$t>0$），$u_C(0_-) = 0$，求 $u_C(t)$（$t>0$）。

思考与练习 6-2 图　　　　　　　思考与练习 6-3 图

6-4　判断下列说法是否正确：

（1）电感在某一时刻储存的磁场能量，只与电感量和该时刻电感的电流值有关。（　　）

（2）设电感的 $u(t)$ 和 $i(t)$ 为关联参考方向，当电流增长时，$\dfrac{\mathrm{d}i(t)}{\mathrm{d}t} > 0$，电感的伏安关系为 $u(t) = L\dfrac{\mathrm{d}i(t)}{\mathrm{d}t}$，因与实际相符而适用；但当电流下降时，$\dfrac{\mathrm{d}i(t)}{\mathrm{d}t} < 0$，伏安关系 $u(t) = L\dfrac{\mathrm{d}i(t)}{\mathrm{d}t}$ 就不适用。（　　）

（3）流过电感的电流若是直流电流，则电感上的电压为零，储能也为零。（　　）

6-5　关于线性非时变电感有以下三种说法，正确的是（　　）。

（1）一个线性非时变电感的 VAR 是唯一的。

（2）一个线性非时变电感的 $\psi(t)-i(t)$ 特性曲线是唯一的。

（3）一个线性非时变电感的 $u(t)-i(t)$ 曲线是唯一的。

6-6　试判断下列说法是否正确：

（1）感应电动势的方向与电流方向有关。（　　）

（2）感应电动势的方向与电流变化的趋势有关。（　　）

（3）感应电动势的产生总是阻碍电流的。（　　）

（4）感应电动势的产生总是阻碍电流的变化趋势的。（　　）

6-7　已知 0.5 μF 电容的端电压为

$$u_C(t) = \begin{cases} 0 & t \leqslant 0 \\ 4t \text{ V} & 0 < t \leqslant 1 \text{s} \\ 4e^{-(t-1)} \text{ V} & t > 1 \text{ s} \end{cases}$$

试求该电容的电流、功率、储能的表达式。

6-8　如图所示电容元件，已知其电流为

$$i_C(t) = \begin{cases} 0 & t < 0 \\ 3\cos 50000t \text{ A} & t \geqslant 0 \end{cases}$$

思考与练习 6-8 图

（1）求 $u_C(t)$；

（2）计算电容吸收功率的最大值；

（3）计算电容储能的最大值。

6-9　如图所示为某电感的电压和电流波形。

（1）求 L；

（2）计算在 $t = 2$ ms 时吸收的功率；

（3）计算在 $t = 2$ ms 时储存的能量。

6-10　电路如图所示，已知 $u_C(t) = 4 - e^{-2t}$ V $(t > 0)$，求 $t > 0$ 时电路的电流 $i(t)$。

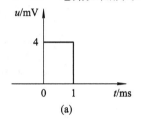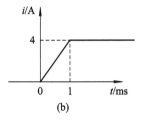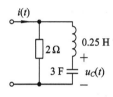

思考与练习 6-9 图　　　　思考与练习 6-10 图

第7章 一阶电路分析

【内容提要】 本章重点讨论 RC、RL 一阶电路在恒定激励下方程的编写与求解,以及初始值、时间常数、零输入响应、零状态响应、全响应、暂态响应、稳态响应等重要概念,要求熟练掌握用三要素公式求解恒定激励的一阶电路响应。

本书的前五章讨论了电阻电路的分析方法。所谓电阻电路,是指只含有电阻元件及线性独立源和受控源的电路。电阻电路的数学模型是线性代数方程。在电阻电路中,响应和激励同时存在并同时消失。因此,电阻电路是无记忆的(即时的)。如果电路中除电阻和电源元件外,还含有动态元件(电容或电感元件),则称该电路为动态电路。由于这两种动态元件的伏安关系都涉及对电压或电流的微分(或积分)。因此,动态电路的数学模型是微分(或积分)方程。当电路元件为线性时不变元件时,描述电路的方程为线性常系数微分方程。

我们定义一个由一阶微分方程描述的电路为一阶电路。从电路结构看,一阶电路一般只含有一个动态元件。如果一个电路可以通过等效变换简化为仅有一个动态元件的电路,则它就是一阶电路。同理,由 n 阶微分方程描述的电路为 n 阶电路。从电路结构看,n 阶电路一般含有 n 个独立的动态元件。动态元件可以性质相同(如 n 个 C 或 n 个 L),也可以性质不同(如 m 个 C 和 $n-m$ 个 L)。本书仅讨论求解一阶和二阶动态电路响应的基本方法。

由线性微分方程的理论可知,线性常系数微分方程的全解,由它的一个特解与相应的齐次方程的全解(齐次解)相加而成。求得全解后,可根据初始值确定全解中的系数,从而可求得待求响应。

在电路分析中,通常并不采用这种经典的求解微分方程全解的方法。注意到动态电路中的动态元件可能含有初始储能(表现为 $u_C(0_-) \neq 0$ 或 $i_L(0_-) \neq 0$),若用 X_0 来表示动态电路的初始储能,在外加激励 $f(t)$ 的作用下,动态电路的全响应可用图 7-1 表示。

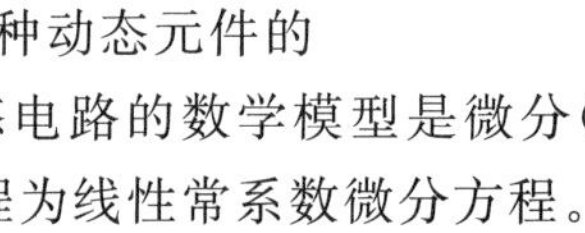

在图 7-1 中,若把动态电路的初始储能也看成一种"激励",则根据线性电路的叠加特性,可把由初始储能 X_0 和外加激励 $f(t)$ 共同作用所产生的响应(全响应),分解为由初始储能 X_0 单独作用所产生的

图 7-1 动态电路的全响应图示

响应(零输入响应)和由外加激励 $f(t)$ 单独作用所产生的响应(零状态响应)的叠加,即

$$全响应 = 零输入响应 + 零状态响应 \tag{7-1}$$

若用 $y_x(t)$ 表示零输入响应,$y_f(t)$ 表示零状态响应,则式(7-1)可写成

$$y(t) = y_x(t) + y_f(t) \tag{7-2}$$

因此,在动态电路分析中,通常是将全响应分解为零输入响应和零状态响应来进行求

解的。

如何根据两种约束关系编写描述电路的微分方程，以及如何找出所需的初始条件并求解响应，这是动态电路分析中要讨论的两个重要问题。

7.1　换路定理及初始值计算

在电路分析中，把电路元件的连接方式或参数的突然改变称为换路。换路常用开关来完成，换路意味着电路工作状态的改变。

在电阻电路中，电路的激励和响应之间具有线性的代数关系，这意味着电路中激励和响应具有相同的变化规律，换路时电路的响应从一种变化规律立即变为另一种变化规律。当电路中含有动态元件时，由于它们是惰性元件，换路时能量的储存或释放不能瞬间完成，表现为电容电压、电感电流只能连续变化而不能发生跳变，因而换路后电路的响应有一个逐步过渡的过程，简称"过渡过程"或"瞬态过程"。电阻电路则无过渡过程。因此，动态电路分析是指其瞬态过程分析，即动态电路从换路时刻开始直至电路进入稳定工作状态全过程的电压、电流变化规律的分析。

设 $t=0$ 是换路的计时起点，则从换路的全过程来看，可以分为开关动作前的最后一瞬间和开关动作后的第一个瞬间，分别记为 $t=0_-$ 和 $t=0_+$。换路前 $t=0_-$ 瞬间电路的储能状态表现为 $u_C(0_-)$ 或 $i_L(0_-)$，通常称为电路的初始状态；而 $t=0_+$，即换路后的第一个瞬间才表示换路的起始时刻，通常称为初始值。

如何计算电路的初始状态，以及如何根据初始状态来确定待求响应的初始值，是一件十分重要的工作。

1. 换路定理

由前一章讨论已知，在关联参考方向下，电容元件 VAR 的积分形式为

$$u_C(t) = u_C(t_0) + \frac{1}{C} \int_{t_0}^{t} i_C(\tau) \mathrm{d}\tau$$

令 $t_0 = 0_-$，得

$$u_C(t) = u_C(0_-) + \frac{1}{C} \int_{0_-}^{t} i_C(\tau) \mathrm{d}\tau$$

式中，$u_C(0_-)$ 为换路前最后瞬间电容的电压值，即初始状态。为求取换路后电容电压的初始值，取 $t=0_+$ 代入上式，得

$$u_C(0_+) = u_C(0_-) + \frac{1}{C} \int_{0_-}^{0_+} i_C(\tau) \mathrm{d}\tau \tag{7-3}$$

如果换路(开关动作)是理想的，即不需要时间，则有 $0_- = 0 = 0_+$。假设换路瞬间电容电流 i_C 为有限值，则式(7-3)中的积分项将为零，即 $\frac{1}{C} \int_{0_-}^{0_+} i_C(\tau) \mathrm{d}\tau = 0$，故有

$$u_C(0_+) = u_C(0_-) \tag{7-4}$$

式(7-4)表明，电容电压不能突变。

同理，对于电感元件，有 VAR：

$$i_C(t) = i_L(0_-) + \frac{1}{L} \int_{0_-}^{t} u_L(\tau) \mathrm{d}\tau$$

如果在换路瞬间电感电压 u_L 为有限值，则有

$$i_L(0_+) = i_L(0_-) \tag{7-5}$$

式(7-5)表明，电感电流不能突变。

式(7-4)和式(7-5)统称为换路定理。当换路时刻为 t_0 时，换路定理表示为

$$u_C(t_{0+}) = u_C(t_{0-}), \quad i_L(t_{0+}) = i_L(t_{0-}) \tag{7-6}$$

必须指出，应用换路定理是有条件的，即必须保证电路在换路瞬间电容电流、电感电压为有限值。一般情况下，电路都能满足以上条件。若不满足以上条件，例如有冲激电流作用于电容或冲激电压作用于电感，则换路定理失效，此时，换路前后瞬间的电容电压或电感电流将会发生跳变。

2. 初始值的计算

换路定理给出的是换路前后瞬间，流过电感的电流和电容两端的电压是不跳变的。除此之外，电路中的其他变量(包括电感电压和电容电流)在换路瞬间皆可能发生跳变，即其 0_+ 时的值不等于 0_- 时的值。

根据初始状态来确定初始值的步骤如下：

(1) 求 $t < 0$ 时(稳态)的电容电压 $u_C(0_-)$，或电感电流 $i_L(0_-)$，此时把电容看成开路、电感看成短路；

(2) 求 $t = 0_+$ 时的初值响应，根据换路定理得到电容电压 $u_C(0_-) = u_C(0_+)$，或电感电流 $i_L(0_-) = i_L(0_+)$，此时把电容看成电压源、电感看成电流源；

(3) 根据电容和电感的 VAR，得

$$i'_L(0_+) = \frac{u_L(0_+)}{L}, \quad u'_C(0_+) = \frac{i_C(0_+)}{C}$$

【例 7-1】 电路如图 7-2(a)所示，开关 S 闭合前电路已稳定，已知 $u_s = 10$ V，$R_1 = 30$ Ω，$R_2 = 20$ Ω，$R_3 = 40$ Ω，$t = 0$ 时开关闭合。试求开关闭合时各电流、电压的初始值。

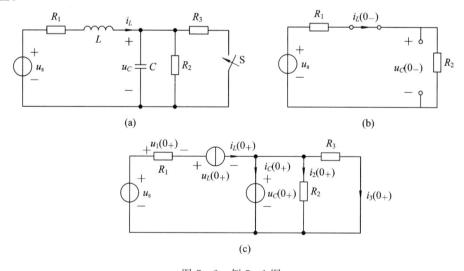

图 7-2 例 7-1 图

解 (1) $t < 0$ 时，(电容开路，电感短路)电路如图 7-2(b)所示，得

$$u_C(0_-) = \frac{R_2}{R_1 + R_2} u_s = 4 \text{ V}, \qquad i_L(0_-) = \frac{u_s}{R_1 + R_2} = 0.2 \text{ A}$$

（2）$t=0$ 时，（电容看成电压源，电感看成电流源）电路如图 7-2(c)所示。由换路定理得

$$u_C(0_+) = u_C(0_-) = 4 \text{ V}, \qquad i_L(0_+) = i_L(0_-) = 0.2 \text{ A}$$

$$i_1(0_+) = i_L(0_+) = 0.2 \text{ A}$$

$$u_1(0_+) = R_1 i_1(0_+) = 6 \text{ V}, \qquad u_2(0_+) = u_3(0_+) = u_C(0_+) = 4 \text{ V}$$

$$i_2(0_+) = u_2(0_+)/R_2 = 0.2 \text{ A}, \qquad i_3(0_+) = u_3(0_+)/R_3 = 0.1 \text{ A}$$

$$i_C(0_+) = i_L(0_+) - i_2(0_+) - i_3(0_+) = -0.1 \text{ A}, \quad u_L(0_+) = -u_1(0_+) + u_s - u_C(0_+) = 0 \text{ V}$$

【例 7-2】 电路如图 7-3(a)所示，开关 S 断开前电路已稳定，当 $t=0$ 时开关断开。求初始值 $i_C(0_+)$、$u_L(0_+)$、$i_1(0_+)$、$u_C'(0_+)$ 和 $i_L'(0_+)$。

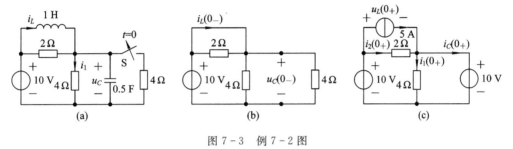

图 7-3 例 7-2 图

解 （1）$t<0$ 时，（电容开路，电感短路）电路如图 7-3(b)所示，得

$$u_C(0_-) = 10 \text{ V}$$

$$i_L(0_-) = \frac{10}{4 // 4} = 5 \text{ A}$$

（2）$t=0$ 时，（电容看成电压源，电感看成电流源）电路如图 7-3(c)所示，由换路定理得

$$u_C(0_+) = u_C(0_-) = 10 \text{ V}, \quad i_L(0_+) = i_L(0_-) = 5 \text{ A}$$

$$u_L(0_+) = 10 - u_C(0_+) = 0 \text{ V}$$

$$i_1(0_+) = \frac{10}{4} = 2.5 \text{ A}$$

$$i_2(0_+) = \frac{u_L(0_+)}{2} = 0 \text{ A}$$

$$i_C(0_+) = 5 + i_2(0_+) - i_1(0_+) = 2.5 \text{ A}$$

$$i_L'(0_+) = \frac{u_L(0_+)}{L} = 0 \text{ A/s}$$

$$u_C'(0_+) = \frac{i_C(0_+)}{C} = 5 \text{ V/s}$$

7.2 一阶电路的零输入响应

对于任意一阶电路，总可以用图 7-4(a)所示的等效电路来描述，即一阶电路总可以看成一个含源二端电阻网络 N 外接一个电容或电感所组成的电路。根据戴维南定理和诺顿

定理,图 7-4(a)所示电路总可以化简为图 7-4(b)或图 7-4(c)所示的电路。

　　本节分析一阶电路的零输入响应,即分析图 7-4 中动态元件初始状态不为零的响应问题。

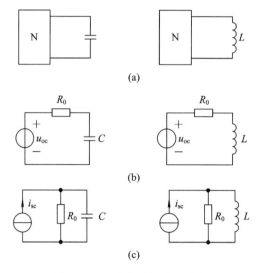

图 7-4　一阶电路的基本形式

1. RC 电路的零输入响应

　　我们以图 7-5(a)所示 RC 电路为例,换路前电路已经处于稳态。若 $t=0$ 时 S_1 断开、S_2 闭合,求换路后$(t \geqslant 0)u_C(t)$ 和 $i_R(t)$ 的变化规律。

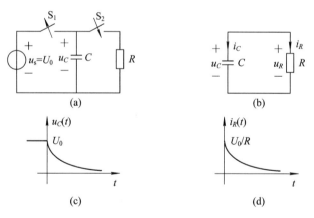

图 7-5　RC 电路

（1）定性分析。

① $t < 0$ 或 $t = 0_-$（换路前瞬间）时,

$$u_C(0_-) = U_0, \quad i_R(0_-) = 0$$

② $t = 0_+$（换路后瞬间）时,电路如图 7-5(b)所示。

$$u_C(0_+) = u_C(0_-) = U_0, \quad i_R(0_+) = \frac{U_0}{R}$$

③ $t > 0$（换路后）时,RC 电路形成回路,电容通过电阻放电,$q(t)\downarrow$,$u_C(t)\downarrow$,$i_R(t)\downarrow$。

④ $t \to \infty$，$q(\infty) \to 0$，$u_C(\infty) \to 0$，$i_R(\infty) \to 0$。

$u_C(t)$ 和 $i_R(t)$ 的波形分别如图 $7-5$(c) 和 (d) 所示。$u_C(t)$ 和 $i_R(t)$ 按什么样的规律衰减？衰减的快慢与元件参数有什么关系？下面进行定量分析。

（2）定量计算。

$t > 0$ 时，电路有

$$u_C(t) = u_R(t) = Ri_R(t) = -RC\frac{\mathrm{d}u_C(t)}{\mathrm{d}t}$$

即

$$RC\frac{\mathrm{d}u_C(t)}{\mathrm{d}t} + u_C(t) = 0 \tag{7-7}$$

式 $(7-7)$ 为一阶常系数线性齐次微分方程。对应的特征方程为 $RCs + 1 = 0$，得特征根为 $s = -\dfrac{1}{RC}$，故微分方程的解为

$$u_C(t) = K\mathrm{e}^{st} = K\mathrm{e}^{-\frac{1}{RC}t} = K\mathrm{e}^{-\frac{t}{\tau}} \tag{7-8}$$

式中，$\tau = RC$，具有时间量纲，称为一阶电路的时间常数（简称时常数）。当 R 的单位为欧姆（Ω）、C 的单位为法（F）时，τ 的单位为秒（s）。特征根 $s = -\dfrac{1}{RC}$ 具有频率量纲，称为电路的固有频率。式 $(7-8)$ 中待定的系数 K 须由初始条件确定，由于 $u_C(0_+) = u_C(0_-) = U_0$，将其代入式 $(7-8)$，解得 $U_0 = K$。故电路的零输入响应为

$$u_C(t) = U_0\mathrm{e}^{-\frac{1}{RC}t} = U_0\mathrm{e}^{-\frac{t}{\tau}}\,\mathrm{V},\ t \geqslant 0 \tag{7-9}$$

$$i_R(t) = \frac{u_C(t)}{R} = \frac{U_0}{R}\mathrm{e}^{-\frac{1}{RC}t}\,\mathrm{A},\ t \geqslant 0 \tag{7-10}$$

由此可得出结论：一阶电路的零输入响应总是按相同的指数规律衰减的，这也就是初始储能在电阻中能量耗尽的过程。衰减的速率与一阶电路的时间常数 τ 有关，τ 越大，衰减越慢，如图 $7-6$ 所示。这是因为在 U_0 与 R 一定时，C 越大则储能越多，放电过程越长；在 U_0 与 C 一定时，R 越大则放电电流越小，放电过程越长。

当误差曲线已知时，时间常数的几何意义如图 $7-7$ 所示。它是曲线起始点的切线和时间轴的交点，也就是零输入响应衰减到初始值的 0.368（即 $1/\mathrm{e}$）时所需要的时间。从理论上讲，$t \to \infty$ 时，$u_C(t)$ 才能衰减到零。但实际上，当 $t = 4\tau$ 时，$u_C(t)$ 已衰减为初始值的 1.8%，一般可以认为零输入响应已基本结束。工程上通常认为经过 4τ 时间，动态电路的过渡过程结束，从而进入稳定的工作状态。

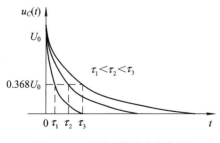

图 $7-6$　不同 τ 值的响应曲线

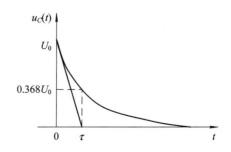

图 $7-7$　时间常数的几何意义

在整个放电过程中，电阻消耗的总能量为

$$W_R = \int_{0_+}^{\infty} \frac{u_R^2}{R} \, \mathrm{d}t = \frac{U_0^2}{R} \int_{0_+}^{\infty} \mathrm{e}^{-\frac{2}{RC}t} \, \mathrm{d}t = \frac{1}{2} C U_0^2 \tag{7-11}$$

其值恰好等于电容的初始储能，可见电容的全部储能在放电过程中被电阻耗尽。这符合能量守恒定律。

2. RL 电路的零输入响应

讨论如图 7-8(a)所示电路，假设在 $t<0$ 时，开关在位置 1，电路已经处于稳态，即电感的初始状态 $i_L(0_-) = I_0$。当 $t=0$ 时，开关 S 由位置 1 倒向位置 2，则在 $t>0$ 后电路是零输入的。根据换路定理可知 $i_L(0_+) = i_L(0_-) = I_0$，故换路后电感电流将继续在 RL 回路中流动。由于电阻 R 耗能，电感电流将逐渐减小，最后，电感储存的全部能量被电阻耗尽，电路中的电流、电压也趋于零。

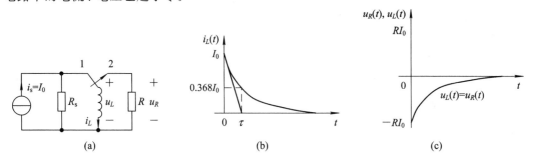

图 7-8 RL 零输入电路及电压、电流波形

由换路后的电路可列方程

$$u_L(t) - u_R(t) = 0 \tag{7-12}$$

即

$$L \frac{\mathrm{d}i_L}{\mathrm{d}t} + R i_L = 0 \tag{7-13}$$

式(7-13)同样为一阶常系数线性齐次微分方程。对应的特征方程为 $Ls + R = 0$，得特征根为 $s = -R/L$，令 $\tau = L/R$，微分方程的解为

$$i_L(t) = K \mathrm{e}^{st} = K \mathrm{e}^{-\frac{R}{L}t} = K \mathrm{e}^{-\frac{t}{\tau}} \tag{7-14}$$

将初始值 $i_L(0_+) = I_0$ 代入得

$$I_0 = K$$

故

$$i_L(t) = I_0 \mathrm{e}^{-\frac{R}{L}t}, \ t \geqslant 0 \tag{7-15}$$

电感电流如图 7-8(b)所示。

$$u_R(t) = -R i_L(t) = -R I_0 \mathrm{e}^{-\frac{R}{L}t}, \ t \geqslant 0$$

其中，

$$u_R(0_+) = -R I_0$$

与电感电流不同的是，$u_L(t)$ 和 $u_R(t)$ 在 $t=0$ 处发生了跳变，其波形如图 7-8(c)所示。

在整个放电过程中，电阻 R 消耗的总能量为

$$W_R = \int_{0_+}^{\infty} R i_L^2 \, \mathrm{d}t = R I_0^2 \int_{0_+}^{\infty} \mathrm{e}^{-\frac{2R}{L}t} \, \mathrm{d}t = \frac{1}{2} L I_0^2 \tag{7-16}$$

因此，我们可以得出以下结论：

(1) 一阶电路的零输入响应总按相同的指数规律 $\mathrm{e}^{-\frac{t}{\tau}}$ 衰减，其实质是初始储能在电阻中能量耗尽的过程。其中，对 RC 电路，$\tau = RC$；对 RL 电路，$\tau = L/R$。

(2) 衰减总是由初始值 $y_x(0_+)$ 开始，当 $t \to \infty$ 时为零，即 $y_x(\infty) = 0$。

$$y_x(t) = y_x(0_+)\mathrm{e}^{-\frac{t}{\tau}}, \quad t \geqslant 0 \tag{7-17}$$

(3) 衰减的速率与时常数 τ 有关，τ 越大，衰减越慢。

(4) 时常数的意义即零输入响应衰减到初始值的 0.368(即 1/e) 所需要的时间。

(5) 衰减的过程即由一个稳态过渡到另一个稳态的过程(过渡过程)。工程上认为，当 $t = 4\tau$ 时，已衰减为初始值的 $1.8\%(\mathrm{e}^{-4})$，过渡过程结束。

(6) 对于任意的一阶电路，都可将由动态元件两端看入的有源二端网络等效为戴维南或诺顿电路，故此时，时常数 $\tau = RC$ 和 $\tau = L/R$ 中的 R 即为网络的等效电阻 R_0。

显然，可直接用通式 $y_x(t) = y_x(0_+)\mathrm{e}^{-\frac{t}{\tau}}$ 求一阶电阻的零输入响应。

【例 7-3】 电路如图 7-9(a)所示，电路原已稳定，$t = 0$ 时开关断开。求 $t \geqslant 0$ 时的 $i_L(t)$、$u_R(t)$、$u_L(t)$。

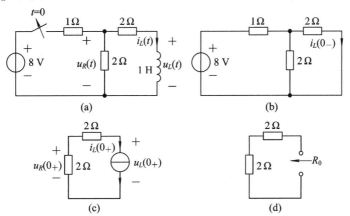

图 7-9　例 7-3 图

解　由 $y_x(t) = y_x(0_+)\mathrm{e}^{-\frac{t}{\tau}}$ 可知，只要求出 $i_L(0_+)$、$u_R(0_+)$、$u_L(0_+)$ 及时常数 τ，即可求得 $i_L(t)$、$u_R(t)$、$u_L(t)$。

(1) 当 $t < 0$ 时，电感看成短路电路，如图 7-9(b)所示，求 $i_L(0_-)$，则

$$i_L(0_-) = \frac{8}{1 + 2 /\!/ 2} \times \frac{2}{2+2} = 2 \text{ A}$$

(2) 当 $t = 0_+$ 时，电感看成电流源，如图 7-9(c)所示，求初始值 $i_L(0_+)$、$u_R(0_+)$、$u_L(0_+)$，则

$$i_L(0_+) = i_L(0_-) = 2 \text{ A}$$
$$u_R(0_+) = -2 \times 2 = -4 \text{ V}$$
$$u_L(0_+) = -4 \times 2 = -8 \text{ V}$$

(3) 求时常数 τ。

在 $t > 0$ 时电感两端等效电阻如图 7-9(d)所示，有

$$R_0 = 2 + 2 = 4 \text{ }\Omega$$

故

$$\tau = \frac{L}{R_0} = \frac{1}{4}$$

（4）代入通式得

$$i_L(t) = i_L(0_+)\mathrm{e}^{-\frac{t}{\tau}} = 2\mathrm{e}^{-4t}\ \mathrm{A},\ t \geqslant 0$$

$$u_R(t) = -4\mathrm{e}^{-4t},\ t \geqslant 0$$

$$u_L(t) = -8\mathrm{e}^{-4t},\ t \geqslant 0$$

注意： $u_R(t)$ 和 $u_L(t)$ 也可由 $i_L(t)$ 求得。

【例 7-4】 电路如图 7-10(a)所示，电路原已稳定，$t=0$ 时开关断开。求 $t \geqslant 0$ 时的 $u_1(t)$ 的变化规律。

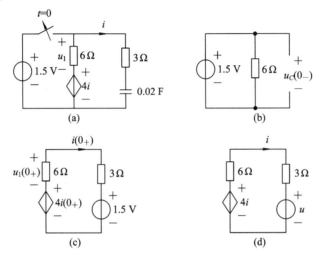

图 7-10 例 7-4 图

解 （1）当 $t<0$ 时，电容看成开路，电路如图 7-10(b)所示，求 $u_C(0_-)$。

$$u_C(0_-) = 1.5\ \mathrm{V}$$

（2）当 $t=0_+$ 时，电容看成电压源，如图 7-10(c)所示，求初始值 $u_1(0_+)$。

$$u_C(0_+) = u_C(0_-) = 1.5\ \mathrm{V}$$

因为

$$9i(0_+) + 1.5 - 4i(0_+) = 0$$

得

$$i = -0.3\ \mathrm{A}$$

故

$$u_1(0_+) = -6i(0_+) = 1.8\ \mathrm{V}$$

（3）求时常数 τ。

在 $t>0$ 时以外加激励法求电容两端等效电阻 R_0，如图 7-10(d)所示。

因为

$$9i + u - 4i = 0$$

故

$$R_0 = -\frac{u}{i} = 5 \ \Omega$$

$$\tau = R_0 C = 0.1 \ \text{s}$$

（4）代入通式得

$$u_1(t) = 1.8\mathrm{e}^{-10t} \ \text{V}, \ t \geqslant 0$$

7.3　一阶电路的零状态响应

电路的初始状态（储能）为零，仅由外加激励所产生的响应称为零状态响应，如图 7-11所示。

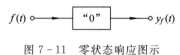

$$f(t) \circ\!\!-\!\!\boxed{\ \text{“0”}\ }\!\!-\!\!\circ y_f(t)$$

图 7-11　零状态响应图示

1. RC 电路的零状态响应

电路如图 7-12(a)所示，原已达稳态。设 $t=0$ 时开关断开，讨论 $t \geqslant 0$ 后的 $u_C(t)$、$i_C(t)$、$i_R(t)$ 的变化规律。

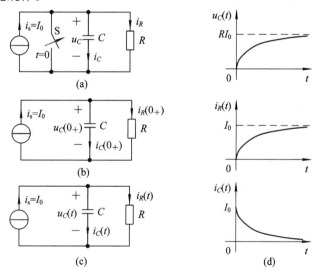

图 7-12　RC 零状态电路

定性分析：

（1）当 $t < 0 (t = 0_-)$ 时，

$$u_C(0_-) = 0, \ i_C(0_-) = 0, \ i_R(0_-) = 0$$

（2）$t = 0_+$（换路后瞬间）时，电路如图 7-12(b)所示，有

$$u_C(0_+) = u_C(0_-) = 0, \ i_R(0_+) = \frac{u_C(0_+)}{R} = 0, \ i_C(0_+) = I_0$$

（3）$t > 0$ 时，电路如图 7-12(c)所示，有

$u_C(t) \uparrow$，$i_R(t) \uparrow$，$i_C(t) = (I_0 - i_R) \downarrow$，如图 7-12(d)所示。

（4）$t \rightarrow \infty$ 时，有

$$u_C(\infty) = RI_0 \,,\; i_C(\infty) = 0 \,,\; i_R(\infty) = I_0$$

定量分析：

$t > 0$ 时如图 7-12(c) 所示，列 KCL 方程有：

$$i_s(t) = i_C(t) + i_R(t)$$

即

$$C\frac{\mathrm{d}u_C(t)}{\mathrm{d}t} + \frac{u_C(t)}{R} = I_0$$

整理得

$$RC\frac{\mathrm{d}u_C(t)}{\mathrm{d}t} + u_C(t) = RI_0 \qquad\qquad (7-18)$$

式 (7-18) 为线性常系数非齐次一阶微分方程，其解为 $u_C(t) = u_{\mathrm{Ch}}(t) + u_{\mathrm{Cp}}(t)$，其中 $u_{\mathrm{Ch}}(t)$ 为对应齐次微分方程 $RC\dfrac{\mathrm{d}u_C(t)}{\mathrm{d}t} + u_C(t) = 0$ 的解，称为微分方程的通解（齐次解）；$u_{\mathrm{Cp}}(t)$ 为微分方程的特解。

由上节可知，微分方程的通解为

$$u_{\mathrm{Ch}} = K\mathrm{e}^{-\frac{1}{RC}t} = K\mathrm{e}^{-\frac{t}{\tau}}$$

式中，$\tau = RC$ 仍是一阶电路的时间常数。作为微分方程的特解，$u_{\mathrm{Cp}}(t)$ 与方程右边的自由项具有相同的函数形式，故 $u_{\mathrm{Cp}}(t)$ 为一常数。将其代入原方程 (7-18)，得

$$\frac{u_{\mathrm{Cp}}(t)}{R} = I_0 \Rightarrow u_{\mathrm{Cp}}(t) = RI_0$$

故

$$u_C(t) = u_{\mathrm{Ch}}(t) + u_{\mathrm{Cp}}(t) = K\mathrm{e}^{-\frac{1}{RC}t} + RI_0 \,,\; t \geqslant 0$$

将初始条件 $u_C(0_+) = 0$ 代入上式得

$$0 = K + RI_0 \Rightarrow K = -RI_0$$

所以

$$u_C(t) = RI_0(1 - \mathrm{e}^{-\frac{1}{RC}t}) = u_C(\infty)(1 - \mathrm{e}^{-\frac{t}{\tau}}) \,,\; t \geqslant 0 \qquad (7-19)$$

$$i_C(t) = C\frac{\mathrm{d}u_C}{\mathrm{d}t} = I_0\mathrm{e}^{-\frac{t}{\tau}} \,,\; t \geqslant 0 \qquad\qquad (7-20)$$

$$i_R(t) = \frac{u_C}{R} = I_0(1 - \mathrm{e}^{-\frac{t}{\tau}}) \,,\; t \geqslant 0 \qquad\qquad (7-21)$$

2. RL 电路的零状态响应

下面讨论如图 7-13(a) 所示的 RL 电路。设开关 S 原闭合，电路处于稳态，在 $t=0$ 时开关断开，分析 $t>0$ 后电感电流 $i_L(t)$ 和电压 $u(t)$ 的变化规律。

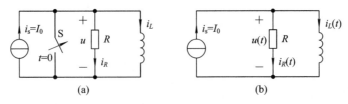

图 7-13 RL 电路

根据换路定理，$i_L(0_+) = i_L(0_-) = 0$。对于图 7-13(a)换路后的电路如图 7-13(b)所示，由 KCL 方程可得

$$i_R(t) + i_L(t) = I_0, \quad t > 0$$

把元件的伏安关系代入，得一阶常系数线性非齐次微分方程为

$$\frac{L}{R}\frac{\mathrm{d}i_L(t)}{\mathrm{d}t} + i_L(t) = I_0, \quad t > 0 \tag{7-22}$$

类似 RC 电路零状态响应的求解过程，可知

$$i_L(t) = i_{Lh}(t) + i_{Lp}(t)$$

其中，$i_{Lh}(t) = K\mathrm{e}^{-\frac{R}{L}t}$，显然特解 $i_{Lp}(t)$ 为常数，代入式(7-22)得

$$i_{Lp}(t) = I_0$$

故式(7-22)的完全解为

$$i_L(t) = K\mathrm{e}^{-\frac{R}{L}t} + I_0, \quad t > 0$$

将 $i_L(0_+) = 0$ 代入上式，得 $0 = K + I_0$，即 $K = -I_0$，于是电感电流的零状态响应为

$$i_L(t) = I_0(1 - \mathrm{e}^{-\frac{R}{L}t}) = i_L(\infty)(1 - \mathrm{e}^{-\frac{t}{\tau}}), \quad t \geqslant 0 \tag{7-23}$$

式中，$\tau = L/R$ 为电路的时间常数。由 $i_L(t)$ 可求得

$$u(t) = L\frac{\mathrm{d}i_L(t)}{\mathrm{d}t} = RI_0\mathrm{e}^{-\frac{R}{L}t}, \quad t \geqslant 0 \tag{7-24}$$

$i_L(t)$ 和 $u(t)$ 的波形分别如图 7-14(a)和(b)所示。

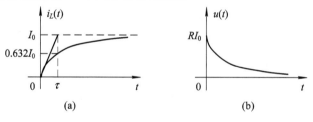

图 7-14　RL 零状态电路的 $i_L(t)$ 和 $u(t)$ 的波形

由此可得出如下结论：

(1) 一阶电路的零状态响应也是按指数规律变化的（$\mathrm{e}^{-\frac{t}{\tau}}$ 或 $1 - \mathrm{e}^{-\frac{t}{\tau}}$）。

(2) 可以确定的是，电感的电流和电容的电压总是按指数规律增长的，即充电过程。增长总是由 0 开始，当 $t \to \infty$ 时到达新的稳态值 $u_C(\infty)$ 或 $i_L(\infty)$。即

$$u_{Cf}(t) = u_{Cf}(\infty)(1 - \mathrm{e}^{-\frac{t}{\tau}}), \quad t \geqslant 0 \tag{7-25}$$

或

$$i_{Lf}(t) = i_{Lf}(\infty)(1 - \mathrm{e}^{-\frac{t}{\tau}}), \quad t \geqslant 0 \tag{7-26}$$

(3) 变化的速率与时常数 τ 有关，变化的过程即由一个稳态过渡到另一个稳态的过程（过渡过程）。工程上认为，当 $t = 4\tau$ 时，过渡过程已经结束。

(4) 对于任意的一阶电路，都可将由动态元件两端看入的有源二端网络等效为戴维南或诺顿电路。故此时，时常数 $\tau = RC$ 和 $\tau = \dfrac{L}{R}$ 中的 R 即动态元件两端看入网络的等效电阻 R_0。

注意：在一阶电路的零状态响应中，仅有电容电压和电感电流一定满足通式 $y(t) =$

$y(\infty)(1-\mathrm{e}^{-\frac{t}{\tau}})$，而其他响应可能是按 $y(t)=y(\infty)(1-\mathrm{e}^{-\frac{t}{\tau}})$ 变化，也可能是按 $y(t)=y(0_+)\mathrm{e}^{-\frac{t}{\tau}}$ 变化的，故求一阶电路的零状态响应时一般先求电容电压或电感电流，再求其他响应。

【例 7 - 5】 电路如图 7 - 15(a)所示，原已稳定，$t=0$ 时开关闭合，求 $t\geqslant0$ 的 $u_R(t)$ 和 $i_L(t)$。

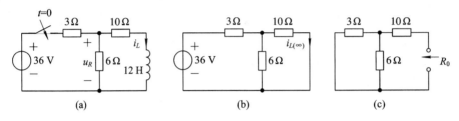

图 7 - 15 例 7 - 5 图

解 （1）求 $i_L(\infty)$，画出 $t=\infty$ 时的等效电路，如图 7 - 15(b)所示（电感看成短路），有

$$i_L(\infty)=\frac{36}{3+6\mathbin{/\!/}10}\times\frac{6}{6+10}=2\text{ A}$$

（2）求从电感两端看入的二端网络的等效电阻 R_0（用直接等效将电压源置零），电路如图 7 - 15(c)所示，故

$$R_0=10+3\mathbin{/\!/}6=12\ \Omega$$

所以

$$\tau=\frac{L}{R_0}=\frac{12}{12}=1\text{ s}$$

代入电感电压通式，得

$$i_L(t)=i_L(\infty)(1-\mathrm{e}^{-\frac{t}{\tau}})=2(1-\mathrm{e}^{-t})\text{ A},\quad t\geqslant0$$
$$u_L(t)=L\frac{\mathrm{d}i_L(t)}{\mathrm{d}t}=L\frac{\mathrm{d}[2(1-\mathrm{e}^{-t})]}{\mathrm{d}t}=24\mathrm{e}^{-t}\text{ V},\quad t\geqslant0$$

由电路图 7 - 15(a)得
$$u_R(t)=10i_L(t)+u_L(t)=20+4\mathrm{e}^{-t}\text{ V},\quad t\geqslant0$$

【例 7 - 6】 电路如图 7 - 16(a)所示，已知 $u_C(0_-)=0$，$t=0$ 时开关闭合，求 $t\geqslant0$ 时的 $u_C(t)$、$u(t)$、$i(t)$。

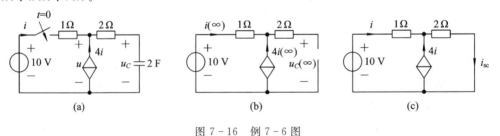

图 7 - 16 例 7 - 6 图

解 （1）求 $u_C(\infty)$。

画出 $t=\infty$ 时的等效电路，如图 7 - 16(b)所示。由 KCL 方程得
$$i(\infty)+4i(\infty)=0$$

即

$$i(\infty) = 0$$

所以

$$u_C(\infty) = 10 \text{ V}$$

（2）求 τ。

由 $t \geqslant 0$ 后的电路，应用开路短路法求 R_0，得

$$u_{oc} = u_C(\infty) = 10 \text{ V}$$

将电容短路求短路电流，如图 7-16(c)所示，由 KVL 方程得

$$10 = i + 2 \times 5i \Rightarrow i = \frac{10}{11} \text{ A}$$

由 KCL 方程得

$$i_{sc} = 4i + i = \frac{50}{11} \text{ A}$$

故

$$R_0 = \frac{u_{oc}}{i_{sc}} = \frac{11}{5} \ \Omega$$

$$\tau = R_0 C = \frac{22}{5} \text{ s}$$

所以

$$u_C(t) = u_C(\infty)(1 - e^{-\frac{t}{\tau}}) = 10(1 - e^{-\frac{5}{22}t}), \quad t \geqslant 0$$

$$u(t) = 2i_C(t) + u_C(t) = 2 \times C \frac{\mathrm{d}u_C(t)}{\mathrm{d}t} + u_C(t) = 10 - \frac{10}{11}e^{-\frac{5}{22}t} \text{ V}, \quad t \geqslant 0$$

$$i(t) = \frac{1}{5}i_C = \frac{10}{11}e^{-\frac{5}{22}t} \text{ A}, \quad t \geqslant 0$$

7.4　一阶电路的全响应

1. 叠加法

由初始储能和外加激励共同作用产生的响应为全响应，如图 7-17 所示。

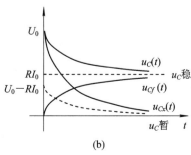

图 7-17　全响应的图示

下面以 RC 电路为例，如图 7-18(a)所示，研究一阶恒定激励的全响应的求解及特点。在图 7-18 所示电路中，假设 $u_C(0_-) = U_0 > RI_0$，$t = 0$ 时开关闭合，求 $t \geqslant 0$ 时的 $u_C(t)$。

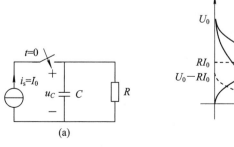

图 7-18　求全响应的电路及波形

编写方程同前,有

$$CR\frac{du_C(t)}{dt}+u_C(t)=RI_0 \tag{7-27}$$

$$u_C(t)=u_{Ch}(t)+u_{Cp}=Ke^{-\frac{t}{\tau}}+RI_0 \tag{7-28}$$

将初始条件 $u_C(0_+)=U_0$ 代入上式,得

$$U_0=K+RI_0 \Rightarrow K=U_0-RI_0 \tag{7-29}$$

所以

$$u_C(t)=RI_0+(U_0-RI_0)e^{-\frac{t}{\tau}} \tag{7-30}$$

其波形如图 7-18(b)所示。

下面进行讨论:

① 若 $i_s=I_0=0$,则 $u_C(t)=u_{Cx}(t)=U_0e^{-\frac{1}{RC}t}=u_C(0_+)e^{-\frac{t}{\tau}}$ 为零输入响应;若 $u_C(0_-)=U_0=0$,则 $u_C(t)=u_{Cf}(t)=RI_0(1-e^{-\frac{1}{RC}t})=u_C(\infty)(1-e^{-\frac{t}{\tau}})$ 为零状态响应。即按因果关系分解全响应为

$$u_C(t)=u_{Cx}(t)+u_{Cf}(t) \tag{7-31}$$

② 当 $t\to\infty$ 时,$(U_0-RI_0)e^{-\frac{1}{RC}t}\to 0$,此时,$u_C(t)=RI_0=u_C(\infty)$。定义 $u_C(t)=(U_0-RI_0)e^{-\frac{1}{RC}t}$ 为暂态响应,$u_C(t)=RI_0$ 为稳态响应,即全响应按过程分解为

$$u_C(t)=u_{C暂}(t)+u_{C稳}(t)$$

③ 一阶电路在恒定激励下的全响应总是按指数规律变化的,其变化过程是由初始值逐渐过渡到稳定值的过程,即

$$y(t)=y(0_+)e^{-\frac{t}{\tau}}+y(\infty)(1-e^{-\frac{t}{\tau}}) \tag{7-32}$$

【例 7-7】 电路如图 7-19(a)所示,$u_C(0_-)=1\text{ V}$,$t=0$ 时开关闭合,求 $t\geq 0$ 时的 $i(t)$。

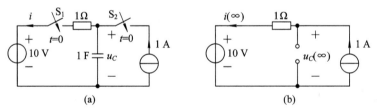

图 7-19 例 7-7 图

解 先求 $u_C(t)$,再求 $i(t)$。

因为

$$u_C(t)=u_{Cx}(t)+u_{Cf}(t)$$

且

$$u_{Cx}(t)=u_{Cx}(0_+)e^{-\frac{t}{\tau}},\quad u_{Cf}(t)=u_{Cf}(\infty)(1-e^{-\frac{t}{\tau}})$$

① 求 $u_{Cx}(t)$。

$$u_{Cx}(0_+)=u_C(0_-)=1\text{ V},\qquad \tau=RC=1\text{ s}$$

故

$$u_{Cx}(t)=u_{Cx}(0_+)e^{-\frac{t}{\tau}}=e^{-t}\text{ V},\quad t\geq 0$$

② 求 $u_{Cf}(t)$。$t \to \infty$ 时如图 7-19(b)所示，有

$$u_{Cf}(\infty) = 10 + 1 = 11 \text{ V}$$

故

$$u_{Cf}(t) = 11(1 - e^{-t}), \quad t \geqslant 0$$

③ 求 $i(t)$。

$$u_C(t) = u_{Cx}(t) + u_{Cf}(t) = e^{-t} + 11(1 - e^{-t}), \quad t \geqslant 0$$

$$i(t) = \frac{u_C(t) - 10}{1} = 1 - 10e^{-t}\text{A}, \quad t \geqslant 0$$

【例 7-8】 电路如图 7-20 所示，已知某线性系统，当初始储能为 X_0、激励为 $f(t)$ 时，全响应为 $y_1(t) = 2e^{-t} + \cos 2t$；储能不变，激励为 $2f(t)$ 时，全响应为 $y_2(t) = e^{-t} + 2\cos 2t$。求当初始储能为 $2X_0$、激励为 $4f(t)$ 时的全响应。

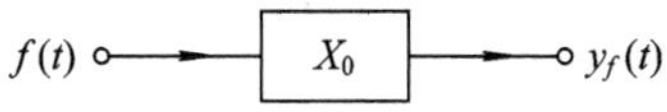

解 令 $f(t) \to y_f(t)$，$X_0 \to y_x(t)$，则

$$\begin{cases} y_1(t) = 2e^{-t} + \cos 2t = y_f(t) + y_x(t) \\ y_2(t) = e^{-t} + 2\cos 2t = 2y_f(t) + y_x(t) \end{cases}$$

解得

$$y_x(t) = 3e^{-t}, \quad y_f(t) = -e^{-t} + \cos 2t$$

故当初始储能为 $2X_0$、激励为 $4f(t)$ 时的全响应为

$$y(t) = 4y_f(t) + 2y_x(t) = 2e^{-t} + 4\cos 2t$$

图 7-20 例 7-8 图

2. 三要素分析法

由上节可知一阶线性时不变电路在恒定激励下的全响应满足通式

$$y(t) = y(0_+)e^{-\frac{t}{\tau}} + y(\infty)(1 - e^{-\frac{t}{\tau}})$$

即

$$y(t) = y(\infty) + [y(0_+) - y(\infty)]e^{-\frac{t}{\tau}} \tag{7-33}$$

因此，只需要求出响应的初始值 $y(0_+)$、稳态值 $y(\infty)$ 和时间常数 τ，代入通式 (7-33)即可得到全响应的表达式，并且此通式不仅适用于电容电压和电感电流，还适用于其他电压电流。通过求 $y(0_+)$、$y(\infty)$ 和 τ 三个要素求解全响应的方法称为三要素法。由于一阶线性时不变电路的零输入响应和零状态响应实质是全响应的特例，故也可由三要素法求解。

【例 7-9】 电路如图 7-21(a)所示，原电路稳定，求 $t \geqslant 0$ 时的 $i(t)$、$i_L(t)$。

解 (1) 求 $i(0_+)$、$i_L(0_+)$。

① $t<0$ 时电路如图 7-21(b)所示，求 $i_L(0_-)$。

$$i_L(0_-) = -\frac{3}{1 + 1 /\!/ 2} \cdot \frac{2}{1 + 2} = -\frac{6}{5} \text{ A} = i_L(0_+)$$

② 画 $t=0_+$ 时的电路，如图 7-21(c)所示，求 $i(0_+)$。

$$i_L(0_+) = i_L(0_-) = -1.2 \text{ A}$$

由左边的网孔 KVL 方程有

$$3 = 3i(0_+) - 2i_L(0_+)$$

得

$$i(0_+) = \frac{1}{5} \text{ A}$$

（2）求 $i(\infty)$、$i_L(\infty)$。

画 $t=\infty$ 时的电路，如图 7-21(d)所示，有

$$i(\infty) = \frac{3}{1+1 /\!/ 2} = \frac{9}{5} \text{ A}$$

$$i_L(\infty) = \frac{9}{5} \cdot \frac{2}{2+1} = \frac{6}{5} \text{ A}$$

（3）求 τ。

电路如图 7-21(e)所示，有

$$R_0 = 1 + 2 /\!/ 1 = \frac{5}{3} \ \Omega$$

$$\tau = \frac{L}{R_0} = \frac{9}{5} \text{ s}$$

（4）代入三要素公式，得

$$i(t) = \frac{9}{5} - \frac{8}{5} \mathrm{e}^{-\frac{5}{9}t} \text{ A}, \quad t \geqslant 0$$

$$i_L(t) = \frac{6}{5} - \frac{12}{5} \mathrm{e}^{-\frac{5}{9}t} \text{ A}, \quad t \geqslant 0$$

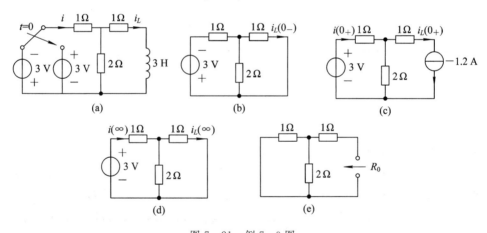

图 7-21 例 7-9 图

【例 7-10】 电路如图 7-22(a)所示，处于稳态，$t=0$ 时开关闭合，求 $t \geqslant 0$ 的 $i(t)$。

解 由于 $t \geqslant 0$ 后电容电感元件的放电过程相互独立，故电路可分解为两个一阶电路的叠加，如图 7-22(c)所示，故

$$i(t) = i_1 + i_2$$

（1）求 $i_L(0_-)$ 和 $u_C(0_-)$。画 $t=0_-$ 时的电路（电容开路，电感短路），如图 7-22(b)所示，有

$$i_L(0_-) = \frac{15}{3 + 6 /\!/ 3} \cdot \frac{6}{3+6} = 2 \text{ A} = i_L(0_+)$$

$$u_C(0_-) = 3i_L(0_-) = 6 \text{ V} = u_C(0_+)$$

（2）求 $i_1(0_+)$ 和 $i_2(0_+)$。画 $t=0_+$ 时的电路，如图 7-22(d)所示，有

$$i_1(0_+) = 2 \text{ A}, \quad i_2(0_+) = \frac{6}{1} = 6 \text{ A}$$

（3）求 $i_1(\infty)$、$i_2(\infty)$。画 $t \to \infty$ 时的电路，如图 7-22(e) 所示，有

$$i_1(\infty) = \frac{15}{3} = 5 \text{ A}, \quad i_2(\infty) = 0 \text{ A}$$

（4）求 τ_1、τ_2。电路如图 7-22(f) 所示，有

$$R_{01} = 3 \mathbin{/\mkern-5mu/} 6 = 2 \ \Omega, \quad R_{02} = 1 \ \Omega$$

故

$$\tau_1 = \frac{L}{R_{01}} = 4 \text{ s}, \quad \tau_2 = R_{02} C = 3 \text{ s}$$

（5）求 $i(t)$。代入三要素公式得

$$i_1(t) = 5 - 3\mathrm{e}^{-\frac{t}{4}} \text{ A}, \quad t \geqslant 0$$

$$i_2(t) = 6\mathrm{e}^{-\frac{t}{3}} \text{ A}, \quad t \geqslant 0$$

叠加得

$$i(t) = i_1 + i_2 = 5 - 3\mathrm{e}^{-\frac{t}{4}} + 6\mathrm{e}^{-\frac{t}{3}} \text{A}, \quad t \geqslant 0$$

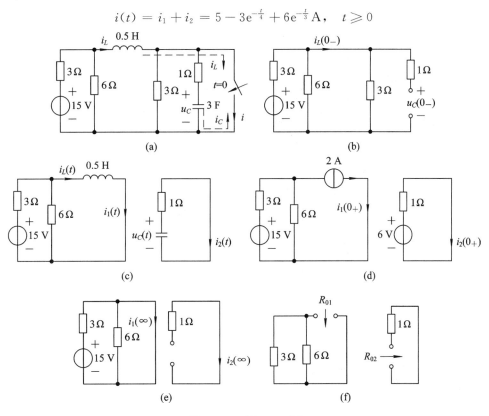

图 7-22　例 7-10 图

【例 7-11】　电路如图 7-23(a) 所示，求 $t \geqslant 0$ 时 $u_0(t)$ 的变化规律。

解　（1）求 $i_L(0_-)$。画 $t = 0_-$ 时的电路，如图 7-23(b) 所示。由 KVL 方程得

$$16 = 2i + 1i_L(0_-), \quad i_L(0_-) = i + 5i$$

解得

$$i_L(0_-) = 12 \text{ A}$$

（2）求 $u_0(0_+)$。画 $t=0_+$ 时的电路，如图 $7-23$(c)所示，有

$$i_L(0_+) = i_L(0_-) = 12 \text{ A}$$

列节点方程，得

$$\left(\frac{1}{2}+1\right)u_0(0_+) - \frac{1}{2} \times 16 = 5i(0_+) - 12$$

辅助方程为

$$i(0_+) = \frac{16 - u_0(0_+)}{2}$$

解得

$$u_0(0_+) = 9 \text{ V}$$

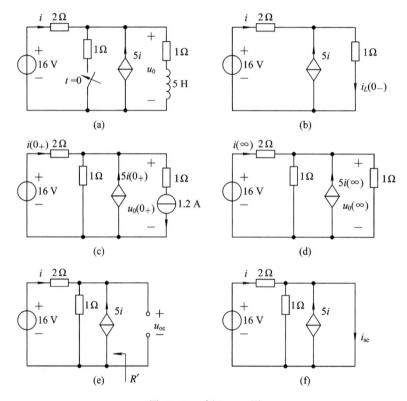

图 $7-23$　例 $7-12$ 图

（3）求 $u_0(\infty)$。$t \rightarrow \infty$ 时的电路如图 $7-23$(d)所示，有节点方程：

$$\left(\frac{1}{2}+1+1\right)u_0(\infty) - \frac{1}{2} \times 16 = 5i(\infty)$$

辅助方程为

$$i(\infty) = \frac{16 - u_0(\infty)}{2}$$

解得

$$u_0(\infty) = \frac{48}{5} \text{ V}$$

（4）求 τ（用开路短路法求 R_0'，$R_0 = R_0' + 1$）。

① 求开路电压 u_{oc}。如图 7-23(e) 所示，有节点方程：

$$\left(\frac{1}{2} + 1\right) u_{oc} - \frac{1}{2} \times 16 = 5i$$

辅助方程为

$$i = \frac{16 - u_{oc}}{2}$$

解得

$$u_{oc} = 12 \text{ V}$$

② 求短路电流 i_{sc}。如图 7-23(f) 所示，有

$$i = \frac{16}{2} = 8 \text{ A}, \quad i_{sc} = i + 5i = 48 \text{ A}$$

故

$$R_0' = \frac{u_{oc}}{i_{sc}} = \frac{1}{4} \ \Omega, \quad R_0 = R_0' + 1 = \frac{5}{4} \ \Omega$$

$$\tau = \frac{L}{R_0} = 4 \text{ s}$$

（5）代入三要素公式得

$$u_0(t) = \frac{48}{5} - \frac{3}{5} e^{-\frac{t}{4}} \text{ V}, \quad t \geqslant 0$$

7.5　阶跃函数与阶跃响应

1. 单位阶跃函数（阶跃函数）的基本概念

单位阶跃函数的定义为

$$U(t) = \begin{cases} 1, & t > 0 \\ 0, & t < 0 \end{cases} \tag{7-34}$$

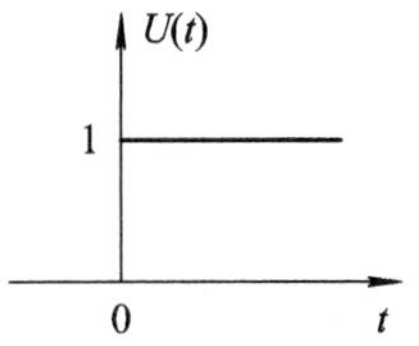

相应的波形如图 7-24 所示。

单位阶跃函数的性质如下：

（1）时移特性。用 $t - t_0$ 代替 $U(t)$ 中的 t，得

$$U(t - t_0) = \begin{cases} 1, & t > t_0 \\ 0, & t < t_0 \end{cases} \tag{7-35}$$

图 7-24　单位阶跃函数波形

相应的波形如图 7-25 所示，表示信号延迟 t_0 时间；反之，$U(t + t_0)$ 为信号在时间轴上左移 t_0 时间，表示信号超前了 t_0 时间，相应的波形如图 7-26 所示。

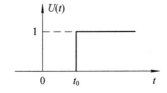

图 7-25　延迟的单位阶跃函数波形

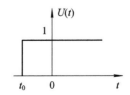

图 7-26　超前的单位阶跃函数波形

（2）截取特性。任意的无始无终信号 $f(t)$ 与 $U(t)$ 相乘后，为一有始信号（因果信号），即 $f(t) \cdot U(t)$ 为因果信号。其相应的波形如图 7-27 所示。

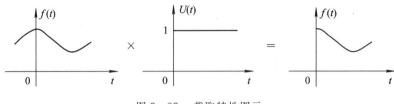

图 7-27　截取特性图示

单位阶跃函数的应用如下：

（1）表示信号的接入，如图 7-28 所示。

（2）表示有始信号，如

$$y(t) = 4e^{-2t} + 10(1 - e^{-2t}), \quad t \geqslant 0$$

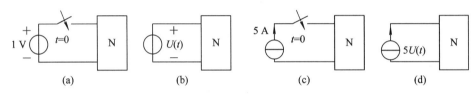

图 7-28　信号接入的表示

可写成

$$y(t) = [4e^{-2t} + 10(1 - e^{-2t})]U(t)$$

（3）用于信号的分解，即把某些信号分解为具有不同幅度、不同时延的阶跃信号的叠加。如图 7-29(a) 所示的矩形脉冲

$$f(t) = \begin{cases} 5, & 0 < t < t_0 \\ 0, & \text{其他} \end{cases}$$

可写成

$$f(t) = f_1(t) + f_2(t)$$

其中，$f_1(t) = 5U(t)$，如图 7-29(b) 所示；$f_2(t) = -5U(t-t_0)$，如图 7-29(c) 所示。

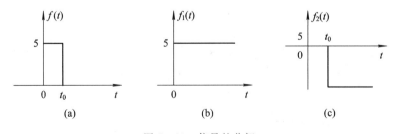

图 7-29　信号的分解

2. 阶跃响应

在单位阶跃信号 $U(t)$ 的作用下，电路的零状态响应称为单位阶跃响应（简称阶跃响应），用 $g(t)$ 表示，如图 7-30 所示。显然对线性非时变电路而言，$U(t-t_0)$ 所产生的响应

为 $g(t-t_0)$，即只有时间的延迟，没有波形的变化，如图 7-31 所示。

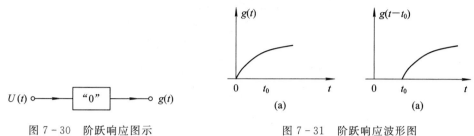

图 7-30　阶跃响应图示　　　　　图 7-31　阶跃响应波形图

【例 7-12】　电路如图 7-32(a)所示，激励 $f(t)=\begin{cases}5\ \text{A}&0<t<t_0\\0&\text{其他}\end{cases}$，如图 7-32(b) 所示，若 $u_C(0_-)=0$，求 $t\geqslant 0$ 的 $u_C(t)$。

解　(1) 信号分解为
$$f(t)=5U(t)-5U(t-t_0)=f_1(t)+f_2(t)$$

(2) 分别求 $f_1(t)$ 和 $f_2(t)$ 单独作用时所产生的响应，有
$$u_{C1}(t)=5R(1-\mathrm{e}^{-\frac{t}{\tau}})U(t)$$
$$u_{C2}(t)=-5R[1-\mathrm{e}^{-\frac{t-t_0}{\tau}}]U(t-t_0)$$

式中，$\tau=RC$ 为时间常数。其相应的波形如图 7-32(c)和(d)所示，故
$$u_C(t)=u_{C1}(t)+u_{C2}(t)$$

其相应的波形如图 7-32(e)所示。

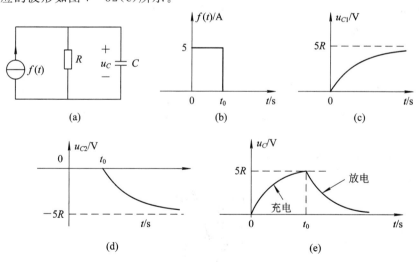

图 7-32　例 7-12 图

【例 7-13】　电路如图 7-33 所示，N 内部仅含电阻，当 ab 端接 2 F 电容时，输出端电压 $u_2(t)$ 的零状态响应为
$$u_{2C}(t)=\left(\frac{1}{2}+\frac{1}{8}\mathrm{e}^{-\frac{1}{4}}\right)U(t)\,\text{V}$$

若电容换成 2 H 的电感，求相应的零状态响应 $u_{2L}(t)$。

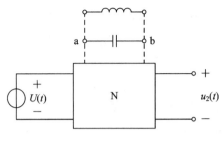

图 7 - 33　例 7 - 13 图

解　电路中只有一个动态元件，为一阶电路。

（1）求接电感时电路的时常数 τ_2。显然，两个电路的 R_0（由 a、b 端看入的等效内阻）相同。

对电容电路有 $\tau_1 = R_0 C = 4$ s，所以

$$R_0 = \frac{\tau_1}{C} = 2 \ \Omega$$

得电感电路时常数

$$\tau_2 = \frac{L}{R_0} = 1 \ \text{s}$$

（2）求 $u_{2L}(0_+)$。在零状态下有 $i_L(0_+) = i_L(0_-) = 0$，即在 $t = 0_+$ 时电感相当于开路（ab 端开路），所以 $u_{2L}(0_+)$ 相当于在电容电路中电容开路（$t \to \infty$）时的 u_{2C} 值，即

$$u_{2L}(0_+) = u_{2C}(\infty) = \frac{1}{2} \ \text{V}$$

（3）求 $u_{2L}(\infty)$。同理，当 $t \to \infty$ 时电感短路。而在零状态下，$u_C(0_+) = u_C(0_-) = 0$，即在 $t = 0_+$ 时电容相当于短路，所以 $u_{2L}(\infty)$ 相当于电容短路（$t = 0_+$）时的 u_{2C} 值，即

$$u_{2L}(\infty) = u_{2C}(0_+) = \frac{1}{2} + \frac{1}{8} = \frac{5}{8} \ \text{V}$$

（4）求 $u_{2L}(t)$。根据三要素公式有

$$u_{2L}(t) = \frac{5}{8} + \left(\frac{1}{2} - \frac{5}{8} \right) e^{-t} = \left(\frac{5}{8} - \frac{1}{8} e^{-t} \right) U(t) \ \text{V}$$

实例　人工起搏器

思考与练习

7 - 1　两个相同电容如图所示连接，则开关闭合前后，哪个结论成立？（　　　）

（1）电荷保持守衡。

（2）电容电压不能突变。

（3）总储能保持不变。

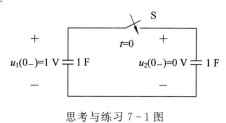

思考与练习 7-1 图

7-2　电容元件做何连接时，其电压可能发生突变？（　　）

（1）电容与电流源并联　　　　　　　（2）电容与电感并联

（3）电容与电容并联　　　　　　　　（4）电容与电压源关联

（5）电容与电阻并联

7-3　图示电路在 $t=0$ 时，开关扳向 2，$t<0$ 时电路处于稳态，求初始值 $i_1(0_+)$、$i_2(0_+)$、$u_L(0_+)$。

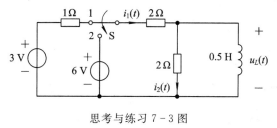

思考与练习 7-3 图

7-4　关于换路前后瞬间响应量的变化有以下几种描述，试进行判断：

（1）换路前后瞬间电容上的电压及电感上的电流无变化，即 $u_C(0_+) = u_C(0_-)$，$i_L(0_+) = i_L(0_-)$。（　　）

（2）换路前后瞬间，电路的响应量无变化，即对所有支路电压和支路电流均有 $u(0_+) = u(0_-)$，$i(0_+) = i(0_-)$。（　　）

（3）若电路中电压和电流为有限值，则只有电容上的电压和电感上的电流在换路前后瞬间无变化，其他响应量有可能会变。（　　）

7-5　如图所示电路，原处于稳态，当 $t=0$ 时开关闭合，试求 $i_L(0_+)$，并画出 $t = 0_+$ 时的等效电路。

7-6　电路如图所示，原处于稳态，当 $t=0$ 时开关断开，试根据换路定理求换路后瞬间电容上的电压值 $u_C(0_+)$，并画出 $t=0_+$ 时刻的等效电路。

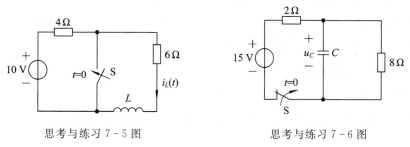

思考与练习 7-5 图　　　　　　　　　　思考与练习 7-6 图

7-7　初始电压为 10 V 的电容通过 R 放电，如规定电容电压下降到初始值的 1% 为

放电完毕，则需时间为 t_1；若将初始电压提高为 100 V，则放电完毕时间为 t_2。应有

(1) $t_2 > t_1$　　　　(2) $t_2 = t_1$　　　　(3) $t_2 < t_1$

7-8　$C = 2\ \mu\text{F}$，$u_C(0_-) = 100$ V 的电容经 $R = 10\ \text{k}\Omega$ 的电阻放电。试求：

(1) 放电电流的最大值；

(2) 经过 20 ms 时的电容电压和电流。

7-9　有源二端网络接 10 μF 电容时，时间常数为 40 μs；则接 10 μH 电感时，时间常数为多少？

7-10　在求初始值时，下列哪些变量可由换路前求得？（　　）

(1) u_L，i_C　　(2) i_L，u_L　　(3) u_C，i_L　　(4) u_R，i_R

7-11　图示电路中，$u_s = 120$ V，$u(0_-) = 0$，求 $t \geq 0$ 时的 $u(t)$、$i(t)$。

7-12　图示电路中，$i_L(0_-) = 0$，求 $t \geq 0$ 时的 $u(t)$、$i_L(t)$。

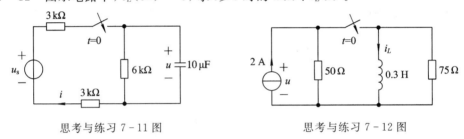

思考与练习 7-11 图　　　　　　　　思考与练习 7-12 图

7-13　如图所示电路，原处于稳态，当 $t = 0$ 时开关 S 断开，求 $t \geq 0$ 时的 $u_L(t)$。

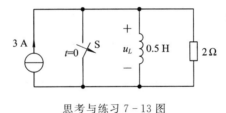

思考与练习 7-13 图

7-14　试判断下列说法是否正确：

(1) 一阶电路的零状态响应可以套用公式 $y_f(t) = y_f(\infty)(1 - e^{-t/\tau})$ 来进行计算。（　　）

(2) 只有电容上的电压和电感上的电流可以套用零状态响应公式，其他响应不能套用。（　　）

(3) 直流稳态时，电感可用短路线代替，电容可用开路线代替。（　　）

(4) 零状态下，由于 $u_C(0_-) = 0$，$i_L(0_-) = 0$，所以 $t = 0_+$ 时的等效电路，电感要开路，电容要短路，恰好与 $t = \infty$ 时的等效电路相反。（　　）

7-15　已知一阶电路的响应为 $i(t) = 4(1 - e^{-\frac{t}{2}})$ A，则该电流的初始值为（　　）。

(1) 1 A　　(2) 0　　(3) 4 A　　(4) 以上都不是

7-16　已知一阶电路的电感电流 $i_L(t) = 10 + (2 - 10)e^{-\frac{t}{4}}$ A，则其零输入响应为（　　）。

(1) $2e^{-\frac{t}{4}}$　　(2) $-8e^{-\frac{t}{4}}$　　(3) $-10e^{-\frac{t}{4}}$

7-17　一阶电路的电感电流 $i_L(t) = 3 + \left(\dfrac{2}{3} - 3\right)\mathrm{e}^{-t}$ A，若将电感 L 换成电容 C，则其电流响应的稳态值是（　　）。

（1）3　　　　　（2）2/3　　　　　（3）以上都不是

7-18　一阶电路的电感电流 $i_L(t) = \dfrac{1}{2} - \dfrac{1}{4}\mathrm{e}^{-\frac{t}{7}}$ A，若激励增加一倍，响应为何值？若初始状态增加 1 倍呢？

7-19　如图所示电路原已处于稳态，求换路后的 $i_L(t)$。

7-20　如图所示电路原已处于稳态，求换路后的 $i(t)$。

7-21　试用阶跃函数表示图示电流。

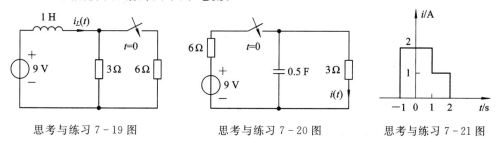

思考与练习 7-19 图　　　　思考与练习 7-20 图　　　　思考与练习 7-21 图

7-22　已知电路的单位阶跃响应为 $g(t) = (1 - \mathrm{e}^{-\frac{t}{\tau}})U(t)$，则当激励为 $f(t) = 5U(t-1)$ 时，要使其零状态响应为 $5(1 - \mathrm{e}^{-\frac{t-1}{\tau}})U(t-1)$ 的前提条件是电路必须为（　　）。

（1）线性电路　　　　（2）时变电路　　　　（3）线性非时变电路

7-23　单位阶跃响应是单位阶跃信号作激励时电路的（　　）。

（1）全响应　　　　　（2）零输入响应　　　　（3）零状态响应

（4）强迫响应　　　　（5）自由响应

7-24　电路如图所示，若以电压 $u(t)$ 作为输出，求该电路的阶跃响应。

7-25　电路如图所示，若以电流 $i_L(t)$ 作为输出，求该电路的阶跃响应。

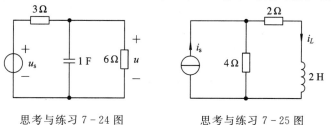

思考与练习 7-24 图　　　　思考与练习 7-25 图

7-26　如图所示，开关 S 位于"1"时已处于稳态，在 $t=0$ 时，开关闭合到"2"，则电流 $i(0_+)$ 等于多少？

7-27　电路如图所示，原已处于稳态，在 $t=0$ 时开关闭合，求 $u_C(0_+)$。

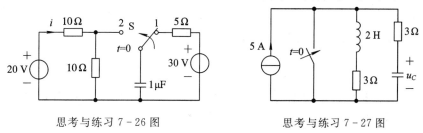

思考与练习 7-26 图　　　　思考与练习 7-27 图

7-28 电路如图所示，$t=0$ 时开关断开，求：

(1) $u_C(0_+)$；　(2) $t \geqslant 0$ 时的 $u_C(t)$、$W_C(t)$。

7-29 电路如图所示，原处于稳态，$t=0$ 时开关闭合，求 $t \geqslant 0$ 时的 $u_L(t)$。

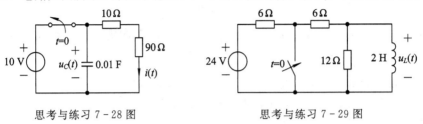

思考与练习 7-28 图　　　　　　思考与练习 7-29 图

7-30 电路如图所示，求时常数 τ。

7-31 图示电路中，$t=0$ 时开关闭合，闭合前电路处于稳态，求 $t \geqslant 0$ 时的 $u_C(t)$。

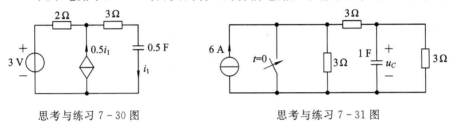

思考与练习 7-30 图　　　　　　思考与练习 7-31 图

7-32 电路如图所示，原已稳定，$t=0$ 时开关断开，试求 $t \geqslant 0$ 时的 $u(t)$、$i(t)$。

7-33 图示电路原已稳定，$t=0$ 时开关由"1"扳向"2"，求 $t \geqslant 0$ 时的 $i(t)$。

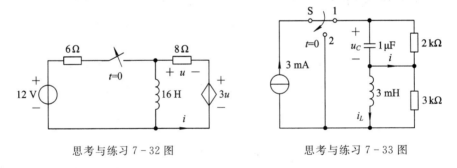

思考与练习 7-32 图　　　　　　思考与练习 7-33 图

7-34 图示电路中，$t=0$ 时开关 S_1 和 S_2 同时闭合，闭合前电路已达稳态，求 $t \geqslant 0$ 时的电流 $i_L(t)$。

7-35 图示电路中，已知 $u(0_+)=-16\ \mathrm{V}$，求 $t \geqslant 0$ 时的 $i(t)$。

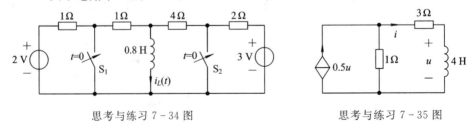

思考与练习 7-34 图　　　　　　思考与练习 7-35 图

7-36 图示电路中，$t=0$ 时开关由 b 扳向 c，若图中元件 X 为：（1）2 F 电容，$u(0)=10\ \mathrm{V}$；（2）4 H 电感，$i(0)=0.5\ \mathrm{A}$。求 $t \geqslant 0$ 时的 $u_{ab}(t)$。

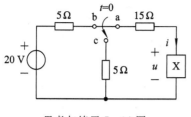

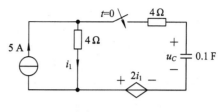

思考与练习 7-36 图　　　　　　思考与练习 7-37 图

7-37　电路如图所示，$u_C(0_-)=0$，$t=0$ 时开关闭合，求 $t\geqslant0$ 时的 $i_1(t)$。

7-38　电路如图所示，原处于稳态，$t=0$ 时开关闭合，求 $t\geqslant0$ 时的 $i_L(t)$。

7-39　图示电路原已稳定，$t=0$ 时开关闭合，求 $t\geqslant0$ 后 2 V 电压源提供的功率。

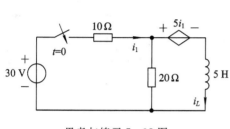

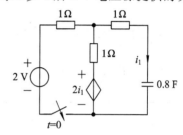

思考与练习 7-38 图　　　　　　思考与练习 7-39 图

7-40　图示电路已稳定，$t=0$ 时开关闭合，求 $t\geqslant0$ 时的 $i(t)$。

7-41　图示电路中，$u_C(0_-)=0$，电压源在 $t=0$ 时开始作用于电路，求 $t\geqslant0$ 时的 $i_1(t)$ 和 $u_C(t)$。

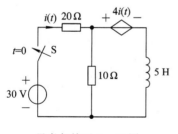

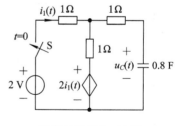

思考与练习 7-40 图　　　　　　思考与练习 7-41 图

7-42　电路如图所示，原电路已稳定，$t=0$ 时开关闭合，求 $t\geqslant0$ 时的 $i_L(t)$ 和 $u_C(t)$。

7-43　电路如图所示，已知 $u_C(0_-)=0$，求 $t\geqslant0$ 时的 $u_C(t)$。

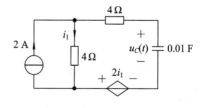

思考与练习 7-42 图　　　　　　思考与练习 7-43 图

7-44　电路如图所示，原已处于稳态，$t=0$ 时开关断开，求 $t\geqslant0$ 时的 $u_1(t)$。

7-45　图示电路原处于稳态，$t=0$ 时开关闭合，求 $t\geqslant0$ 时的 $u(t)$。

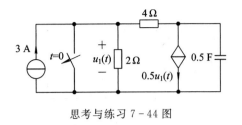
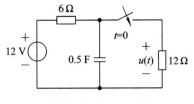

思考与练习 7-44 图 　　　　　　　　思考与练习 7-45 图

7-46　图示电路原已稳定，$t=0$ 时开关闭合，求 $t\geqslant0$ 时的 $i_1(t)$ 和 $i(t)$。

7-47　图示电路原已稳定，$t=0$ 时开关断开，求 $t\geqslant0$ 时的 $u_C(t)$。

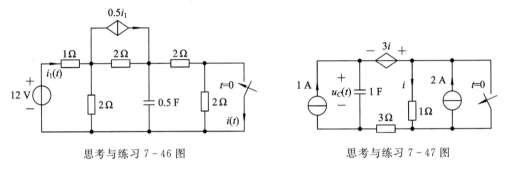

思考与练习 7-46 图 　　　　　　　　思考与练习 7-47 图

7-48　如图所示电路，$t<0$ 时电路已达稳态，$t=0$ 时开关由 1 扳向 2，求 $t\geqslant0$ 时的 $u_C(t)$。

7-49　如图所示电路，$t<0$ 时电路已达稳态，$t=0$ 时开关闭合，求 $t\geqslant0$ 时的电压 $u(t)$。

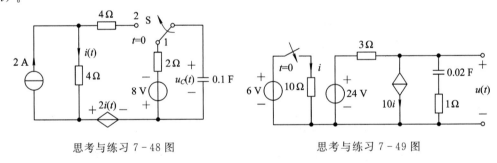

思考与练习 7-48 图 　　　　　　　　思考与练习 7-49 图

7-50　电路如图所示，原已处于稳态，$t=0$ 时开关闭合，试求 $t\geqslant0$ 后的 $u(t)$ 和 $i(t)$。

7-51　电路如图所示，原已处于稳态，$t=0$ 时开关闭合，试求 $t\geqslant0$ 后的 $i_L(t)$ 和 $u_C(t)$。

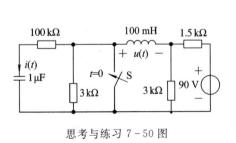
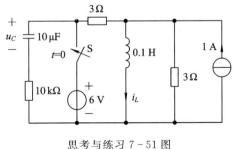

思考与练习 7-50 图 　　　　　　　　思考与练习 7-51 图

7-52　图示电路中，已知 $u_C(0_-)=1$ V，$i_L(0_-)=2$ A，求电压 $u(t)$。

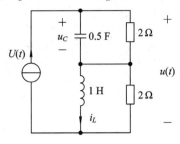

思考与练习 7-52 图

7-53　图(a)所示电路的外加激励如图(b)所示，求零状态响应 $i(t)$。

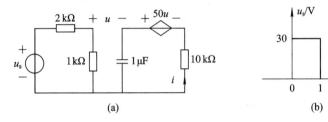

思考与练习 7-53 图

7-54　电路如图(a)所示，其激励源波形如图(b)所示，试求电流 $i(t)$ 的零状态响应。

7-55　图示电路中，已知当 $u_s(t)=U(t)$，$i_s(t)=0$ 时，有 $u_C(t)=\dfrac{1}{2}+2e^{-2t}$，$t \geqslant 0$；

当 $u_s(t)=0$，$i_s(t)=U(t)$ 时，有 $u_C(t)=2+\dfrac{1}{2}e^{-2t}$，$t \geqslant 0$。试求：

(1) 元件 R_1、R_2 和 C 的值；

(2) 当 $u_s(t)=U(t)$，$i_s(t)=U(t)$ 时，电路的全响应 $u_C(t)$。

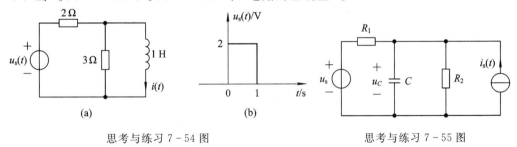

思考与练习 7-54 图　　　　　　　　　　　思考与练习 7-55 图

第8章　二阶电路分析

【内容提要】 本章首先从物理概念上阐明 LC 电路的零输入响应具有简谐振荡的形式，然后重点讨论 RLC 串联电路的零输入响应，最后对二阶电路在恒定激励下响应的求解做简单分析。

学习本章时，应着重掌握微分方程的编写及求解二阶微分方程的步骤和方法；学会分析解答结果的物理含义；深刻理解固有频率（特征根）等重要概念的意义。

可以用一个二阶微分方程或两个联立的一阶微分方程来描述的电路称为二阶电路。二阶电路通常含有两个动态元件，与一阶电路不同的是，二阶电路可能出现振荡形式的响应。

8.1　LC 电路中的正弦振荡

我们首先研究仅由一个电容和一个电感组成的电路，设电容的初始电压 $u_C(0_-) = U_0$，电感的初始电流 $i_L(0_-) = 0$，如图 8-1 所示。若开关在 $t = 0$ 时闭合，考虑开关闭合后的零输入响应 $u_C(t)$ 和 $i_L(t)$。

对电路做定性分析，可知：

(1) 当 $t = 0_+$ 时，$u_C(0_+) = U_0$，$i_L(0_+) = 0$；

(2) 当 $0 < t < t_1$ 时，电容放电，$u_C(t)\downarrow$，$i_L(t)\uparrow$；

(3) $t = t_1$ 时，$u_C(t_1) = 0$，$i_L(t_1) = I_0$；

(4) 当 $t_1 < t < t_2$ 时，电感电流不能跳变，电感对电容反向充电，$i_L(t)\downarrow$，$u_C(t)$ 负上升；

图 8-1　LC 电路

(5) 当 $t = t_2$ 时，$u_C(t_2) = -U_0$，$i_L(t_2) = 0$；

(6) 当 $t_2 < t < t_3$ 时，电容对电感放电，$|u_C(t)|\downarrow$，$i_L(t)$ 反向增大；

(7) 当 $t = t_3$ 时，$u_C(t_3) = 0$，$i_L(t_3) = -I_0$。

如此循环，得波形如图 8-2 所示。可见，由于电能和磁能相互转换，电路两端的电压及电流不断改变大小和方向——产生电磁振荡。电磁振荡现象是电能和磁能相互转换的结果。

下面对电路做定量分析：

由电路图 8-1 有

$$i_L(t) = -i_C(t) = -C\frac{\mathrm{d}u_C(t)}{\mathrm{d}t} \qquad (8-1)$$

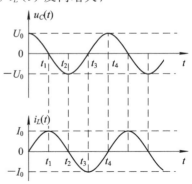

图 8-2　$u_C(t)$ 和 $i_L(t)$ 的波形

$$u_C(t) = u_L(t) = L\frac{\mathrm{d}i_L(t)}{\mathrm{d}t} \tag{8-2}$$

将式(8-2)代入式(8-1)，得

$$\frac{\mathrm{d}^2 u_C(t)}{\mathrm{d}t^2} + \frac{1}{LC}u_C(t) = 0 \tag{8-3}$$

将式(8-1)代入式(8-2)，得

$$\frac{\mathrm{d}^2 i_L(t)}{\mathrm{d}t^2} + \frac{1}{LC}i_L(t) = 0 \tag{8-4}$$

式(8-3)和式(8-4)的特征方程均为

$$s^2 + \frac{1}{LC} = 0 \tag{8-5}$$

特征根均为

$$s_{1,2} = \pm \mathrm{j}\frac{1}{\sqrt{LC}} \tag{8-6}$$

故

$$u_C(t) = K_1 e^{s_1 t} + K_2 e^{s_2 t} = K_1 e^{\mathrm{j}\frac{1}{\sqrt{LC}}t} + K_2 e^{-\mathrm{j}\frac{1}{\sqrt{LC}}t} \tag{8-7}$$

将初始值 $u_C(0_+) = U_0$，$u_C'(0_+) = \dfrac{i_C(0_+)}{C} = -\dfrac{i_L(0_+)}{C} = 0$ 代入式(8-7)，有

$$\begin{cases} U_0 = K_1 + K_2 \\ 0 = \mathrm{j}\dfrac{K_1}{\sqrt{LC}} - \mathrm{j}\dfrac{K_2}{\sqrt{LC}} \end{cases}$$

解得

$$K_1 = K_2 = \frac{1}{2}U_0$$

所以

$$u_C(t) = \frac{1}{2}U_0(e^{\mathrm{j}\frac{1}{\sqrt{LC}}t} + e^{-\mathrm{j}\frac{1}{\sqrt{LC}}t}) = U_0\cos\frac{1}{\sqrt{LC}}t, \quad t \geqslant 0 \tag{8-8}$$

可以得到以下结论：

(1) 无耗的 LC 电路，在初始储能作用下产生等幅振荡。

(2) 振荡周期由 LC 确定，振荡角频率 $\omega_0 = \dfrac{1}{\sqrt{LC}}$。

(3) 振荡幅度与初始储能 $u_C(0_+)$ 和 $i_L(0_+)$ 有关。

8.2　RLC 串联电路的零输入响应

在图 8-3 的 RLC 串联电路中，已知 $u_C(0_-) = U_0$，$i_L(0_-) = 0$，$t = 0$ 时开关闭合，分析 $t \geqslant 0$ 时的 $u_C(t)$ 和 $i_L(t)$。

$t \geqslant 0$ 时由 KVL 得

$$u_L(t) + u_R(t) + u_C(t) = 0$$

即

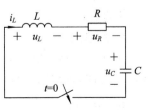

图 8-3　RLC 串联电路

$$L \frac{\mathrm{d}i_L(t)}{\mathrm{d}t} + Ri_L(t) + u_C(t) = 0 \qquad (8-9)$$

因为

$$i_C(t) = i_L(t), \quad u_L(t) = L \frac{\mathrm{d}i_L(t)}{\mathrm{d}t}, \quad i_C(t) = C \frac{\mathrm{d}u_C(t)}{\mathrm{d}t}$$

故式(8-9)为

$$LC \frac{\mathrm{d}^2 u_C}{\mathrm{d}t^2} + RC \frac{\mathrm{d}u_C}{\mathrm{d}t} + u_C = 0 \qquad (8-10)$$

这是一个二阶线性常系数微分方程。

特征方程为

$$LCs^2 + RCs + 1 = 0 \qquad (8-11)$$

特征根为

$$s_{1,2} = -\frac{R}{2L} \pm \sqrt{\left(\frac{R}{2L}\right)^2 - \frac{1}{LC}} \qquad (8-12)$$

令 $\alpha = \dfrac{R}{2L}$，$\omega_0 = \dfrac{1}{\sqrt{LC}}$，有

$$\begin{cases} s_1 = -\alpha + \sqrt{\alpha^2 - \omega_0^2} \\ s_2 = -\alpha - \sqrt{\alpha^2 - \omega_0^2} \end{cases} \qquad (8-13)$$

则

$$u_C(t) = (K_1 \mathrm{e}^{s_1 t} + K_2 \mathrm{e}^{s_2 t}) U(t) \qquad (8-14)$$

下面讨论：

(1) 若 $\alpha > \omega_0$，特征根为不相等的负实根，则

$$u_C(t) = K_1 \mathrm{e}^{s_1 t} + K_2 \mathrm{e}^{s_2 t}, \qquad t \geqslant 0$$

$u_C(t)$ 按指数衰减，非振荡过程，称为过阻尼。

(2) 若 $\alpha = \omega_0$，特征根为相等的负实根，则

$$u_C(t) = K_1 \mathrm{e}^{s_1 t} + K_2 t \mathrm{e}^{s_1 t}, \qquad t \geqslant 0$$

是临界过程，称为临界阻尼。

(3) 若 $\alpha < \omega_0$，特征根为一对实部为负值的共轭复根。令 $\omega_d = \sqrt{\omega_0^2 - \alpha^2}$，则 $s_{1,2} = -\alpha \pm \mathrm{j}\omega_d$，解为

$$u_C(t) = K_1 \mathrm{e}^{s_1 t} + K_2 \mathrm{e}^{s_2 t}$$

或

$$u_C(t) = \mathrm{e}^{-\alpha t}[K_1 \cos \omega_d t + K_2 \sin \omega_d t] = K\mathrm{e}^{-\alpha t} \cos(\omega_d t + \varphi), \qquad t \geqslant 0$$

$u_C(t)$ 按指数衰减的振荡过程，称为欠阻尼。其中 α 称为衰减系数，ω_d 称为振荡角频率，ω_0 称为谐振角频率。

为更直观地理解以上三种过程，下面通过具体例子来进行说明：

1. 过阻尼 $\alpha > \omega_0$ $(R^2 > 4L/C)$

在图 8-3 所示电路中，令 $L = 1$ H，$R = 3$ Ω，$C = 1$ F，$u_C(0_-) = 0$ V，$i_L(0_-) = 1$ A，求 $t \geqslant 0$ 时的 $u_C(t)$、$i_L(t)$。

解 因为 $\alpha = \dfrac{R}{2L} = 1.5$，$\omega_0 = \dfrac{1}{\sqrt{LC}} = 1$，$\alpha > \omega_0$，故特征根为

$$\begin{cases} s_1 = -\alpha + \sqrt{\alpha^2 - \omega_0^2} = -0.382 \\ s_2 = -\alpha - \sqrt{\alpha^2 - \omega_0^2} = -2.618 \end{cases}$$

微分方程的解为

$$u_C(t) = K_1 e^{s_1 t} + K_2 e^{s_2 t}, \quad t \geqslant 0 \tag{①}$$

由题已知

$$u_C(0_+) = u_C(0_-) = 0, \quad u_C'(0_+) = \frac{i_C(0_+)}{C} = \frac{i_L(0_+)}{C} = 1$$

代入①式可得

$$u_C(0_+) = K_1 + K_2 = 0$$
$$u_C'(0_+) = s_1 K_1 + s_2 K_2 = 1$$

解得

$$\begin{cases} K_1 = 0.447 \\ K_2 = -0.447 \end{cases}$$
$$u_C(t) = 0.447 e^{-0.382t} - 0.447 e^{-0.382t} \text{ V}$$

所以

$$i_L(t) = i_C(t) = C\frac{du_C(t)}{dt} = -0.171 e^{-0.382t} + 1.17 e^{-2.618t} \text{ A}$$

其相应的波形如图 8-4 所示。

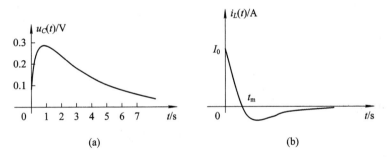

图 8-4　$u_C(t)$ 和 $i_L(t)$ 的波形

2. 临界阻尼 $\alpha = \omega_0 (R^2 = 4L/C)$

在图 8-3 所示电路中，令 $L = \frac{1}{4}$ H，$R = 1\ \Omega$，$C = 1$ F，$u_C(0_-) = -1$ V，$i_L(0_-) = 0$ A，求 $t \geqslant 0$ 时的 $i_L(t)$。

解　因为 $\alpha = \frac{R}{2L} = 2$，$\omega_0 = \frac{1}{\sqrt{LC}} = 2$，$\alpha = \omega_0$，故特征根为

$$s_1 = s_2 = -\alpha + \sqrt{\alpha^2 - \omega_0^2} = -2$$

微分方程的解为

$$i_L(t) = K_1 e^{s_1 t} + K_2 t e^{s_1 t}, \quad t \geqslant 0 \tag{①}$$

由题已知

$$i_L(0_+) = i_L(0_-) = 0 \text{ A}, \quad i_L'(0_+) = \frac{u_L(0_+)}{L} = -\frac{u_C(0_+)}{L} = 4 \text{ A}$$

代入①式可得

$$i_L(0_+) = K_1 = 0 \text{ A}$$

$$i'_L(0_+) = s_1 K_1 + K_2 = 4 \text{ A}$$

解得

$$\begin{cases} K_1 = 0 \\ K_2 = 4 \end{cases}$$

所以

$$i_L(t) = 4te^{-2t}, \quad t \geqslant 0$$

其相应的波形如图 8 - 5 所示。

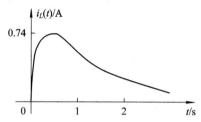

图 8 - 5　临界阻尼时的零输入响应 $i_L(t)$ 的波形

3. 欠阻尼 $\alpha < \omega_0 (R^2 < 4L/C)$

在图 8 - 3 所示电路中，令 $L = 1 \text{ H}$，$R = 1 \text{ Ω}$，$C = 1 \text{ F}$，$u_C(0_-) = 1 \text{ V}$，$i_L(0_-) = 1 \text{ A}$，求 $t \geqslant 0$ 时的 $u_C(t)$。

解　因为 $\alpha = \dfrac{R}{2L} = \dfrac{1}{2}$，$\omega_0 = \dfrac{1}{\sqrt{LC}} = 1$，$\alpha < \omega_0$，令 $\omega_d = \sqrt{\omega_0^2 - \alpha^2} = \dfrac{\sqrt{3}}{2}$，故特征根为

$$s_1 = -\frac{1}{2} + \mathrm{j}\frac{\sqrt{3}}{2}, \quad s_2 = -\frac{1}{2} - \mathrm{j}\frac{\sqrt{3}}{2}$$

微分方程的解为

$$u_C(t) = K_1 e^{\left(-\frac{1}{2} + \mathrm{j}\frac{\sqrt{3}}{2}\right)t} + K_2 e^{\left(-\frac{1}{2} - \mathrm{j}\frac{\sqrt{3}}{2}\right)t}, \quad t \geqslant 0 \qquad ①$$

由题已知

$$u_C(0_+) = u_C(0_-) = 1 \text{ V}, \quad u'_C(0_+) = \frac{i_C(0_+)}{C} = \frac{i_L(0_+)}{C} = 1 \text{ V}$$

代入①式可得

$$\begin{cases} 1 = K_1 + K_2 \\ 1 = \left(-\dfrac{1}{2} + \mathrm{j}\dfrac{\sqrt{3}}{2}\right)K_1 + \left(-\dfrac{1}{2} - \mathrm{j}\dfrac{\sqrt{3}}{2}\right)K_2 \end{cases}$$

解得

$$\begin{cases} K_1 = \dfrac{1}{2} - \mathrm{j}\dfrac{\sqrt{3}}{2} \\ K_2 = \dfrac{1}{2} + \mathrm{j}\dfrac{\sqrt{3}}{2} \end{cases}$$

$$u_C(t) = \left(\frac{1}{2} - j\frac{\sqrt{3}}{2}\right)e^{\left(-\frac{1}{2}+j\frac{\sqrt{3}}{2}\right)t} + \left(\frac{1}{2} + j\frac{\sqrt{3}}{2}\right)e^{\left(-\frac{1}{2}-j\frac{\sqrt{3}}{2}\right)t}$$

$$= e^{-\frac{1}{2}t}\left[\frac{1}{2}(e^{j\frac{\sqrt{3}}{2}t} + e^{-j\frac{\sqrt{3}}{2}t}) - j\frac{\sqrt{3}}{2}(e^{j\frac{\sqrt{3}}{2}t} - e^{-j\frac{\sqrt{3}}{2}t})\right]$$

$$= e^{-\frac{1}{2}t}\left[\cos\frac{\sqrt{3}}{2}t + \sqrt{3}\,\sin\frac{\sqrt{3}}{2}t\right]$$

$$= 2e^{-\frac{1}{2}t}\cos\left(\frac{\sqrt{3}}{2}t - \frac{\pi}{3}\right)\text{V} \quad t \geqslant 0$$

所以

$$i_L(t) = i_C(t) = C\frac{du_C(t)}{dt} = 2e^{-\frac{1}{2}t}\cos\left(\frac{\sqrt{3}}{2}t + \frac{\pi}{3}\right)\text{A}, \quad t \geqslant 0$$

相应的波形如图 8-6 所示。

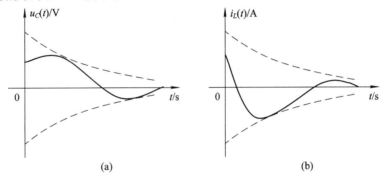

图 8-6　欠阻尼时的 $u_C(t)$、$i_L(t)$ 波形

该例中，也可令 $u_C(t) = e^{-\alpha t}\left[K_1\cos\omega_d t + K_2\sin\omega_d t\right]$ 或 $u_C(t) = Ke^{-\alpha t}\cos(\omega_d t + \varphi)$，式中的 K_1、K_2、K、φ 由初始条件确定，证明过程此处从略，读者可自行验证。

8.3　*GLC* 并联电路的零输入响应

如图 8-7 所示 *GLC* 并联电路，设 $i_L(0_-) = I_0$，不难得到微分方程

$$LC\frac{d^2 i_L(t)}{dt} + GL\frac{di_L(t)}{dt} + i_L(t) = 0 \tag{8-15}$$

将方程 $(8-15)$ 与 *RLC* 串联电路的方程 $(8-10)$ 对比可知，两电路具有对偶性质，不难得到

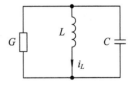

$$s_{1,2} = -\frac{G}{2C} \pm \sqrt{\left(\frac{G}{2C}\right)^2 - \frac{1}{LC}}$$

$$\alpha = \frac{G}{2C}, \ \omega_0 = \frac{1}{\sqrt{LC}}, \ \omega_d = \sqrt{\omega_0^2 - \alpha^2}$$

图 8-7　*GLC* 并联电路

在 $G^2 > \dfrac{4C}{L}$ 时为过阻尼情况，非振荡过程；在 $G^2 = \dfrac{4C}{L}$ 时为临界阻尼情况；在 $G^2 < \dfrac{4C}{L}$ 时为欠阻尼情况，衰减振荡过程；在 $G = 0$ 时为无阻尼情况，产生等幅振荡。

8.4 一般二阶电路的分析

以上讨论了两类特殊的二阶电路，即 LC、RLC 串联和 GLC 并联电路的零输入响应。对于一般的二阶电路，则无论其响应是零输入的、零状态的还是全响应的，都可应用经典法，即求解微分方程的齐次解和特解的方法来求其响应。其解题过程较为繁琐，下面举例说明。

【例 8 - 1】 如图 8 - 8 所示电路，已知 $L = 1$ H，$C = 1$ F，$R_1 = 1\ \Omega$，$R_2 = 10\ \Omega$，$u_s = 10$ V，$u_C(0_-) = 1$ V，$i_L(0_-) = 1$ A，求 $t \geqslant 0$ 时的 $u_C(t)$。

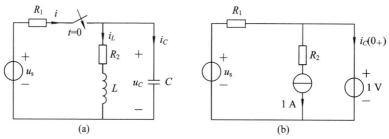

图 8 - 8 例 8 - 1 图

解 （1）编写电路微分方程。该支路电流参考方向如图 8 - 8(a)所示。由 KCL、KVL 及元件的 VAR 得

$$u_s = R_1 i + u_C \qquad\qquad ①$$

$$u_C = R_2 i_L + L\frac{\mathrm{d}i_L}{\mathrm{d}t} \qquad\qquad ②$$

$$i = i_L + i_C = i_L + C\frac{\mathrm{d}u_C}{\mathrm{d}t} \qquad\qquad ③$$

将③式代入①式得

$$u_s = R_1 i_L + R_1 C\frac{\mathrm{d}u_C}{\mathrm{d}t} + u_C \qquad\qquad ④$$

由④式解出 i_L，代入②式，整理并代入元件值，得电路的微分方程为

$$\frac{\mathrm{d}^2 u_C}{\mathrm{d}t^2} + 11\frac{\mathrm{d}u_C}{\mathrm{d}t} + 11u_C = 100 \qquad\qquad ⑤$$

（2）求解响应。

先求初始值 $u_C(0_+)$ 和 $u'_C(0_-)$。由题意有 $u_C(0_+) = u_C(0_-) = 1$ V，当 $t = 0_+$ 时电路如图 8 - 8(b)所示，可得

$$i_C(0_+) = \frac{10 - 1}{1} - 1 = 8 \text{ A}$$

$$u'_C(0_-) = \frac{i_C(0_+)}{C} = 8 \text{ V/s}$$

求微分方程的齐次解 $u_{Ch}(t)$，对应的特征方程为

$$s^2 + 11s + 11 = 0$$

解得特征根为 $s_1 = -1.12$，$s_2 = -9.89$，故

$$u_{Ch}(t) = K_1 e^{-1.12t} + K_2 e^{-9.89t}$$

求特解 u_{Cp}，代入⑤式得 $u_{Cp} = \dfrac{100}{11}$，故方程的完全解为

$$u_C(t) = u_{Ch}(t) + u_{Cp} = K_1 e^{-1.12t} + K_2 e^{-9.89t} + \frac{100}{11} \qquad ⑥$$

确定系数 K_1、K_2。将初始值 $u_C(0_+) = 1$ V，$u_C'(0_-) = 8$ V/s 代入⑥式得

$$\begin{cases} 1 = K_1 + K_2 + \dfrac{100}{11} \\ 8 = -1.12K_1 - 9.89K_2 \end{cases}$$

解得

$$\begin{cases} K_1 = -8.2 \\ K_2 = 0.11 \end{cases}$$

所以

$$u_C(t) = -8.2 e^{-1.12t} + 0.11 e^{-9.89t} + \frac{100}{11}, \quad t \geqslant 0$$

实例　计算机计时时钟

思 考 与 练 习

8-1　电路如图所示，已知 $u_C(0_-) = 3$ V，求开关闭合后的电容电压 $u_C(t)$。

8-2　电路如图所示，已知电路原已处于稳态，求开关断开后电路的电流响应。

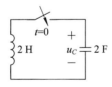

思考与练习 8-1 图

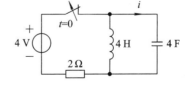

思考与练习 8-2 图

8-3　若电路方程分别如下，试判断其电路响应是哪种过程：(a) 衰减振荡；(b) 等幅振荡；(c) 指数衰减(临界阻尼)；(d) 指数衰减(过阻尼)。

(1) $\dfrac{\mathrm{d}^2 u(t)}{\mathrm{d}t^2} + 49u(t) = 0$ 　　　　(2) $\dfrac{\mathrm{d}^2 i(t)}{\mathrm{d}t^2} + 5\dfrac{\mathrm{d}i(t)}{\mathrm{d}t} + 4i(t) = 0$

(3) $\dfrac{\mathrm{d}^2 u(t)}{\mathrm{d}t^2} + 2\dfrac{\mathrm{d}u(t)}{\mathrm{d}t} + 1 = 0$

8-4　电路如图所示，C 取何值时可以获得按指数衰减的响应？（　　　）

(1) $C \leqslant 1$ F   (2) $C \geqslant 1$ F   (3) $C = 1$ F

8-5 电路如图所示，R 取何值时可以得到按指数规律衰减的振荡响应？（ ）

(1) $R < 4$ Ω   (2) $R < 2$ Ω   (3) $R > 2$ Ω   (4) $R > 4$ Ω

8-6 如图所示电路中，$R_1 = 1$ kΩ、$L = 2$ H 分别为继电器线圈的电阻、电感。为了消除接点火花，与线圈并联一个 $R_2 C$ 串联支路。已知 $C = 1$ μF，试问：R_2 至少多大，才不会产生振荡现象？

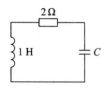

思考与练习 8-4 图

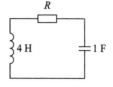

思考与练习 8-5 图

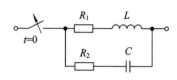

思考与练习 8-6 图

8-7 如图所示电路，$R = 2$ Ω、$L = 4$ H、$C = 3$ F、$u_s = 10$ V，求开关换路后的电流响应 $i(t)$。

8-8 图示电路约束关系方程中哪个是正确的？（ ）

(1) $C \dfrac{\mathrm{d}u_C}{\mathrm{d}t} = i_L - i_R$ (2) $L \dfrac{\mathrm{d}i_L}{\mathrm{d}t} = u_s - u_C$ (3) $u_L + R i_R = 0$

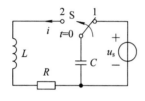

思考与练习 8-7 图

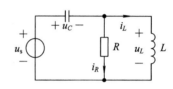

思考与练习 8-8 图

8-9 电路如图所示，原处于稳态，$t = 0$ 时开关由 a 扳向 b，试求：

(1) $i(0_+)$、$u_C(0_+)$、$\dfrac{\mathrm{d}i(0_+)}{\mathrm{d}t}$；

(2) s_1 和 s_2；

(3) $t \geqslant 0$ 时的 $i(t)$。

8-10 电路如图所示，已知 $u_C(0_-) = 10$ V，$t = 0$ 时开关闭合。

(1) 求 $t \geqslant 0$ 后的 $u_C(t)$、$i(t)$、$u_L(t)$；

(2) 求 $i_{\max}$。

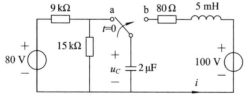

思考与练习 8-9 图

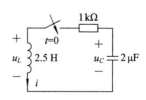

思考与练习 8-10 图

8-11 图示电路原已稳定，$t = 0$ 时开关断开，求 $t \geqslant 0$ 后的 $i_L(t)$、$u_C(t)$。

8-12 电路如图所示，已知 $u_C(0_-) = 4$ V，$i_L(0_-) = 2$ A，试求 $i_L(t)$。

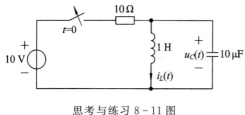

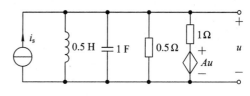

思考与练习 8－11 图　　　　　　　　思考与练习 8－12 图

8－13　题 8－12 中，若 $R = 7\ \Omega$，$L = 1\ \mathrm{H}$，$C = \dfrac{1}{10}\mathrm{F}$，$u_C(0_-) = 0$，$i_L(0_-) = 10\ \mathrm{A}$，求电流 i_L。

8－14　电路如图所示，已知 $i_L(0_+) = 1\ \mathrm{A}$，$u_C(0_+) = 2\ \mathrm{V}$，求 $t \geqslant 0$ 时的 $u_C(t)$。

8－15　电路如图所示，$u(t)$ 是否可以产生等幅振荡？若能，A 应为多少？

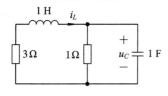

思考与练习 8－14 图　　　　　　　　思考与练习 8－15 图

第9章　正弦交流电路

【内容提要】　本章首先由正弦 RC 电路的经典分析出发，研究正弦激励下稳态响应与微分方程特解的对应关系及特点，由此导出能方便求解正弦稳态响应(特解)的简便而有效的方法——相量法。

学习本章，应着重掌握正弦量及正弦量的相量表示、相量运算、相量图、KCL、KVL 及元件 VAR 的相量形式，阻抗和导纳及相量模型的概念，并要求熟练掌握正弦稳态分析中相量形式的网孔法、节点法、叠加法、等效法等。在本章的应用实例中，我们将介绍电桥法测量阻抗的原理及其应用。

9.1　正弦交流信号

到目前为止，前面各章所讨论的都是在恒定激励作用下电路的响应问题，即直流电阻电路和直流动态电路的分析。从本章开始将研究正弦激励下的电路，并着重讨论正弦稳态时电路的响应。之所以将正弦稳态电路作为重点研究对象，主要基于正弦稳态电路较直流电路更具有普遍意义。首先，在生产和生活中广泛应用的是正弦交流电，无论是发电、传输、供电还是耗电，大多发生在正弦稳态条件下，即使一些需要直流电的地方，也都是通过整流、滤波、稳压等方式将交流电转换为直流电的。其次，从信号分析的角度来看，由傅里叶分析理论可知，任何变化规律复杂的信号，都可以分解成不同幅度、不同频率、不同相位的正弦分量的叠加。因此，研究一个复杂信号激励下的电路的响应，其实质就是研究在不同正弦激励下电路响应的叠加问题。可见，无论是在实际应用中还是在理论分析方面，正弦稳态电路的分析在电子技术领域都占有十分重要的地位。

1. 正弦量的三要素

在电路理论中，将随时间按正弦规律变化的电压或电流统称为正弦交流信号。数学中，正弦量可以用 sin 函数或 cos 函数来表示。在电路分析中，同样也可用 sin 函数或 cos 函数来表示正弦信号，但一定要注意在同一分析过程中，函数形式要统一，不能混用。本书统一采用 cos 函数来表示正弦信号，今后若不做特别说明，则正弦信号一律都指 cos 函数。

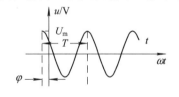

图 9-1　电压的波形

以电压为例，波形如图 9-1 所示的电压，其瞬时表示式为

$$u(t) = U_m \cos(\omega t + \varphi) \text{V} \qquad (9-1)$$

式中，U_m 为电压的振幅，表明正弦信号在整个变化过程中所能达到的最大值；ω 表示单位

时间正弦信号变化的弧度数，称为角频率，单位为弧度/秒（rad/s）。ω 与信号周期 T 及频率 f 的关系为

$$\omega = \frac{2\pi}{T} = 2\pi f \qquad (9-2)$$

$\omega t + \varphi$ 称为正弦信号的相位角，简称"相位"，它表示正弦波变化的进程，正弦信号每变化一周，其相位变化 2π 角度。当 $t=0$ 时，信号的相位角为 φ，它表示信号最初时刻的相位，因此称为初相位或初相角，简称"初相"。

在确定用 cos（或 sin）函数来表示正弦信号的条件下，如果知道了一个正弦信号的振幅、角频率（频率或周期）和初相，就能完全确定该信号的数学表达式或波形图，即一个正弦波可由这三个参数完全确定。所以，这三个参数称为正弦信号的三要素。

2. 正弦量的相位差

两个正弦信号的相位之差称为相位差。注意，只有在两个正弦信号采用同函数、同符号的条件下，我们才能直接将相位相减来求相位差。若信号是不同函数或符号，应先将其化为同函数并同符号，再求相位差。

当两个正弦信号的频率不同时，其相位差是随时间变化的，在不同时刻，相位差具有不同值。例如，设两个正弦电压分别为

$$u_1(t) = U_{1m}\cos(\omega_1 t + \varphi_1)\text{V}, \quad u_2(t) = U_{2m}\cos(\omega_2 t + \varphi_2)\text{V}$$

则 u_1 与 u_2 的相位差 $\Delta\varphi = (\omega_1 t + \varphi_1) - (\omega_2 t + \varphi_2)$ 为时间的函数。

一般来说，我们只考虑同频率信号间的相位差。此时，相位差为一常数。例如，设两正弦电压为

$$u_1(t) = U_{1m}\cos(\omega t + \varphi_1)\text{V}, \quad u_2(t) = U_{2m}\cos(\omega t + \varphi_2)\text{V}$$

则 u_1 与 u_2 的相位差为

$$\Delta\varphi = (\omega t + \varphi_1) - (\omega t + \varphi_2) = \varphi_1 - \varphi_2 \qquad (9-3)$$

上式表明两个同频率正弦信号的相位差等于它们的初相之差。相位差的主值范围为 $-180°\sim180°$。

如果相位差 $\Delta\varphi=0$，则称正弦电压 u_1 与 u_2 同相，如图 9-2(a)所示。此时，u_1 与 u_2 同步，即同时达到正、负最大值，也同时达到零值。

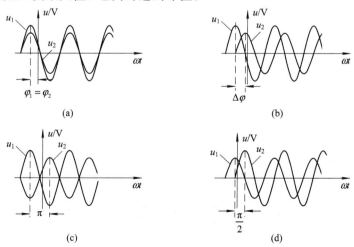

图 9-2　各种相位关系波形图

如果 $\Delta\varphi>0$，则称 u_1 超前于 u_2 或者称 u_2 滞后于 u_1，如图 9-2(b)所示。此时，u_1 比 u_2 提前 $\Delta\varphi$ 达到最大值和零值；反之，若 $\Delta\varphi<0$，则称 u_1 滞后于 u_2 或称 u_2 超前于 u_1。

如果 $\Delta\varphi=\pm\pi$，则称 u_1 与 u_2 反相，如图 9-2(c)所示。此时，u_1 与 u_2 其中一个达到正最大值，另一个恰好达到负最大值。

如果 $\Delta\varphi=\pm\dfrac{\pi}{2}$，则称 u_1 与 u_2 正交,如图 9-2(d)所示。此时，u_1 与 u_2 其中一个达到正或负最大值，另一个恰为零值。

3. 正弦量的有效值

首先介绍周期信号的有效值，由于周期信号的大小是随时间瞬时变化的，因此，它在某一瞬间的值（即瞬时值）只能代表该时刻的大小，不能用来作为衡量其整体效果的参量。而用它们的平均值来衡量，显然也不合适，因为一些特殊的周期信号，如正弦波，在一个周期内的平均值是零。我们能够说正弦信号激励无任何效果吗？显然不能。为此，在电路理论中引入一个用以反映周期信号平均效果（大小）的物理量，即所谓的有效值。

周期信号的有效值定义为：在一个周期内，若周期量与一个直流量所产生的平均（热）效应相等，则该直流量称为这个周期量的有效值。可见，信号的有效值是衡量信号平均作功效果的物理量。依此定义，可得周期信号有效值计算公式。以信号作用于电阻产生的热效应为例，设一周期为 T 的电压信号 u 作用于电阻 R，则 R 在一个周期内所产生的热量（耗能）为 $\int_0^T \dfrac{u^2}{R}\mathrm{d}t$，若在相同时间 T 内，施加于电阻 R 并使之消耗相等能量的直流电压大小为 U，则有

$$\frac{U^2}{R}T = \int_0^T \frac{u^2}{R}\mathrm{d}t$$

故

$$U = \sqrt{\frac{1}{T}\int_0^T u^2\,\mathrm{d}t} \qquad\qquad (9-4)$$

式(9-4)表明，周期信号的有效值等于其瞬时值在一个周期内平均后再开方所得。所以，有效值又称为方均根值。本书用不加下标的大写字母表示有效值。

若周期信号为正弦电压 $u(t)=U_{\mathrm{m}}\cos(\omega t+\varphi)$，则有

$$U = \sqrt{\frac{1}{T}\int_0^T U_{\mathrm{m}}^2\cos^2(\omega t+\varphi)\,\mathrm{d}t} = \sqrt{\frac{1}{T}\int_0^T \frac{U_{\mathrm{m}}^2}{2}\big[\cos(2\omega t+2\varphi)+1\big]\,\mathrm{d}t}$$

得

$$U = \frac{1}{\sqrt{2}}U_{\mathrm{m}} \qquad\qquad (9-5)$$

同理，对于正弦电流可得 $I=\dfrac{1}{\sqrt{2}}I_{\mathrm{m}}$。正弦信号的有效值是振幅的 $\dfrac{1}{\sqrt{2}}$。

9.2 正弦 *RC* 电路分析

这里以一阶 *RC* 电路为例，讨论在正弦电源激励下电路的全响应问题。

如图 9-3 所示一阶 RC 电路中，已知 $U_C(0_-)=0$，$i_s(t)=I_m\cos(\omega t+\varphi_i)$A；$t=0$ 时开关断开，求 $t\geqslant 0$ 时的 $u_C(t)$。

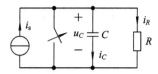

图 9-3　正弦电源激励下的 RC 电路

解　根据 KCL 方程和元件的 VAR，得

$$C\frac{\mathrm{d}u_C}{\mathrm{d}t}+\frac{u_C}{R}=I_m\cos(\omega t+\varphi_i) \tag{9-6}$$

其完全解由齐次（通）解和非齐次（特）解组成：

$$u_C(t)=u_{Ch}+u_{Cp} \tag{9-7}$$

显然，其齐次解为

$$u_{Ch}(t)=Ke^{-\frac{t}{RC}}=Ke^{-\frac{t}{\tau}} \tag{9-8}$$

式中，K 为待定系数，其大小由初始条件确定。

观察式（9-6），等式右边自由项为正弦函数，因此，其特解也为相同频率的正弦函数。故令

$$u_{Cp}(t)=U_m\cos(\omega t+\varphi_u) \tag{9-9}$$

将其代入式（9-6）微分方程以求得待定常数 U_m 及 φ_u，有

$$-\omega CU_m\sin(\omega t+\varphi_u)+\frac{1}{R}U_m\cos(\omega t+\varphi_u)=I_m\cos(\omega t+\varphi_i)$$

令

$$\omega CU_m=A\sin\varphi,\quad \frac{U_m}{R}=A\cos\varphi$$

即

$$A=\sqrt{(\omega CU_m)^2+\left(\frac{U_m}{R}\right)^2},\quad \varphi=\arctan(\omega RC)$$

根据三角形公式

$$\cos\alpha\cos\beta-\sin\alpha\sin\beta=\cos(\alpha+\beta)$$

有

$$A\cos(\omega t+\varphi_u+\varphi)=I_m\cos(\omega t+\varphi_i)$$

所以

$$A=\sqrt{(\omega CU_m)^2+\left(\frac{U_m}{R}\right)^2}=I_m,\quad \varphi_u+\varphi=\varphi_i$$

解得

$$U_m=\frac{I_m}{\sqrt{(\omega C)^2+\left(\frac{1}{R}\right)^2}},\quad \varphi_u=\varphi_i-\arctan(\omega RC)$$

即特解为

$$u_{\mathrm{Cp}}(t) = U_{\mathrm{m}}\cos(\omega t + \varphi_u) = \frac{I_{\mathrm{m}}}{\sqrt{(\omega C)^2 + \left(\dfrac{1}{R}\right)^2}}\cos(\omega t + \varphi_i - \arctan(\omega RC))$$

故完全解为

$$u_C(t) = u_{\mathrm{Ch}} + u_{\mathrm{Cp}} = K\mathrm{e}^{-\frac{t}{RC}} + U_{\mathrm{m}}\cos(\omega t + \varphi_u) \tag{9-10}$$

为确定 K，将初始条件 $u_C(0_+)=0$ 代入式（9-10），得

$$0 = K + U_{\mathrm{m}}\cos\varphi_u$$

即

$$K = -U_{\mathrm{m}}\cos\varphi_u$$

故

$$u_C(t) = (-U_{\mathrm{m}}\cos\varphi_u)\mathrm{e}^{-\frac{t}{\tau}} + U_{\mathrm{m}}\cos(\omega t + \varphi_u)\mathrm{V},\ t \geqslant 0 \tag{9-11}$$

由响应式（9-11）可见，其表达式中的第一项 $(-U_{\mathrm{m}}\cos\varphi_u)\mathrm{e}^{-\frac{t}{\tau}}$ 对应于微分方程的齐次解，它是随时间衰减的响应量，在 $t \to \infty$ 时，该项衰减为零，为电路的暂态响应分量；表达式中的第二项 $U_{\mathrm{m}}\cos(\omega t + \varphi_u)$ 对应于微分方程的非齐次特解，并不随时间衰减，当 $t \to \infty$ 时，暂态过程结束，该项仍然存在，为电路的稳态响应分量，它是具有与激励信号相同频率的正弦量，如图 9-4 所示。其中，U_{m}' 是全响应的最大值。

工程上认为，换路后的电路，经过约 4τ 左右时间，暂态响应过程就已基本结束，此时电路的响应已非常接近于稳态，而过渡过程是非常短暂的，见图 9-4。事实上，许多电子设备都是工作在正弦稳态条件下的，因此，我们无需再考虑其暂态过程。不仅如此，对于通常要求工作在正弦稳态条件下的设备或电路系统而言，暂态过程是不必要和不希望发生的。所以，对正

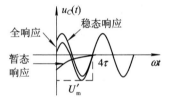

图 9-4 RC 电路的响应

弦激励下电路的稳态响应进行专门研究，具有十分重要的意义，也是今后各章学习的重点。

然而，由上述正弦 RC 电路分析过程可见，当用经典法（时域法）求解正弦激励下电路的稳态响应（即微分方程特解）时，会涉及三角函数的微分及求和运算，求解过程非常繁琐，对于高阶电路，情况则更为复杂。因此，电路理论中，通常采用一种十分简便的方法——相量法来求解电路的正弦稳态响应。这种方法的本质就是将时域信号（时间函数）变换为相量域信号（复数），将时域运算（时间函数微分和求和）对应为相量域运算（复数的乘法和求和）。其目的就是将原来在时域中稳态响应的复杂的求解过程变换为相量域中简单的求解过程，从而简化计算。在信号与系统分析理论中，将这种用其他域来代替经典时域分析的方法称为变换域法。对于模拟信号与系统，常用的变换域法为频域法和复频域法；而对于离散信号与系统，通常采用 Z 域法。在数学上，它们分别与傅里叶变换、拉普拉斯变换和 Z 变换（留数定理）相对应。

9.3 正弦信号的相量表示

由上一节讨论可得到如下结论：对线性非时变电路而言，电路的正弦稳态响应是与激励信号具有相同频率的正弦量。因此，只需求得响应的振幅和初相，响应函数即可唯一确

定。换言之，必须找到一种既携带有正弦量振幅和初相信息，又能代替正弦量计算且计算方便的中间变量。根据工程数学中的复变函数理论，正弦量是可以用复变函数来表示的，其振幅和相位与复指数函数的模和辐角有着对应关系。因此，我们很自然地会联想到用复数量来表示正弦量。以下将要介绍的相量即与正弦量有着对应关系的复数。所谓相量就是正弦量的复数表示形式，相量表示法的实质就是复数表示法。

1. 复数

由于相量即复数，所以，相量的表示即复数的表示，相量的计算即复数的计算。为此，首先对复数及其运算做一简单回顾。

（1）复数的表示。复数既可表示为代数型，也可表示为指数型（极型）。如复数 X 可表示为

$$X = a + jb \qquad\qquad 代数型$$
$$= |X| e^{j\varphi} = |X| \angle \varphi \qquad 指数型（极型）$$

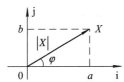

其中，$j = \sqrt{-1}$ 为虚单位；a、b 均为实数，分别是 X 的实部和虚部。$|X|$ 为 X 的模，φ 为 X 的辐角。

对应复数的两种表示形式，复数既可以用直角坐标也可以用极坐标在复平面上表示，如图 9-5 所示。显然，复数的

图 9-5　复数的两种坐标表示

代数型和指数型之间可相互转换，其转换关系为

$$|X| = \sqrt{a^2 + b^2}, \varphi = \arctan \frac{b}{a} \quad （将代数型转换为指数型）\qquad (9-12)$$

$$a = |X| \cos\varphi, b = |X| \sin\varphi \quad （将指数型转换为代数型）\qquad (9-13)$$

对复数做取实和取虚运算，有

$$Re[X] = a, Im[X] = b$$

式中，Re 表示取 X 的实部，Im 表示取 X 的虚部。可以将它们理解为一种算子，复数经过这种运算后即分别得出该复数的实部和虚部。

（2）复数的四则运算。

设复数

$$X_1 = a_1 + jb_1 = |X_1| \angle \varphi_1, \quad X_2 = a_2 + jb_2 = |X_2| \angle \varphi_2$$

则有复数的加减：

$$X_1 \pm X_2 = (a_1 \pm a_2) + j(b_1 \pm b_2) \qquad (9-14)$$

复数乘：

$$X_1 \cdot X_2 = |X_1||X_2| \angle (\varphi_1 + \varphi_2) \qquad (9-15)$$

复数除：

$$\frac{X_1}{X_2} = \frac{|X_1|}{|X_2|} \angle (\varphi_1 - \varphi_2) \qquad (9-16)$$

2. 用相量表示正弦信号

根据复数表示法则，对复指数函数 $U_m e^{j(\omega t + \varphi)}$，有

$$U_m e^{j(\omega t + \varphi)} = U_m \cos(\omega t + \varphi) + j U_m \sin(\omega t + \varphi)$$

设某正弦电压为 $u(t) = U_m \cos(\omega t + \varphi)$，则有

$$u(t) = \text{Re}[U_m e^{j(\omega t + \varphi)}] = \text{Re}[U_m e^{j\varphi} \cdot e^{j\omega t}] = \text{Re}[\dot{U}_m e^{j\omega t}]$$

式中，$\dot{U}_m = U_m e^{j\varphi} = U_m \angle \varphi$。

  复数 $\dot{U}_m$ 的模和辐角分别为正弦电压的振幅和初相，只需将它与 $e^{j\omega t}$ 相乘并做取实运算，就能得到所需的正弦信号。这样，在正弦信号与复数之间就建立起了对应关系。为与其他普通复数量相区别，通常规定在这个用以表示正弦信号的复数量符号上方必须加上符号"·"或"＊"，并将之称为相量。

  正弦信号对应的相量有振幅相量和有效值相量。其中，模值为对应正弦信号的振幅的相量，为振幅相量；若其模值为对应正弦信号的有效值，则称为有效值相量。若无特殊说明，本书中一概以下标 m 表示振幅相量，无下标 m 的为有效值相量。相量的单位与对应正弦量的单位相同。如某正弦电压、电流为

$$u(t) = U_m \cos(\omega t + \varphi_u) \text{V}, \quad i(t) = I_m \cos(\omega t + \varphi_i) \text{A}$$

则其对应的振幅相量为

$$\dot{U}_m = U_m e^{j\varphi_u} = U_m \angle \varphi_u \text{V}, \quad \dot{I}_m = I_m e^{j\varphi_i} = I_m \angle \varphi_i \text{A}$$

有效值相量为

$$\dot{U} = U e^{j\varphi_u} = U \angle \varphi_u \text{V}, \quad \dot{I} = I e^{j\varphi_i} = I \angle \varphi_i \text{A}$$

其中，U、I 分别为对应的正弦电压、电流的有效值。

  显然

$$\dot{U} = \frac{1}{\sqrt{2}} \dot{U}_m, \quad \dot{I} = \frac{1}{\sqrt{2}} \dot{I}_m \tag{9-17}$$

  应当注意，相量只是正弦量的一种表示形式，它们之间是对应关系而不是相等关系。相量的引入可以使正弦量的计算变得简单方便。

  3. 相量计算

  相量的实质就是复数，因此，相量计算遵循复数计算原则。一般来说，相量（复数）的加减用代数型（直角坐标形式）计算较为方便；而相量（复数）的乘除则采用指数型（极坐标形式）计算较为方便。因此，在相量（复数）计算过程中，通常必须在这两种形式之间不断转换。另外，也可以将相量（复数）直接绘制在复平面上，并根据平行四边形法则来计算两相量（复数）的和或差。若将相量绘制在复平面上，这样构成的图称为相量图，用相量图求解相量的方法称为相量图法。在工程计算的某些场合，采用相量图法比用相量代数型计算更方便、快捷。

  【例 9-1】 已知正弦电压、电流如下，写出对应的振幅相量和有效值相量。

(1) $u(t) = 3\sqrt{2} \cos(2t + 45°)$ V；

(2) $i(t) = 5\cos(3t + 30°)$ V。

  解 (1) $\dot{U}_m = 3\sqrt{2} \angle 45°$ V，$\dot{U} = 3 \angle 45°$ V

    (2) $\dot{I}_m = 5 \angle 30°$ A，$\dot{I} = \dfrac{5}{\sqrt{2}} \angle 30°$ A

  【例 9-2】 已知正弦电压、电流对应的相量如下，写出信号表达式。

(1) $\dot{U} = 5 \angle 30°$ V，$\omega = 4$ rad/s；

(2) $\dot{I}_m = 2.5 + j4.34$ A，角频率为 ω。

解　(1) $u(t)=5\sqrt{2}\cos(4t+30°)\text{V}$

(2) $\dot{I}_{\text{m}}=2.5+\text{j}4.34=\sqrt{2.5^2+4.34^2}\angle\arctan\dfrac{4.34}{2.5}\approx5\angle60°\text{A}$

$i(t)=5\cos(\omega t+60°)\text{A}$

【例 9 - 3】　化下列复数(相量)为直角坐标形式。

(1) $16\angle90°$；(2) $7\angle-60°$；(3) $10\angle180°$。

解　(1) $16\angle90°=16[\cos90°+\text{j}\sin90°]=\text{j}16$

(2) $7\angle-60°=7[\cos(-60°)+\text{j}\sin(-60°)]\approx3.5-\text{j}6.1$

(3) $10\angle180°=10[\cos180°+\text{j}\sin180°]=-10$

【例 9 - 4】　化下列复数(相量)为极坐标形式。

(1) $1+\text{j}$；(2) $6-\text{j}4$；(3) $-\text{j}8$；(4) $-3-\text{j}4$。

解　(1) $1+\text{j}=\sqrt{1^2+1^2}\angle\arctan\dfrac{1}{1}=\sqrt{2}\angle45°$

(2) $6-\text{j}4=\sqrt{6^2+(-4)^2}\angle\arctan\dfrac{-4}{6}\approx7.2\angle-33.7°$

(3) $-\text{j}8=\sqrt{0^2+(-8)^2}\angle\arctan\dfrac{-8}{0}=8\angle-90°$

(4) $-3-\text{j}4=\sqrt{(-3)^2+(-4)^2}\angle\arctan\dfrac{-4}{-3}\approx5\angle233.1°$

注意，在以上换算过程中，辐角由复数所在象限来决定，因此在计算时应将实部和虚部的符号代入。另外，通常查表所得角度数在$-90°\sim90°$之间，即处于第四和第一象限；若辐角在第二、三象限，则需在查表所得的角度上加或减 180°。

【例 9 - 5】　已知相量 $\dot{A}_1=6-\text{j}4$，$\dot{A}_2=7+\text{j}3$。

(1) 求 $\dfrac{\dot{A}_1}{\dot{A}_2}$；(2) 求 $\dot{A}_1+\dot{A}_2$，化为极坐标形式并画相量图。

解　(1) $\dfrac{\dot{A}_1}{\dot{A}_2}=\dfrac{6-\text{j}4}{7+\text{j}3}=\dfrac{7.2\angle-33.7°}{7.6\angle23.2°}\approx0.9\angle-56.9°$

(2) $\dot{A}_1+\dot{A}_2=6-\text{j}4+7+\text{j}3=13-\text{j}1\approx13\angle-4.4°$

其相量图如图 9 - 6 所示。

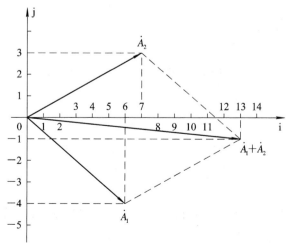

图 9 - 6　例 9 - 5(2)相量图

9.4　KCL 和 KVL 的相量形式

集总参数电路的分析依据就是两种约束关系，即由基尔霍夫定律描述的拓扑约束和由各类元件伏安关系确定的元件约束。在前面直流电阻电路和动态电路的分析中，所有得到推导并应用的分析方法，包括网络方程法及等效法等，其来源都是两类约束。同样，正弦稳态电路的分析依据仍然是两类约束。因此，建立两种约束关系的相量形式表达式就显得十分必要。为此，我们首先讨论 KCL、KVL 的相量形式。

1. KCL 的相量形式

根据基尔霍夫电流定律，在任一时刻，流入节点的电流的代数和为零。假设 $i_1 \sim i_n$ 为连接某节点的 n 条支路的支路电流，如图 9-7 所示，则在任一时刻，

$$\sum_{k=1}^{n} i_k(t) = 0 \qquad (9-18)$$

图 9-7　KCL 用图

若电路工作在正弦稳定状态，各支路电流都是同频率的正弦量，只有振幅和初相不同，则式(9-18)可写成复数形式：

$$\sum_{k=1}^{n} \mathrm{Re}[\dot{I}_{km} e^{j\omega t}] = 0 \qquad (9-19)$$

其中，$\dot{I}_{km} = I_{km} \angle \varphi_k$ 为 $i_k(t)$ 的振幅相量。由式(9-19)得

$$\mathrm{Re}\Big[\sum_{k=1}^{n} \dot{I}_{km} e^{j\omega t}\Big] = 0$$

即

$$\sum_{k=1}^{n} \dot{I}_{km} = 0 \qquad (9-20)$$

不难推出，若 $\dot{I}_k$ 为 $i_k(t)$ 的有效值相量，则有

$$\sum_{k=1}^{n} \dot{I}_k = 0 \qquad (9-21)$$

式(9-20)和式(9-21)表明：在正弦稳态电路中，任一时刻，流入任一节点的各支路电流相量的代数和为零。此即 KCL 的相量描述。

2. KVL 的相量形式

同理，若 $u_1 \sim u_n$ 为任一闭合回路中的各支路电压，在正弦稳态条件下，KVL 的相量形式为

$$\sum_{k=1}^{n} \dot{U}_{km} = 0 \qquad (9-22)$$

或

$$\sum_{k=1}^{n} \dot{U}_k = 0 \qquad (9-23)$$

式中，$\dot{U}_{km}$ 和 $\dot{U}_k$ 分别为回路中第 k 条支路电压 u_k 的振幅相量和有效值相量。

式(9-22)和式(9-23)表明：在正弦稳态电路中，任一时刻，沿任一闭合回路，各支路

电压相量的代数和为零。此即 KVL 的相量描述。

由此可见，基尔霍夫电流定律、电压定律在正弦稳态电路中的相量形式与时域形式是一致的，只是在具体描述和分析计算中二者才有着很大区别。

【例 9 - 6】　如图 9 - 8(a)所示，已知 $i_1(t) = 3\sqrt{2}\,\cos\omega t\,\mathrm{A}$，$i_2(t) = 4\sqrt{2}\,\cos(\omega t + 90°)$ A，求 A_3 表的读数。

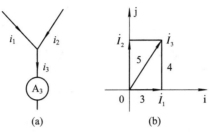

图 9 - 8　例 9 - 6 图

解　方法一（采用相量代数运算）：

求 A_3 表的读数，即求 i_3 的有效值，也就是 i_3 对应有效值相量的模，所以采用有效值相量进行计算，有

$$\dot{I}_1 = 3\angle 0° = 3\ \mathrm{A}$$
$$\dot{I}_2 = 4\angle 90° = \mathrm{j}4\ \mathrm{A}$$

由 KCL 方程得

$$\dot{I}_3 = \dot{I}_1 + \dot{I}_2 = 3 + \mathrm{j}4\ \mathrm{A}$$

其模值为

$$I_3 = \sqrt{3^2 + 4^2} = 5\ \mathrm{A}$$

故 A_3 表读数为 5 A。

方法二（向量图法）：

将 $\dot{I}_1$、$\dot{I}_2$ 绘制在复平面上，如图 9 - 8(b)所示。根据平行四边形法则，绘出 $\dot{I}_1$、$\dot{I}_2$ 的和相量 $\dot{I}_3$，其模值即为 A_3 表读数。显然，有 $I_3 = \sqrt{3^2 + 4^2} = 5\ \mathrm{A}$。

【例 9 - 7】　已知 $u_{ab}(t) = -10\,\cos(\omega t + 60°)\mathrm{V}$，$u_{bc}(t) = 8\,\sin(\omega t + 120°)\mathrm{V}$，求 $u_{ac}(t)$。

解
$$u_{bc}(t) = 8\,\sin(\omega t + 120°) = 8\,\cos(\omega t + 30°)$$
$$\dot{U}_{abm} = 10\angle(60° + 180°) = -5 - \mathrm{j}8.66\ \mathrm{V}$$
$$\dot{U}_{bcm} = 8\angle(120° - 90°) = 6.93 - \mathrm{j}4\ \mathrm{V}$$
$$\dot{U}_{acm} = \dot{U}_{abm} + \dot{U}_{bcm} = 1.93 - \mathrm{j}4.66 = 5.04\angle -67.5°\ \mathrm{V}$$

故
$$u_{ac}(t) = 5.04\,\cos(\omega t - 67.5°)\mathrm{V}$$

9.5　R、L、C 元件 VAR 的相量形式

设元件的端电压和电流为关联参考方向，如图 9 - 9 所示。正弦稳态时，其端电压和流过的电流分别为

$$u(t) = \sqrt{2}U\cos(\omega t + \varphi_u), \quad i(t) = \sqrt{2}I\cos(\omega t + \varphi_i)$$

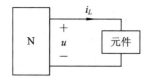

图 9-9 VAR 用图

对应相量为

$$\dot{U}=U\angle\varphi_u,\quad \dot{I}=I\angle\varphi_i$$

下面分别讨论电阻、电感与电容元件的 $\dot{U}$ 和 $\dot{I}$ 的关系。

1. 电阻元件 VAR 的相量形式

根据欧姆定律，在任一时刻，电阻端电压与流过的电流瞬时关系为

$$u(t)=Ri(t)$$

即

$$\text{Re}[\sqrt{2}\dot{U}\text{e}^{j\omega t}]=R\cdot\text{Re}[\sqrt{2}\dot{I}\text{e}^{j\omega t}],\quad \text{Re}[\sqrt{2}\dot{U}\text{e}^{j\omega t}]=\text{Re}[R\sqrt{2}\dot{I}\text{e}^{j\omega t}]$$

故有

$$\dot{U}=R\dot{I} \tag{9-24}$$

或

$$\dot{U}_{\text{m}}=R\dot{I}_{\text{m}} \tag{9-25}$$

式(9-24)和式(9-25)即电阻元件 VAR 的相量形式，与时域中欧姆定律表示式在形式上是完全相同的。它们不仅表征了正弦稳态时电阻电压与电流的大小关系，也包含了电压与电流相位关系信息。由式(9-24)有

$$U\angle\varphi_u=RI\angle\varphi_i$$

由复数相等条件可得

$$\begin{cases} U=RI & (9-26) \\ \varphi_u=\varphi_i & (9-27) \end{cases}$$

式(9-25)表明了正弦稳态时电阻上电压有效值与电流有效值之间的关系，即电压、电流大小关系，符合欧姆定律。式(9-26)表明电阻的电压与电流同相。其波形图和相量图如图 9-10(a)、(b)所示。

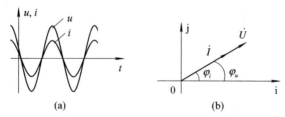

图 9-10 正弦稳态电阻的电压与电流关系图

2. 电容元件 VAR 的相量形式

根据电容元件的 VAR，在任一时刻，其电流和电压的瞬时关系为

$$i(t)=C\frac{\text{d}u}{\text{d}t}$$

即

$$\mathrm{Re}[\sqrt{2}\,\dot{I}\mathrm{e}^{\mathrm{j}\omega t}] = C\frac{\mathrm{d}}{\mathrm{d}t}[\sqrt{2}\,\dot{U}\mathrm{e}^{\mathrm{j}\omega t}]$$

$$\mathrm{Re}[\sqrt{2}\,\dot{I}\mathrm{e}^{\mathrm{j}\omega t}] = [\mathrm{j}\omega C\sqrt{2}\,\dot{U}\mathrm{e}^{\mathrm{j}\omega t}]$$

故有

$$\dot{I} = \mathrm{j}\omega\,C\dot{U} \tag{9-28}$$

或

$$\dot{I}_\mathrm{m} = \mathrm{j}\omega\,C\dot{U}_\mathrm{m} \tag{9-29}$$

式(9-28)和式(9-29)即电容元件 VAR 的相量形式。同样这一关系式不仅反映了正弦稳态时电容上电压与电流的大小关系，也反映了相位关系。由式(9-28)有

$$I\angle\varphi_i = \mathrm{j}\omega CU\angle\varphi_u = \omega CU\angle(\varphi_u + 90°)$$

根据复数相等条件，得

$$\begin{cases} I = \omega\,CU & (9-30) \\ \varphi_i = \varphi_u + 90° & (9-31) \end{cases}$$

式(9-30)表明正弦稳态时，电容的电压与电流大小关系与 ω 有关，这点与电阻元件不同。在 U 一定的条件下，ω 越大，则 I 越大；反之，ω 越小，则 I 也越小。特别的，若 $\omega=0$，即直流情况下，$I=0$，相当于开路。这就是说，电容元件对高频信号所呈现的阻力小，而对低频信号所呈现的阻力大，具有通高频、阻低频，通交流、阻直流的特性。式(9-31)表明电容电流超前电压 90°，即它们是正交的。相应的波形图和相量图分别如图 9-11(a)、(b)所示。

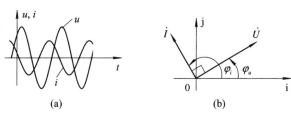

图 9-11　正弦稳态电容的电压与电流关系图

3. 电感元件 VAR 的相量形式

利用电容元件与电感元件 VAR 的对偶关系，可将式(9-28)、式(9-29)中的电压相量与电流相量互换，并将 C 换成 L，就可得到电感元件 VAR 的相量形式：

$$\dot{U} = \mathrm{j}\omega L\dot{I} \tag{9-32}$$

$$\dot{U}_\mathrm{m} = \mathrm{j}\omega L\dot{I}_\mathrm{m} \tag{9-33}$$

同理有

$$U = \omega LI \tag{9-34}$$

$$\varphi_u = \varphi_i + 90° \tag{9-35}$$

根据式(9-34)，显然，在 U 一定的条件下，ω 越大，则电感电流 I 越小；反之，若 ω 越小，则 I 越大。特别的，若 $\omega=0$，即直流情况下，则无论 I 为何值，都有 $U=0$，相当于短路。因此，电感元件具有通低频、阻高频，通直流、阻交流的特性。另外，由式(9-35)可知，电感电压超前于电流 90°。这些性质都与电容元件的对应性质相反，如图 9-12 所示。

在实际应用中，常利用电容和电感的这些性质，设计制作滤波电路以滤除电路中不需要的频率成分。

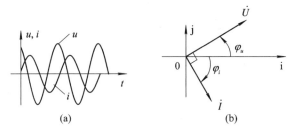

图 9-12　正弦稳态电感的电压与电流关系图

【例 9-8】 电路如图 9-13 所示，已知 V_1 表读数为 80 V，V_2 表读数为 60 V，试求 V 表读数。

解　相量图法：

由 KVL 有

$$\dot{U}_s = \dot{U}_R + \dot{U}_C$$

考虑到电路元件为串联，故以电流 $\dot{I}$ 为参考相量。根据电阻及电容元件的电压、电流相位关系作相量图，如图 9-14 所示。显然，

$$U_s = \sqrt{U_R^2 + U_C^2} = 100 \text{ V}$$

即 V 表读数为 100 V。

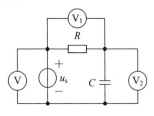

图 9-13　例 9-8 电路图

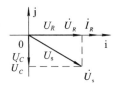

图 9-14　例 9-8 相量图

【例 9-9】 电路如图 9-15 所示，已知 $u_s(t) = 120\sqrt{2}\cos(1000t + 90°)$V，求 $i(t)$ 并画出相量图。

解　由元件 VAR 有

$$\dot{I}_R = \frac{\dot{U}_s}{R} = \frac{120\angle 90°}{15} = j8 \text{ A}$$

$$\dot{I}_L = \frac{\dot{U}_s}{j\omega L} = \frac{120\angle 90°}{j1000 \times 30 \times 10^{-3}} = 4 \text{ A}$$

$$\dot{I}_C = j\omega C\dot{U}_s = j1000 \times 83.3 \times 10^{-6} \times 120\angle 90° = -10 \text{ A}$$

由 KCL 有

$$\dot{I} = \dot{I}_R + \dot{I}_L + \dot{I}_C = -6 + j8 = 10\angle 127° \text{ A}$$

故

$$i(t) = 10\sqrt{2}\cos(1000t + 127°) \text{ A}$$

相量图如图 9-16 所示。

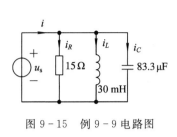

图 9-15　例 9-9 电路图

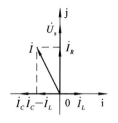

图 9-16　例 9-9 相量图

9.6　阻抗和导纳

1. 元件的阻抗和导纳

由 9.5 节讨论可知：在采用关联参考方向时，电阻、电容和电感元件 VAR 的相量形式分别为

$$\dot{U}_R = R\dot{I}_R, \quad \dot{I}_C = j\omega C\dot{U}_C, \quad \dot{U}_L = j\omega L\dot{I}_L$$

在电路理论中，将正弦稳态电路中元件的电压相量与电流相量之比定义为该元件的阻抗，以 Z 表示，单位为欧姆（Ω）；并将阻抗的倒数定义为导纳，用 Y 表示，单位为西门子（S），即

$$Z = \frac{\dot{U}}{\dot{I}} \qquad (9-36)$$

$$Y = \frac{\dot{I}}{\dot{U}} \qquad (9-37)$$

显然，电阻、电容和电感元件的阻抗和导纳分别为

$$Z_R = R, \qquad Y_R = \frac{1}{R}$$

$$Z_C = \frac{1}{j\omega C}, \qquad Y_C = j\omega C$$

$$Z_L = j\omega L, \qquad Y_L = \frac{1}{j\omega L}$$

引入阻抗和导纳的概念后，三种元件 VAR 的相量关系式就可以统一为

$$\dot{U} = Z\dot{I}（或 \dot{I} = Y\dot{U}） \qquad (9-38)$$

式 (9-38) 与欧姆定律 $u = Ri$ 形式十分相似，常被称为欧姆定律的相量形式。显然，阻抗和导纳都是复数，但要注意它们不是相量，相量是用来表示正弦信号的复数量。

2. 阻抗（导纳）的串、并联及 T-Π 等效

阻抗的串、并联及 T-Π 等效与电阻相同，区别只在于电阻合并进行实数运算，而阻抗合并需进行复数运算。下面直接给出阻抗的 T-Π 等效计算公式，推导过程在此省略。

$$\text{T-Π 变换：} \begin{cases} Z_{12} = \dfrac{Z_1 Z_2 + Z_2 Z_3 + Z_1 Z_3}{Z_3} \\[2mm] Z_{23} = \dfrac{Z_1 Z_2 + Z_2 Z_3 + Z_1 Z_3}{Z_1} \\[2mm] Z_{13} = \dfrac{Z_1 Z_2 + Z_2 Z_3 + Z_1 Z_3}{Z_2} \end{cases} \qquad (9-39)$$

$$\text{II-T 变换：}\begin{cases} Z_1 = \dfrac{Z_{12}Z_{13}}{Z_{12}+Z_{13}+Z_{23}} \\[2ex] Z_2 = \dfrac{Z_{12}Z_{23}}{Z_{12}+Z_{13}+Z_{23}} \\[2ex] Z_3 = \dfrac{Z_{13}Z_{23}}{Z_{12}+Z_{13}+Z_{23}} \end{cases} \tag{9-40}$$

3. 二端网络的阻抗和导纳

对于任意无源二端网络，在正弦稳态下，如图 9-17 所示。设其电压、电流分别为

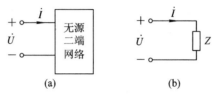

图 9-17　无源二端网络等效阻抗图

$$\dot{U} = U\angle\varphi_u, \quad \dot{I} = I\angle\varphi_i$$

根据阻抗定义，有

$$Z = \frac{\dot{U}}{\dot{I}} = \frac{U}{I}\angle(\varphi_u-\varphi_i) \tag{9-41}$$

显然，Z 为复数。设

$$Z = R + jX = |Z|\angle\varphi_Z \tag{9-42}$$

则

$$|Z| = \sqrt{R^2+X^2} = \frac{U}{I} \tag{9-43}$$

$$\varphi_Z = \arctan\frac{X}{R} = \varphi_u-\varphi_i \tag{9-44}$$

$|Z|$ 和 φ_Z 分别称为阻抗模和阻抗角。可见，阻抗模的大小等于网络端口电压、电流的幅度比值，而阻抗角的大小即电压超前于电流的角度。显然，对电阻、电容和电感元件而言，其阻抗角分别为 $0°$、$-90°$ 和 $90°$。对于无源网络，φ_Z 应在 $-90°\sim90°$ 之间。若 $\varphi_Z>0$，则该网络呈感性；若 $\varphi_Z<0$，则网络呈容性。

R 和 X 分别为 Z 的实部和虚部，工程上称它们为电阻分量和电抗分量，单位都为欧姆（Ω）。在时域等效电路中，阻抗的实部相当于电阻，阻抗的虚部相当于电容或电感元件。但要注意：电阻分量并不只由网络中的电阻所决定，电抗分量也不只由网络中的动态元件来决定，而是与网络中的所有元件参数有关，并且与激励信号的角频率 ω 有关。特别地，对于电容和电感元件，其电抗分别为 $X_C=-\dfrac{1}{\omega C}$ 和 $X_L=\omega L$，称为容抗和感抗。

同理，将导纳定义推广到二端网络，有

$$Y = \frac{\dot{I}}{\dot{U}} = \frac{I}{U}\angle(\varphi_i-\varphi_u) \tag{9-45}$$

设

$$Y = G + jB = |Y|\angle\varphi_Y \tag{9-46}$$

则

$$|Y| = \sqrt{G^2 + B^2} = \frac{I}{U} \qquad (9-47)$$

$$\varphi_Y = \arctan\frac{B}{G} = \varphi_i - \varphi_u \qquad (9-48)$$

$|Y|$ 为导纳模，等于网络端口电流、电压的幅度比值。φ_Y 为导纳角，为电流超前电压的角度。对电阻、电容和电感元件，导纳角分别为 $0°$、$90°$ 和 $-90°$。无源网络的 φ_Y 应在 $-90° \sim 90°$ 之间。若 $\varphi_Y > 0$，网络呈容性；若 $\varphi_Y < 0$，网络呈感性。

Y 的实部 G 和虚部 B，分别称为电导分量和电纳分量，单位都为西门子(S)。在时域等效电路中，分别相当于电导和电容或电感元件。当然，电导分量和电抗分量都与网络中所有元件参数有关，也与激励信号的角频率 ω 有关。对于电容和电感元件，其电纳 $B_C = \omega C$ 和 $B_L = -\dfrac{1}{\omega L}$ 分别称为容纳和感纳。

显然，二端网络的阻抗和导纳有以下关系：

$$Y = \frac{1}{Z}, \quad |Y| = \frac{1}{|Z|}, \quad \varphi_Y = -\varphi_Z \qquad (9-49)$$

需要注意：

$$\mathrm{Re}[Y] = G \neq \frac{1}{\mathrm{Re}[Z]} = \frac{1}{R}$$

4. 电路的相量模型

由前面的讨论可知，引入相量概念后，正弦稳态电路的所有变量(正弦量)与它们的相量相对应，所有元件(R、C、L)与它们的阻抗(或导纳)相对应。为方便正弦稳态电路的分析计算，通常将其时域电路中的所有元件用其阻抗(或导纳)来表示，电压和电流则用它们对应的相量来表示，这样得到一种假想的电路模型，称为相量模型。由相量模型，可以根据两类约束(基尔霍夫定律及元件伏安关系)直接列写相量方程，求解响应相量，得到正弦稳态响应。

【例 9 - 10】 电路如图 9 - 18(a)所示，已知 $u_s(t) = \sqrt{2}\cos(2\pi \times 800t)$，求 $i(t)$、$u_L(t)$、$u_C(t)$。

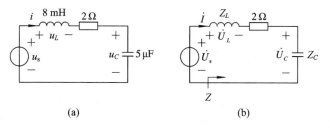

(a)　　　　　　　　　　(b)

图 9 - 18　例 9 - 10 图

解　(1) 画电路的相量模型，如图 9 - 18(b)所示，其中

$$\dot{U}_s = 1\angle 0°$$

$$Z_L = \mathrm{j}\omega L = \mathrm{j}2\pi \times 800 \times 8 \times 10^{-3} = \mathrm{j}40.2 \ \Omega$$

$$Z_C = \frac{1}{\mathrm{j}\omega C} = \frac{1}{\mathrm{j}2\pi \times 800 \times 5 \times 10^{-6}} = -\mathrm{j}39.8 \ \Omega$$

（2）求解响应相量：

$$Z = R + Z_L + Z_C = 2 + j0.4 = 2.04\angle 11.3° \ \Omega$$

$$\dot{I} = \frac{\dot{U}_s}{Z} = \frac{1}{2.04\angle 11.3°} = 0.49\angle -11.3° \text{A}$$

$$\dot{U}_L = Z_L\dot{I} = j40.2\times 0.49\angle -11.3° = 19.7\angle 78.7° \text{ V}$$

$$\dot{U}_C = Z_C\dot{I} = -j39.8\times 0.49\angle -11.3° = 19.5\angle -101.3° \text{ V}$$

（3）写出对应响应相量：

$$i(t) = 0.49\sqrt{2}\cos(2\pi\times 800t - 11.3°)$$

$$u_L(t) = 19.7\sqrt{2}\cos(2\pi\times 800t + 78.7°)$$

$$u_C(t) = 19.5\sqrt{2}\cos(2\pi\times 800t - 101.3°)$$

【例 9-11】 电路如图 9-19(a)所示，已知 $i_s(t) = (8\cos t - 11\sin t)$A，求电压 $u(t)$。

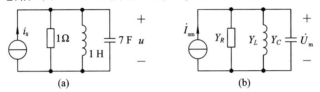

图 9-19　例 9-11 图

解　（1）画相量模型，如图 9-19(b)所示，其中

$$\dot{I}_{sm} = 8 + j11 \text{ A}$$

$$Y_C = j\omega C = j7 \text{ S}$$

$$Y_L = \frac{1}{j\omega L} = \frac{1}{j1} = -j1 \text{ S}$$

$$Y_R = 1 \text{ S}$$

（2）求解响应相量：

$$Y = Y_R + Y_L + Y_C = 1 + j6 \text{ S}$$

$$\dot{U}_m = \frac{\dot{I}_{sm}}{Y} = \frac{8+j11}{1+j6} = 2-j = \sqrt{5}\angle -26.56° \text{ V}$$

（3）写出对应响应相量：

$$u(t) = \sqrt{5}\cos(t - 26.56°)$$

9.7　正弦稳态电路的相量法分析

我们知道，集总参数电路的分析依据就是基尔霍夫定律和元件伏安特性。在此之前，直流电阻电路分析中所推导的一切分析方法，包括网络方程法、等效法等都是在这两类约束的基础上建立的。将直流电阻电路的 VAR、KCL、KVL 和正弦稳态电路的 VAR、KCL、KVL 的相量形式做一比较：

　　　　　　直流电阻电路　　　　　　正弦稳态电路

VAR：　　$u = Ri$　　　　　　　$\dot{U} = Z\dot{I}$

KCL：　　$\sum_{k=1}^{n} i_k = 0$　　　　　$\sum_{k=1}^{n} \dot{I}_k = 0$

KVL：
$$\sum_{k=1}^{n} u_k = 0 \qquad\qquad \sum_{k=1}^{n} \dot{U}_k = 0$$

可以发现，它们具有相同的形式。因此，电阻电路中所用到的一切分析方法都适用于正弦稳态电路，不同的仅是电阻电路中的电流、电压变量在此对应为相量，而电阻则与元件阻抗相对应，也就是说，只需将正弦稳态电路的时域模型转化为相量模型，就可当成电阻电路一样，应用网孔法、节点法、等效法等分析电路。当然，此时列出的电路方程不再是实代数方程，而是复代数方程。下面通过例题说明这些分析方法。

1. 网孔法

与直流电阻电路类似，一个具有 3 个网孔的电路，设其网孔电流相量分别为 $\dot{I}_1$、$\dot{I}_2$、$\dot{I}_3$，则有

$$\begin{cases} Z_{11}\dot{I}_1 + Z_{12}\dot{I}_2 + Z_{13}\dot{I}_3 = \dot{U}_{s11} \\ Z_{21}\dot{I}_1 + Z_{22}\dot{I}_2 + Z_{23}\dot{I}_3 = \dot{U}_{s22} \\ Z_{31}\dot{I}_1 + Z_{32}\dot{I}_2 + Z_{33}\dot{I}_3 = \dot{U}_{s33} \end{cases}$$

式中，Z_{ii} 为第 i 个网孔的自阻抗，为该网孔所有阻抗之和。$Z_{ij}(i \neq j)$ 为第 i 个网孔与第 j 个网孔的互阻抗，为这两个网孔共有支路的阻抗，若两网孔电流流过该阻抗时方向一致，则取正值；反之取负值。$\dot{U}_{sii}$ 为第 i 个网孔中沿网孔电流方向所有电源电压相量升的代数和。此结论可扩展到具有 k 个网孔的电路。

【例 9 - 12】　如图 9 - 20(a)所示，已知 $u_{s1}(t) = 10\cos t$ V，$u_{s2}(t) = 20\cos(t+60°)$ V，求 $i_1(t)$。

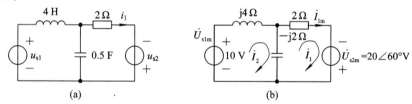

图 9 - 20　例 9 - 12 图

解　（1）画电路的相量模型，如图 9 - 20(b)所示，设网孔电流为 $\dot{I}_1$、$\dot{I}_2$。

（2）编写网孔方程：

$$\begin{cases} (2-\mathrm{j}2)\dot{I}_1 + \mathrm{j}2\dot{I}_2 = 20\angle 60° \\ \mathrm{j}2\dot{I}_1 + (\mathrm{j}4-\mathrm{j}2)\dot{I}_2 = 10 \end{cases}$$

解得

$$\dot{I}_1 = 3.87\angle 153.4° \text{ A}$$

（3）对应响应相量为

$$i_1(t) = 3.87\cos(t+153.4°)$$

【例 9 - 13】　已知交流电桥电路相量模型如图 9 - 21 所示，求电桥平衡(即 $\dot{I}=0$)的条件。

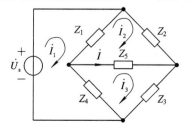

图 9 - 21　例 9 - 13 图

解 由图编写网孔方程得

$$\begin{cases} (Z_1+Z_4)\dot{I}_1 - Z_1\dot{I}_2 - Z_4\dot{I}_3 = \dot{U}_s \\ -Z_1\dot{I}_1 + (Z_1+Z_2+Z_5)\dot{I}_2 - Z_5\dot{I}_3 = 0 \\ -Z_4\dot{I}_1 - Z_5\dot{I}_2 + (Z_3+Z_4+Z_5)\dot{I}_3 = 0 \end{cases}$$

解得

$$\dot{I}_2 = \frac{Z_4 Z_5 + Z_1(Z_3+Z_4+Z_5)}{\Delta}\dot{U}_s$$

$$\dot{I}_3 = \frac{Z_1 Z_5 + Z_4(Z_1+Z_2+Z_5)}{\Delta}\dot{U}_s$$

式中，Δ 为系数矩阵的行列式值。

故

$$\dot{I} = \dot{I}_3 - \dot{I}_2 = \frac{Z_2 Z_4 + Z_1 Z_3}{\Delta}\dot{U}_s$$

令 $\dot{I}=0$，得电桥平衡条件：

$$Z_2 Z_4 = Z_1 Z_3$$

在电子测量技术中，交流电桥可用来测量电路阻抗以及电路元件(电阻、电容及电感)值。在本章的应用实例中，我们将会详细讨论。

2. 节点法

同理，一个含有 3 个独立节点的电路，设其节点电压相量分别为 $\dot{U}_{n1}$、$\dot{U}_{n2}$、$\dot{U}_{n3}$，则有

$$\begin{cases} Y_{11}\dot{U}_{n1} + Y_{12}\dot{U}_{n2} + Y_{13}\dot{U}_{n3} = \dot{I}_{s11} \\ Y_{21}\dot{U}_{n1} + Y_{22}\dot{U}_{n2} + Y_{23}\dot{U}_{n3} = \dot{I}_{s22} \\ Y_{31}\dot{U}_{n1} + Y_{32}\dot{U}_{n2} + Y_{33}\dot{U}_{n3} = \dot{I}_{s32} \end{cases}$$

【例 9 - 14】 电路如图 $9-22$(a)所示，已知 $i_{s1}(t) = 2\cos t$ A，$i_{s2}(t) = \sqrt{2}\cos(t+45°)$A，求 $u(t)$。

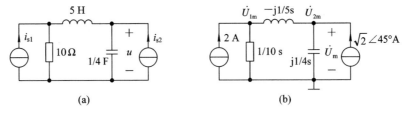

图 9 - 22　例 9 - 14 图

解 (1) 画出相量模型，如图 $9-22$(b)所示，设节点电压为 $\dot{U}_{1m}$、$\dot{U}_{2m}$。

(2) 编写节点方程：

$$\begin{cases} \left(\dfrac{1}{10} - j\dfrac{1}{5}\right)\dot{U}_{1m} + j\dfrac{1}{5}\dot{U}_{2m} = 2 \\ j\dfrac{1}{5}\dot{U}_{1m} + \left(j\dfrac{1}{4} - j\dfrac{1}{5}\right)\dot{U}_{2m} = \sqrt{2}\angle 45° \end{cases}$$

解得

$$\dot{U}_m = \dot{U}_{2m} = 11.6\angle -65.64° \text{ V}$$

（3）对应响应相量为

$$u(t) = 11.6\cos(t - 65.64°)\,\mathrm{V}$$

3. 叠加法

对于线性电路而言，无论是直流电路还是正弦电路，叠加定理都适用。但要注意：在正弦稳态电路中，若各激励频率相同，则可以用叠加法分析，也可以不用叠加法分析。当用叠加法时，可以将响应相量叠加，也可以写出响应相量后再叠加。但是，如果电路中存在不同的激励频率，则一定要用叠加法才能求解，此时要分别求出各不同频率激励下电路的响应，然后叠加。必须注意，在这种情况下，响应相量是不能叠加的，因为不同频率信号对应的相量是不能运用叠加定理直接相加的。另外，还必须指明，此处所说的叠加法所适用的对象仅限于电路的响应电压或电流。对于电路中功率的计算，则要十分谨慎，因为一般而言，功率是不满足叠加性的。这一点，将在本书第 10 章中详细讨论。

【例 9 - 15】　试用叠加法计算例 9 - 14。

解　设 $i_{\mathrm{s1}}(t)$ 作用下响应为 u'，$i_{\mathrm{s2}}(t)$ 作用下响应为 u''，有

$$u = u' + u''\ (即\ \dot{U}_{\mathrm{m}} = \dot{U}'_{\mathrm{m}} + \dot{U}''_{\mathrm{m}})$$

（1）求 $\dot{U}'_{\mathrm{m}}$。电路如图 9 - 23(a)所示，有

$$\dot{U}'_{\mathrm{m}} = \frac{10}{10 + \mathrm{j}5 - \mathrm{j}4} \times 2 \times (-\mathrm{j}4) = \frac{-\mathrm{j}80}{10 + \mathrm{j}}\,\mathrm{V}$$

（2）求 $\dot{U}''_{\mathrm{m}}$。电路如图 9 - 23(b)所示，有

$$\dot{U}''_{\mathrm{m}} = \frac{-\mathrm{j}4(10 + \mathrm{j}5)}{10 + \mathrm{j}5 - \mathrm{j}4} \times \sqrt{2}\angle 45° = \frac{60 - \mathrm{j}20}{10 + \mathrm{j}}\,\mathrm{V}$$

（3）叠加：

$$\dot{U}_{\mathrm{m}} = \dot{U}'_{\mathrm{m}} + \dot{U}''_{\mathrm{m}} = \frac{60 - \mathrm{j}100}{10 + \mathrm{j}} \approx 11.6\angle -65.64°\,\mathrm{V}$$

故

$$u(t) = 11.6\cos(t - 65.64°)\,\mathrm{V}$$

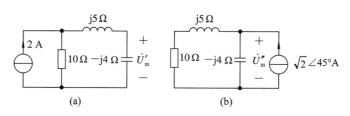

图 9 - 23　例 9 - 15 图

【例 9 - 16】　电路如图 9 - 24(a)所示，已知交流电源 $u_{\mathrm{s1}}(t) = 0.1\sqrt{2}\cos 10^{4}t\,\mathrm{V}$，直流电源 $u_{\mathrm{s2}} = u_{\mathrm{s3}} = 10\,\mathrm{V}$，求输出 $u_{2}(t)$。

解　电路中存在直流和正弦激励，必须应用叠加法求解。

设 $u_{\mathrm{s1}}(t)$ 作用下响应为 u'_{2}，u_{s2} 和 u_{s3} 共同作用下响应为 u''_{2}，有

$$u_{2} = u'_{2} + u''_{2}$$

（1）求 u'_{2}。电路的相量模型如图 9 - 24(b)所示。由于电阻 $100\,\mathrm{k}\Omega \gg 25\,\Omega$，故可视为开路。设节点电压为 $\dot{U}_{1}$，列节点方程得

$$\left(\frac{1}{25}+\frac{1}{100-\mathrm{j}100}\right)\dot{U}_1-\frac{1}{100-\mathrm{j}100}\times0.1=49\dot{I}$$

辅助方程为

$$\dot{U}_1=25(\dot{I}+49\dot{I})$$

解得

$$\dot{I}\approx7.39\times10^{-5}\angle4.2°\mathrm{A}$$

故

$$\dot{U}_2'=-1000\times49\dot{I}\approx3.62\angle-175.8°\ \mathrm{V}$$

$$u_2'(t)=3.62\sqrt{2}\cos(10^4t-175.8°)\mathrm{V}$$

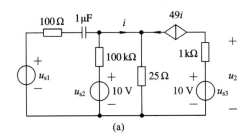

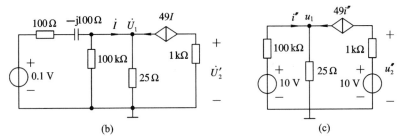

图 9-24 例 9-16 图

（2）求 u_2''。电路如图 9-24(c)所示，注意直流激励下，稳态时电容为开路。设节点电压为 u_1，列节点方程为

$$\left(\frac{1}{100\times10^3}+\frac{1}{25}\right)u_1-\frac{1}{100\times10^3}\times10=49i''$$

辅助方程为

$$u_1=25(i''+49i'')$$

解得

$$i''\approx9.88\times10^{-5}\ \mathrm{A}$$

故

$$u_2''(t)=10-1000\times49i''=5.16\ \mathrm{V}$$

（3）叠加：

$$u_2(t)=u_2'(t)+u_2''(t)=3.62\sqrt{2}\cos(10^4t-175.8°)+5.16\ \mathrm{V}$$

【例 9-17】 电路如图 9-25(a)所示，已知 $i_s(t)=\sqrt{2}(\cos t+\cos10t+\cos100t)\mathrm{A}$，求输出 $u_2(t)$。

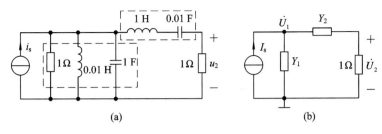

图 9 - 25 例 9 - 17 图

解 画出简化的相量模型(导纳模型),如图 9 - 25(b)所示,设节点电压为 $\dot{U}_1$、$\dot{U}_2$,列节点方程:

$$\begin{cases} (Y_1+Y_2)\dot{U}_1-Y_2\dot{U}_2=\dot{I}_s \\ -Y_2\dot{U}_{n1}+(1+Y_2)\dot{U}_2=0 \end{cases}$$

解得

$$\dot{U}_2=\dfrac{\dot{I}_s}{(1+Y_1)+\dfrac{Y_1}{Y_2}}$$

(1) $\sqrt{2}\cos t$ 作用下,有

$$Y_1=1+\frac{1}{j0.01}+j=1-j99\ \text{S}$$

$$Y_2=\frac{1}{j1+\dfrac{1}{j0.01}}=j\frac{1}{99}\ \text{S}$$

$$\dot{U}_2'=\frac{\dot{I}_s}{(1+Y_1)+\dfrac{Y_1}{Y_2}}=10^{-4}\angle 180°\ \text{V}$$

(2) $\sqrt{2}\cos 10t$ 作用下,有

$$Y_1=1+\frac{1}{j0.1}+j10=1\ \text{S}$$

$$Y_2=\frac{1}{j10+\dfrac{1}{j0.1}}=j\infty\ \text{S}$$

$$\dot{U}_2''=\frac{\dot{I}_s}{(1+Y_1)+\dfrac{Y_1}{Y_2}}=0.5\angle 0°\ \text{V}$$

(3) $\sqrt{2}\cos 100t$ 作用下,有

$$Y_1=1+\frac{1}{j1}+j100=1+j99\ \text{S}$$

$$Y_2=\frac{1}{j100+\dfrac{1}{j1}}=-j\frac{1}{99}\ \text{S}$$

$$\dot{U}_2'''=\frac{\dot{I}_s}{(1+Y_1)+\dfrac{Y_1}{Y_2}}=10^{-4}\angle 180°\ \text{V}$$

故

$$u_2(t)=\sqrt{2}\left[10^{-4}\cos(t+180°)+0.5\cos10t+10^{-4}\cos(100t+180°)\right]$$
$$\approx0.5\sqrt{2}\cos10t \ \text{V}$$

由上例可见,在振幅和相位都相同但频率不同的信号激励下,响应信号的振幅和相位是不同的。这一现象可以这样理解:对正弦输入信号而言,电路对它的作用有两方面,一是对输入信号进行了幅度加权,二是进行了相位加权;而对于不同频率的输入信号,其幅度和相位加权系数是不一样的。因此,其中某些频率的输入信号受到了较强的抑制,以至于几乎没有输出。这揭示了一个非常重要的电路特性——电路的滤波特性,即电路本身对信号具有频率选择性,一些频率成分被滤除掉了。工程上的滤波器就是利用电路的这一特性,将不需要的频率成分滤除而保留需要的频率成分。从广义上来说,任何动态电路都是滤波器。

4. 电源模型及戴维南、诺顿电路的等效

直流电阻电路中的电源模型等效互换及戴维南、诺顿定理同样适用于正弦稳态电路分析。对一个无源二端网络来说,它可以等效为一个阻抗,而一个有源二端网络则可以等效为一个戴维南或诺顿电路。下面通过例题来说明。

【例 9 - 18】 电路如图 9 - 26(a)所示,已知 $i_s(t)=10\cos10^4t$ A,求 $i_2(t)$。

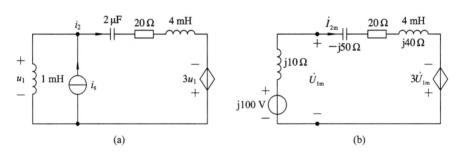

(a) (b)

图 9 - 26 例 9 - 18 图

解 (1)画电路等效后的相量模型,如图 9 - 26(b)所示。

(2)列相量方程:

KVL 方程为

$$-\text{j}100+20\dot{I}_{2m}-3\dot{U}_{1m}=0$$

辅助方程为

$$\dot{U}_{1m}=\text{j}100-\text{j}10\dot{I}_{2m}$$

解以上方程得

$$\dot{I}_{2m}=11.1\angle33.7° \ \text{A}$$

(3)响应相量为

$$i_2(t)=11.1\cos(10^4t+33.7°)\text{A}$$

【例 9 - 19】 电路如图 9 - 27(a)所示,含受控源网络,求等效阻抗 Z_{eq}。

解 (1)外加电压源激励,设角频率为 ω,画相量模型,如图 9 - 27(b)所示。

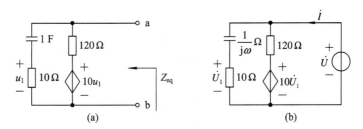

图 9 - 27　例 9 - 19 图

（2）列相量方程：

$$\dot{U}_1 = 10 \times \frac{\dot{U}}{10 + \dfrac{1}{j\omega}}$$

$$\dot{I} = \frac{\dot{U}}{10 + \dfrac{1}{j\omega}} + \frac{\dot{U} - 10\dot{U}_1}{120}$$

解以上方程得

$$Z_{eq} = \frac{\dot{U}}{\dot{I}} = \frac{120\left(10 + \dfrac{1}{j\omega}\right)}{30 + \dfrac{1}{j\omega}} = \frac{120(1 + j10\omega)}{1 + j30\omega}$$

可见，电路的等效阻抗与激励频率有关，电路对不同频率的信号产生的作用不一样，这也验证了电路的滤波特性。

【**例 9 - 20**】　求图 9 - 28(a)所示电路的等效戴维南电路，若已知 $\omega = 1$ rad/s，电路采用的是振幅相量，画出其戴维南电路的时域模型。

　　解　（1）求 $\dot{U}_{oc}$。设开路电压为 $\dot{U}_{oc}$，如图 9 - 28(a)所示，则有

$$\dot{U}_{oc} = j2 \times 5\angle 0^\circ + 4\dot{I}_1 = j10 + 4\dot{I}_1 \qquad \textcircled{1}$$

$$\dot{I}_1 = \frac{j1}{1 + j1} \times 5\angle 0^\circ = \frac{1}{2}(5 + j5) \qquad \textcircled{2}$$

解以上方程得

$$\dot{U}_{oc} = (10 + j20) = 10\sqrt{5}\angle 63.4^\circ \text{ V}$$

（2）求等效阻抗 Z_0（用外加激励法，将电流源置零，则可知 $\dot{I}_1 = 0$，因此受控源亦为零），易得 $Z_0 = j2\Omega$。

（3）其等效戴维南电路如图 9 - 28(b)所示。

（4）若 $\omega = 1$ rad/s，其戴维南时域模型如图 9 - 28(c)所示。

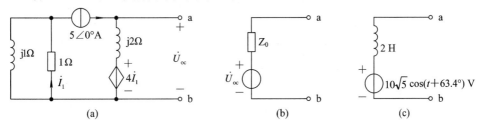

图 9 - 28　例 9 - 20 图

实例　阻抗测量——电桥法测量阻抗

测量阻抗参数或元件值最常用的方法有伏安法、电桥法和谐振法。伏安法是利用电压表和电流表分别测出元件的电压值和电流值，从而计算出元件值。该方法一般只能用于频率较低的情况。由于存在电表的连接方式引入的测得值误差和电表本身的测量误差，所以伏安法测量阻抗的误差较大，一般用于测量精度不高的场合。

在阻抗参数测量中，应用最广的是电桥法，这种方法适用于音频范围的阻抗测量。常用的电桥很多，例如只能用于测电阻的直流电桥，用于测量容性阻抗的串、并联电容比较电桥、高压(西林)电桥，用于测量感性阻抗的麦克斯韦—文氏电桥、欧文电桥等。它们分别应用在不同测量精度要求和不同损耗及 Q 值的阻抗及元件的测量中。每种电桥的具体构造虽然不同，但它们的基本形式是一样的，如图 9-29 所示。其中 pA 为电桥的零位指示器，最简单的零位指示器可以是一副耳机；频率较高时，常用交流放大器或示波器作为零位指示器。交流电桥的精度高、电路简单，但调节较麻烦。由前述内容已知电桥平衡条件为

$$Z_1 Z_3 = Z_2 Z_4 \qquad (9-50)$$

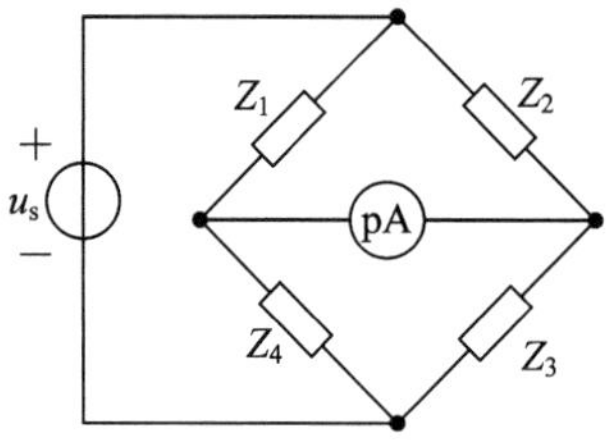

即

$$\begin{cases} |Z_1| |Z_3| = |Z_2| |Z_4| \\ \theta_1 + \theta_3 = \theta_2 + \theta_4 \end{cases} \qquad (9-51)$$

图 9-29　电桥基本形式

上式表明，电桥平衡必须同时满足两个条件：

(1) 相对臂的阻抗模乘积必须相等(模平衡条件)；

(2) 相对臂的阻抗角之和必须相等(相位平衡条件)。

因此，在交流情况下必须调节两个或两个以上的元件才能使电桥平衡。同时，电桥四个臂的元件性质(感性、容性、阻性)必须满足一定要求才可以调节至平衡。

在实用电桥中，为了调节方便，常固定其中两个桥臂为电阻。在这种情况下，由式(9-50)可知，若一相对臂为电阻，则另一相对臂必须一为感性阻抗、一为容性阻抗；若一相邻臂为电阻，则另一相邻臂必须同为感性阻抗或同为容性阻抗；否则，电桥永远不可能调到平衡。

为使电桥平衡，必须调节两个以上元件参数。可是，任一元件参数的变化，都会同时影响阻抗的模和相位。因此，必须反复调节两个元件参数，才能使电桥达到平衡。一般而言，当我们选作调节对象的元件参数不一样时，调节到达平衡所需要的调节次数(步数)是不一样的。我们把电桥达到平衡所需的调节次数称为电桥的收敛性，收敛性好就是指电桥能以较快的速度达到平衡。

以图 9-30 的电桥为例，设 Z_4 为被测感性阻抗，相邻臂 R_2、R_3 为电阻，则 Z_1 也应为感性阻抗。

令 $N = Z_2 Z_4 - Z_1 Z_3$，有

$$N = R_2(R_4 + jX_4) - R_3(R_1 + jX_1) = A - B$$

其中，$A = R_2(R_4 + jX_4)$，$B = R_3(R_1 + jX_1)$，为复数。显然，当 $N = 0$ 时有 $Z_2 Z_4 = Z_1 Z_3$，电桥达到平衡，也就是

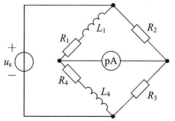

图 9-30　电桥图

说,我们每调节一次元件参数,就会使得 N 变小,平衡指示器读数变小,电桥越接近平衡。所以,只要讨论 N 随被调元件的变化规律,即只要讨论调节被调元件多少次可以使 $N=0$ 就可以知道这种调节方法收敛性的好坏。

由于可以任意选择两个以上的元件参数进行调节,所以可供调节的方法是很多的。例如我们可以选择 R_1、X_1 作为调节对象,也可以选择 R_1、R_2 为调节对象,当然还有其他选择。首先,将复数 N 及 A、B 画在复平面上,如图 9-31(a)所示。可见,调节元件参数其实质就是调节复数 A、B 使它们重合,此时有 $N=0$,电桥平衡。下面就仅以下面两种情形的收敛性进行讨论,其他调节方式讨论相似,读者可以自行完成。

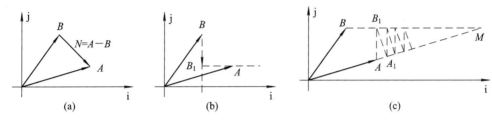

图 9-31　交流电桥收敛性示意图

1. R_1、X_1 为调节元件

如图 9-31(b)所示,由于 $B=R_3(R_1+jX_1)$,所以这种调节方式就是分别调节 B 的实部和虚部。其步骤如下:

(1) 调节 X_1。B 实部不变、虚部改变,B 将沿平行于虚轴的直线运动,如图 9-31(b)所示。当移动到 B_1 点时,距 A 点最近,N 最小,指示器读数最小。此时,停止调节,完成本步调节工作。

(2) 调节 R_1。此时 B 已到达 B_1 点,即此时变为调节 B_1。调节 R_1 时,B_1 的虚部不变、实部改变,B_1 沿平行于实轴的直线运动,如图 9-31(b)所示,当移动到 A 点时,$N=0$,指示器指零,电桥平衡。

2. R_1、R_2 为调节元件

如图 9-31(c)所示,由于 $A=R_2(R_4+jX_4)$,$B=R_3(R_1+jX_1)$,所以这种调节方式就是分别调节 B 的实部和 A 的模。其步骤如下:

(1) 调节 R_1。B 的虚部不变、实部改变,B 沿平行于实轴的直线运动,如图 9-31(c)所示,当 B 移动到 B_1 点时,距 A 点最近,N 最小,指示器读数最小。此时,停止调节,完成本步调节工作。

(2) 调节 R_2。此时 B 已到达 B_1 点,调节 R_2 时,A 的辐角不变、模改变,A 将沿其模的方向移动,如图 9-31(c)所示,当到达 A_1 点时,距 B_1 点最近,N 最小,指示器读数最小。此时,停止调节,完成本步调节工作。

(3) 反复调节 R_1 和 R_2,直至 M 点,$N=0$,指示器指零,电桥平衡。

从上述讨论可知,当选择不同的元件作调节参数时,电桥的收敛性是很不一样的,所以,调节元件的选择非常重要。但是,我们在选择调节元件时,往往还要考虑其他方面的因素。例如测量精度的问题,即电桥测量的准确度。对第一种方法来说,虽然收敛性好,只需两步就可将电桥调到平衡,但精度低,因为不容易制作精密的可调电感或电容。第二种方法虽然收敛性较差，但由于制作可调的精密电阻比制作可调的精密电感(电容)要容易得多，且体积小、价格低，因此常常被采用。

　　严格地说，在正弦工作条件下，实际电阻器、电感器及电容器内部的电磁现象是非常复杂的。但是在使用频率较低且其他次要因素可以忽略的情况下，一般将它们当成不变的常量来进行测量。要指出的是，在阻抗测量中，测量环境的变化、信号电压的大小及工作频率的变化等，都将直接影响测量的结果。例如，不同的温度和湿度将使阻抗表现为不同的值，过大的信号可能使阻抗元件表现为非线性，特别是在不同的工作频率下阻抗表现出来的性质会截然相反。如当频率高于电感线圈的谐振频率时，由于寄生电容的影响，其阻抗会由感性变为容性。因此，在阻抗测量中，必须尽量按实际工作条件，尤其是工作频率条件进行，否则测得的结果将会有很大的误差，甚至是错误的结果。

思 考 与 练 习

　　9-1　如图所示为电路中某节点，已知 $i_1(t) = 20\cos(\omega t - 30°)$ A，$i_2(t) = 40\cos(\omega t + 60°)$ A，试求 $i(t)$ 并画出其相量图。

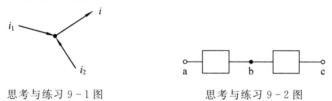

思考与练习 9-1 图　　　　　　　　　思考与练习 9-2 图

　　9-2　如图所示，已测得 $u_{ab}(t) = 5\cos(\omega t + 36.87°)$ V，$u_{bc}(t) = 10\cos(\omega t - 53.13°)$ V，试求 $u_{ac}(t)$。

　　9-3　如思考与练习 9-2 图所示电路，试判断下列关系是否成立：

(1) $\dot{U}_{ac} = \dot{U}_{ab} + \dot{U}_{bc}$；

(2) $U_{ac} = U_{ab} + U_{bc}$；

(3) $U_{ab} = U_{ac} - U_{bc}$。

　　9-4　电感元件的以下 VAR 中，哪个是错的？(　　)

(1) $\dot{I} = j\dfrac{\dot{U}}{\omega L}$；

(2) $U = \omega L I$；

(3) $u(t) = \omega L i(t)$。

　　9-5　因为参考方向是可以任意设定的，所以电容元件的实际电流不一定超前电压 90°，也可能滞后电压 90°，对吗？(　　)

　　9-6　图示电路中 $I_1 = 3$ A，$I_2 = 4$ A，问：Z 为何种元件时能使电流表 A 读数最小？(　　)

(1) 电容　　　　　(2) 电感　　　　　(3) 电阻

　　9-7　图(a)所示电路的电压相量关系应是图(b)中的哪一个？(　　)

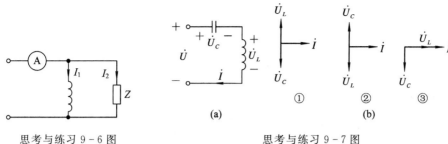

思考与练习 9-6 图　　　　　思考与练习 9-7 图

9-8　如图所示电路，已知电流表 A_1 和 A_2 的读数均为 10 A，则电流表 A 的读数为多少？

9-9　如图(a)所示电路，在 $\omega = 1$ rad/s 时的并联等效电路如图(b)所示，其参数为（　　）。

(1) $\dfrac{1}{2}$ Ω，$\dfrac{1}{2}$ H　　　　(2) 1 H，1 Ω　　　　(3) $\sqrt{2}$ Ω，$\sqrt{2}$ H　　　　(4) 2 Ω，2 H

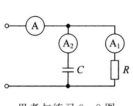　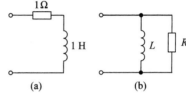

思考与练习 9-8 图　　　　　思考与练习 9-9 图

9-10　如图所示，能使 $\dot{U}_2$ 滞后 $\dot{U}_1$ 的电路是（　　）。

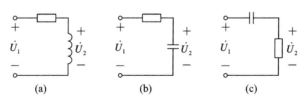

思考与练习 9-10 图

9-11　图示电路在 $\omega = 1$ rad/s 时呈现电阻性，则当 $\omega = 2$ rad/s 时呈（　　）。
（1）感性　　　　　（2）容性

9-12　求图示电路的 U_R。已知 $\omega L = 20$ Ω，$\dfrac{1}{\omega C} = 20$ Ω，$R = 10$ Ω，$I_s = 0.1$ A。

9-13　电路如图所示，已知 $\omega L = 10$ Ω，$\dfrac{1}{\omega C} = 10$ Ω，$R = 10$ Ω，若 I_s 的初相为零，求 U_R 的初相。

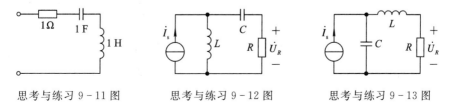

思考与练习 9-11 图　　　思考与练习 9-12 图　　　思考与练习 9-13 图

9 - 14　如图所示电路，已知 $R = 6\ \Omega$，$\dfrac{1}{\omega C} = 2\ \Omega$，$I = 10\ \mathrm{A}$，求 I_C。

9 - 15　求图示电路的电流 I_1。

9 - 16　如图所示电路，求其 ab 端的等效阻抗 Z_{ab}。

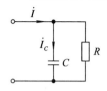　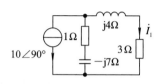　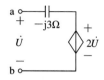

思考与练习 9 - 14 图　　　　思考与练习 9 - 15 图　　　　思考与练习 9 - 16 图

9 - 17　一个有 4 条支路的节点，其支路电流分别为 i_1、i_2、i_3、i_4，参考方向皆为流入该节点，且已知：

(1) $i_1(t) = 100\cos(\omega t + 25°)\mathrm{A}$；

(2) $i_2(t) = 100\cos(\omega t - 95°)\mathrm{A}$；

(3) $i_3(t) = 100\cos(\omega t + 145°)\mathrm{A}$。

试求 i_4。

9 - 18　如图所示电路，已知激励源电压 $u_{s1}(t) = 10\cos\omega t\ \mathrm{V}$，$u_{s2}(t) = 10\cos(\omega t - 120°)\mathrm{V}$，$u_{s3}(t) = 10\cos(\omega t + 120°)\mathrm{V}$，试求 u_{ab}、u_{bc}、u_{ca}。

9 - 19　正弦电路如图所示，若电压表 V_1 读数为 4 V，V_2 读数为 7 V，V_3 读数为 4 V，试求电压表 V 的读数。

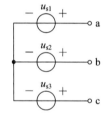　　　　　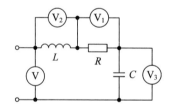

思考与练习 9 - 18 图　　　　　　思考与练习 9 - 19 图

9 - 20　如图所示正弦稳态电路中，电流表读数分别为 A_1 为 5 A，A_2 为 20 A，A_3 为 25 A。求：

(1) A 表的读数；

(2) 若维持 A_1 的读数不变，而把电源的频率提高 1 倍，电流表 A 的读数又为多少？

9 - 21　RL 串联电路在直流稳态下如图(a)所示，电流表测得值为 50 mA，电压表测得值为 6 V；在 $f = 10^3\ \mathrm{Hz}$ 交流作用下，如图(b)所示，稳态时电压表 V_1 读数为 6 V，V_2 读数为 10 V，试求其 R 和 L。

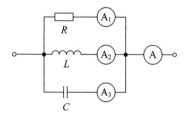　　　　　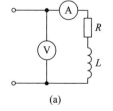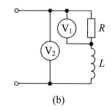

　　　　　　　　　　　　　　　　(a)　　　　(b)

思考与练习 9 - 20 图　　　　　　思考与练习 9 - 21 图

9-22　在图示电路中,当激励源频率为 50 Hz 时,电压表和电流表的读数分别为 100 V 和 15 A;当频率变为 100 Hz 时,读数为 100 V 和 10 A。试求 R 和 L。

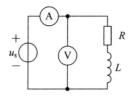

思考与练习 9-22 图

9-23　如图所示电路,已知 $u_s(t)=5\cos(4t-30°)$ V,试求稳态响应 $u(t)$。

9-24　电路如图所示,$u_s(t)=9\cos5t$ V,试求 $u(t)$。

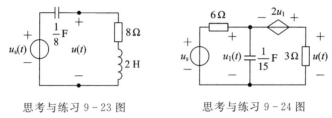

思考与练习 9-23 图　　　　思考与练习 9-24 图

9-25　用相量图法求图示电路中使电阻电流 i_R 滞后于电源电流 i_s 45° 的电阻值 R,已知 $\omega=5000$ rad/s。

9-26　已知电路相量模型如图所示,试用网孔法求 $\dot{I}$。

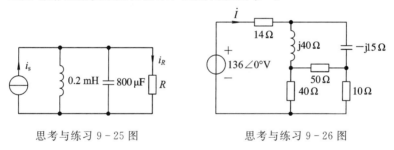

思考与练习 9-25 图　　　　思考与练习 9-26 图

9-27　如图所示电路,$u_s(t)=4\cos\omega t$ V,$i_s(t)=4\cos\omega t$ A,$\omega=100$ rad/s,试用网孔法求电流 $i(t)$。

9-28　电路如图所示,$u_s(t)=10\sin10^6t$ V,$i_s(t)=10\sin10^6t$ A,求稳态时的 $u_0(t)$。

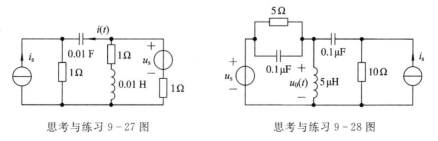

思考与练习 9-27 图　　　　思考与练习 9-28 图

9-29　电路向量模型如图所示,试用节点法求各节点电压。

9-30　电路如图所示,$u_s(t)=\sin t$ V,$i_s(t)=\cos2t$ A,求稳态响应 $u_1(t)$。

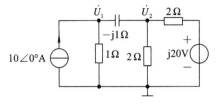

思考与练习 9-29 图

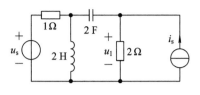

思考与练习 9-30 图

9-31　电路如图所示，$u_s(t)=10\sqrt{2}\,\sin t$ V，$i_s(t)=10\sqrt{2}\,\cos t$ A，求 $u(t)$。

9-32　电路如图所示，若要使 $u_1(t)$ 与 $u_2(t)$ 同相，则电源的角频率为多少？

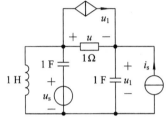

思考与练习 9-31 图

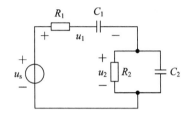

思考与练习 9-32 图

9-33　如图所示的有源二端网络，$u_s(t)=9\cos 5t$ V，试求其等效戴维南电路的相量模型和时域模型。

9-34　求图示电路的等效诺顿电路。

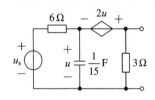

思考与练习 9-33 图

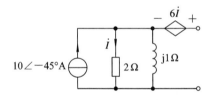

思考与练习 9-34 图

9-35　用戴维南(或诺顿)定理重做 9-24 题。

9-36　用电源等效变换重做 9-27 题。

9-37　用戴维南(或诺顿)定理重做 9-28 题。

9-38　用戴维南(或诺顿)定理重做 9-30 题。

第10章 正弦稳态电路的功率

【内容提要】 本章重点讨论正弦稳态电路有关功率的分析和计算，不仅包括我们已经熟知的平均功率（有功功率），还包括描述正弦功率的其他一些参数，如无功功率、视在功率和复功率。我们还将讨论正弦稳态下的功率守恒、功率叠加及最大功率传输问题。作为本章的应用举例，将介绍交流功率的测量。

第9章详细分析了正弦稳态电路电压和电流的计算，就实际应用而言，在电子工程中，我们不仅要考虑系统的输入输出信号关系，比如通信系统，还要考虑系统的耗能问题。事实上，无论是供电设备、用电设备还是电力传输，其功率和能量都是我们关心的首要问题。

与电阻电路不同的是，正弦稳态电路中，不仅有电阻从电网吸收能量，转化为热能消耗，而且由于电路中储能元件的存在，还会与电网进行能量交换。因此，研究正弦稳态电路的功率问题相对复杂，也十分必要。它们不仅包括反映电路耗能特性的有功功率，还包括反映能量交换特性的无功功率，反映设备容量的视在功率，以及将三者统一起来的复功率等。

我们首先讨论一般二端网络的功率问题，再推及特殊情况下即无源二端网络及单个元件的功率计算问题。

10.1 二端网络的功率

1. 瞬时功率

任意二端网络如图 10-1 所示，设端电压、电流为关联参考方向，且

$$u(t) = U_m \cos(\omega t + \varphi_u) \text{ V}$$
$$i(t) = I_m \cos(\omega t + \varphi_i) \text{ A}$$

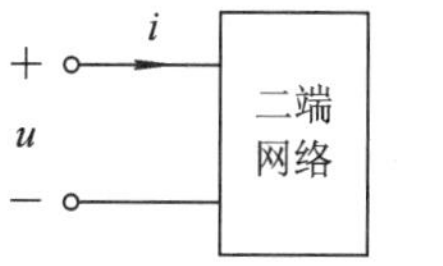

则网络吸收的瞬时功率为

$$p(t) = u(t)i(t) = U_m I_m \cos(\omega t + \varphi_u)\cos(\omega t + \varphi_i)$$

根据三角公式 $\cos\alpha\cos\beta = \dfrac{1}{2}[\cos(\alpha+\beta) + \cos(\alpha-\beta)]$，有

$$p(t) = \frac{1}{2}U_m I_m [\cos(2\omega t + \varphi_u + \varphi_i) + \cos(\varphi_u - \varphi_i)]$$

$$= UI\cos(2\omega t + \varphi_u + \varphi_i) + UI\cos(\varphi_u - \varphi_i) \qquad (10-1)$$

可见，二端网络的瞬时功率 $p(t)$ 由恒定分量 $UI\cos(\varphi_u - \varphi_i)$ 和正弦分量 $UI\cos(2\omega t + \varphi_u + \varphi_i)$ 两部分组成，是以 2ω 为角频率变化的周期量，波形如图 10-2 所示（图中假设

图 10-1 任意二端网络

$UI\cos(\varphi_u - \varphi_i)$ 是大于零的)。图中，在 $p(t) > 0$ 处，表明网络吸收功率；在 $p(t) < 0$ 处，表明网络释放功率。在一个周期内，网络吸收和释放的功率是不对等的。这表明网络与外电路之间不仅有能量交换，而且有能量的消耗(或产生)。

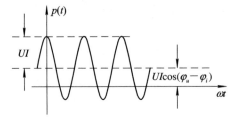

图 10-2　网络瞬时功率波形

2. 有功功率

工程上，为定量描述网络消耗功率的大小，引入有功功率。所谓有功功率，也就是网络的平均功率，即瞬时功率在一个周期内的平均值，用 $\bar{P}$ 来表示。即

$$\bar{P} = \frac{1}{T}\int_0^T p(t)\,\mathrm{d}t \tag{10-2}$$

将网络瞬时功率表达式(10-1)代入上式，得网络的有功功率为

$$\bar{P} = UI\cos(\varphi_u - \varphi_i) \tag{10-3}$$

有功功率的单位为瓦(W)。若由式(10-3)计算得 $\bar{P} > 0$，说明网络消耗功率；反之，产生功率。

3. 无功功率

由网络瞬时功率表达式(10-1)有

$$p(t) = UI\cos(2\omega t + \varphi_u + \varphi_i) + UI\cos(\varphi_u - \varphi_i)$$
$$= UI\cos[(2\omega t + 2\varphi_i) + (\varphi_u - \varphi_i)] + UI\cos(\varphi_u - \varphi_i) \tag{10-4}$$

根据三角公式 $\cos(\alpha + \beta) = \cos\alpha\cos\beta - \sin\alpha\sin\beta$，将式(10-4)的正弦分量展开，得

$$p(t) = UI\cos(2\omega t + 2\varphi_i)\cos(\varphi_u - \varphi_i) - UI\sin(2\omega t + 2\varphi_i)\sin(\varphi_u - \varphi_i) + UI\cos(\varphi_u - \varphi_i)$$
$$= UI\cos(\varphi_u - \varphi_i)[1 + \cos(2\omega t + 2\varphi_i)] - UI\sin(\varphi_u - \varphi_i)\sin(2\omega t + 2\varphi_i)$$
$$= p_1(t) + p_2(t) \tag{10-5}$$

其中，

$$p_1(t) = UI\cos(\varphi_u - \varphi_i)[1 + \cos(2\omega t + 2\varphi_i)]$$
$$p_2(t) = -UI\sin(\varphi_u - \varphi_i)\sin(2\omega t + 2\varphi_i)$$

画出的 $p_1(t)$ 和 $p_2(t)$ 的波形分别如图 10-3(a)、(b)所示。注意，此处假设 $UI\cos(\varphi_u - \varphi_i) > 0$；若 $UI\cos(\varphi_u - \varphi_i) < 0$，则 $p_1(t)$ 的波形应在 ωt 轴的下方。

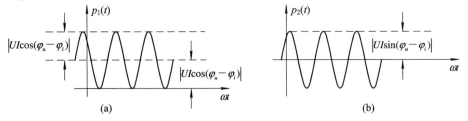

图 10-3　瞬时功率的分解

显然，求式(10-5)的 $p(t)$ 平均功率，即等于 $p_1(t)$ 的平均功率。换言之，$p_2(t)$ 对平均功率无贡献。在 $p_2(t) > 0$ 处，表明网络对外吸收功率；$p_2(t) < 0$ 处，表明网络释放功率。在一个周期内，释放的功率与吸收的功率相等，也就是说，$p_2(t)$ 体现的是网络与外电路功率交换的瞬时状态。工程上，为衡量这种能量交换的规模大小，引入无功功率用以描述。无功功率以 Q 表示，单位为乏(var)，其大小为瞬时交换功率的极值，且定义为

$$Q = UI\sin(\varphi_u - \varphi_i) \tag{10-6}$$

【例 10-1】　电路如图 10-4(a)所示，已知 $i_s(t) = 20\cos100t$ mA，求电阻、受控源及独立电源的有功功率。

解　画相量模型，如图 10-4(b)所示，有

$$\dot{I} = \dot{I}_s + \frac{\dot{U}_C}{1000} = 10\sqrt{2} \times 10^{-3} + \dot{U}_C \times 10^{-3}$$

$$\dot{U}_C = -\text{j}4000\dot{I}$$

解以上方程得

$$\dot{I} = \frac{0.01\sqrt{2}}{1+\text{j}4} = 3.43\angle-75.96° \text{ mA}$$

$$\dot{U}_C = 13.73\angle-165.96° \text{ V}$$

故

$$\dot{U} = \dot{U}_C + 3000\dot{I} = 17.16\angle-129° \text{ V}$$

电阻消耗功率为

$$\overline{P}_R = I^2R = (3.43 \times 10^{-3})^2 \times 3000 = 35 \text{ mW}$$

由于电流源电压 $\dot{U} = 17.16\angle-129°$ V，电流 $\dot{I}_s = 10\sqrt{2} \times 10^{-3}$ A，且为非关联，故电流源吸收的功率为

$$\overline{P}_s = -UI_s\cos(\varphi_u - \varphi_i) = -17.16 \times 10\sqrt{2} \times 10^{-3}\cos(-129° - 0°) = 152 \text{ mW}$$

受控源电压 $\dot{U} = 17.16\angle-129°$V，电流 $\dot{I}_D = \dfrac{\dot{U}_C}{1000} = 13.73 \times 10^{-3}\angle-165.96°$ V，且为非关联，故受控源吸收的功率为

$$\overline{P}_D = -UI_D\cos(\varphi_u - \varphi_i) = 17.16 \times 13.73 \times 10^{-3}\cos(-129° - (-165.96°))$$
$$= -188 \text{ mW}$$

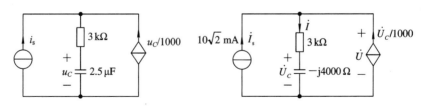

图 10-4　例 10-1 图

4. 视在功率

在电工技术中，以 U、I 的乘积来评定电力设备供电能力的大小，即设备容量，称此为视在功率，以 S 表示，单位为伏安(VA)，即

$$S = UI \tag{10-7}$$

显然，一般情况下，有功功率小于视在功率。实际上，视在功率 S 是有功功率的最大

值。当网络与外界不存在能量交换时，即 $Q=0$ 时，由式(10-6)可知 $\varphi_u-\varphi_i=0$，此时，有功功率 $\bar{P}=UI\cos(\varphi_u-\varphi_i)=UI=S$。这时网络功率容量 S 的利用率最高，全部用于电路消耗。工程上定义功率因数作为衡量网络容量 S 的利用率大小的参量，以 λ 表示：

$$\lambda=\frac{\bar{P}}{S} \tag{10-8}$$

显然，

$$\lambda=\cos(\varphi_u-\varphi_i) \tag{10-9}$$

其中，$\varphi_u-\varphi_i=\varphi$ 称为功率因数角。功率因数代表有功功率在视在功率中所占有的份额，功率因数越高，则有功功率越大，无功功率越小，即网络的电能被电路有效利用的越多，作为往返交换的电能越少，浪费越少。在电力工程中，电气设备都有其额定的工作范围，一旦超出额定值，设备就可能遭到损坏。因此，电气设备上标注的都是其额定的视在功率，即它所能提供（承受）的最大可能功率值。而在具体使用时，设备实际提供的功率并不一定等于视在功率。以发电机为例，设其输出的额定视在功率 $S=10\,000$ VA。若负载为电阻性负载，$\lambda=\cos(\varphi_u-\varphi_i)=1$，则发电机输出功率为 $10\,000$ W；若负载为非阻性，且 $\lambda=\cos(\varphi_u-\varphi_i)=0.8$，则发电机输出功率为 8000 W。可见，一个供电设备对负载能提供多大的平均功率，不仅与其视在功率有关，而且还要视负载的功率因数 λ 而定。为充分利用设备能源，应当尽量提高功率因数。

由式(10-3)、式(10-6)和式(10-7)易得有功功率 $\bar{P}$、无功功率 Q 和视在功率 S 的关系为

$$S^2=\bar{P}^2+Q^2 \tag{10-10}$$

三者的关系可用如图 10-5 所示的功率三角形来描述。

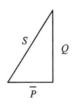

图 10-5 功率三角形

5. 复功率

工程上为方便功率计算，引入另一功率参量——复功率。如图 10-6 所示的二端网络，设网络端口电压、电流相量分别为 $\dot{U}=U\angle\varphi_u$，$\dot{I}=I\angle\varphi_i$，则网络(吸收)的复功率定义为

$$\tilde{S}=\dot{U}\dot{I}^* \tag{10-11}$$

其中，$\dot{I}^*$ 为相量 $\dot{I}$ 的共轭复数。复功率具有与功率相同的量纲，单位为伏安(VA)。

将 $\dot{U}=U\angle\varphi_u$，$\dot{I}^*=I\angle(-\varphi_i)$ 代入式(10-11)，得

$$\tilde{S}=UI\angle(\varphi_u-\varphi_i)$$
$$=UI\cos(\varphi_u-\varphi_i)+\mathrm{j}UI\sin(\varphi_u-\varphi_i)$$

即

$$\tilde{S}=\bar{P}+\mathrm{j}Q \tag{10-12}$$

图 10-6 二端网络复功率图

式(10-12)表明：复功率是一个复数，其实部即网络的有功功率，虚部为无功功率。显然，

复功率的模为

$$|\widetilde{S}| = \sqrt{\overline{P}^2 + Q^2} = S \qquad (10-13)$$

复功率的辐角为

$$\varphi_{\widetilde{S}} = \varphi_u - \varphi_i \qquad (10-14)$$

即

$$\widetilde{S} = S\angle(\varphi_u - \varphi_i) \qquad (10-15)$$

复功率的模等于视在功率 S，辐角则为网络端口电压超前于电流的角度。

注意：复功率 $\widetilde{S} = \dot{U}\dot{I}^* = \overline{P} + jQ$ 是一个复数，没有任何实际意义。定义复功率就是为了将网络的有功功率 $\overline{P}$、无功功率 Q 和视在功率 S 有效地结合在一起，统一为一个表达式。这样，通过计算复功率，可以很方便地得到其他功率参量。

【例 10 - 2】　电路如图 10 - 7 所示，已知 $\dot{I}_s = 10\angle 0°$ A，分别求三条支路的有功功率和无功功率。

解　设网孔电流 $\dot{I}_1$、$\dot{I}_2$ 如图 10 - 7 所示。列网孔方程得

$$\begin{cases} \dot{I}_1 = \dot{I}_s = 10 \\ j5\dot{I}_1 + (6 + j4 - j5)\dot{I}_2 = 7\dot{I}_3 \end{cases}$$

辅助方程为

$$\dot{I}_3 = \dot{I}_2$$

解得

$$\dot{I}_3 = 25 + j25 \text{ A}$$

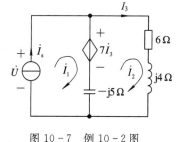

图 10 - 7　例 10 - 2 图

故

$$\dot{U} = (6 + j4)\dot{I}_3 = 50 + j250 \text{ V}$$
$$\widetilde{S}_1 = -\dot{U}\dot{I}_1^* = -(50 + j250) \times 10 = -500 - j2500 \text{ VA}$$
$$\widetilde{S}_2 = \dot{U}(\dot{I}_1 - \dot{I}_2)^* = (50 + j250)(-15 + j25) = -7000 - j2500 \text{ VA}$$
$$\widetilde{S}_3 = \dot{U}\dot{I}_2^* = (50 + j250)(25 - j25) = 7500 + j5000 \text{ VA}$$

所以

$$\overline{P}_1 = -500 \text{ W}, \ Q_1 = -2500 \text{ var}$$
$$\overline{P}_2 = -7000 \text{ W}, \ Q_2 = -2500 \text{ var}$$
$$\overline{P}_3 = 7500 \text{ W}, \ Q_3 = 5000 \text{ var}$$

10.2　无源二端网络及元件的功率

依据上节所得结论，下面我们来讨论在特殊情况下，二端网络的功率问题。这些特殊情况包括二端网络为无源网络以及二端网络为电阻、电感或电容元件。

1. 有功功率

设对应上节中二端网络是无源的，如图 10 - 8 所示，且端电压、电流为 $\dot{U} = U\angle\varphi_u$，$\dot{I} = I\angle\varphi_i$，则二端网络的等效阻抗为

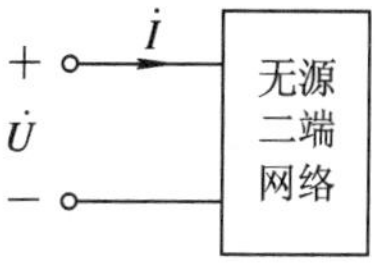

图 10 - 8　无源二端网络

$$Z = \frac{\dot{U}}{\dot{I}} = \frac{U}{I}\angle(\varphi_u - \varphi_i)$$

设 $Z = R + jX = |Z| \angle \varphi_Z$，则有

$$|Z| = \frac{U}{I}, \quad \varphi_Z = \varphi_u - \varphi_i \tag{10-16}$$

$$\mathrm{Re}[Z] = R = |Z|\cos\varphi_Z, \quad \mathrm{Im}[Z] = X = |Z|\sin\varphi_Z \tag{10-17}$$

根据上节结论及式(10-16)、式(10-17)，得无源二端网络的有功功率为

$$\bar{P} = UI\cos(\varphi_u - \varphi_i) = UI\cos\varphi_Z$$
$$= I^2|Z|\cos\varphi_Z = I^2\mathrm{Re}[Z] = I^2R \tag{10-18}$$

同理，若无源网络的等效导纳为 Y，则有

$$\bar{P} = U^2\mathrm{Re}[Y] = U^2G \tag{10-19}$$

式(10-18)、式(10-19)表明无源二端网络所消耗的功率(有功功率)就是网络等效阻抗的电阻分量(或等效导纳的电导分量)所消耗的功率。显然，无源网络的功率因数为

$$\lambda = \cos(\varphi_u - \varphi_i) = \cos\varphi_Z \tag{10-20}$$

功率因数角为 φ_Z，通常，$-90° < \varphi_Z < 90°$。若 $\varphi_Z > 0$，则说明二端网络端口电流滞后于电压(呈感性)，λ 称为滞后功率因数；若 $\varphi_Z < 0$，则电流超前于电压(呈容性)，λ 称为超前功率因数。

特别地，若无源二端网络为电阻元件，则 $\varphi_Z = 0$，可得

$$\bar{P} = UI\cos\varphi_Z = UI = I^2R = \frac{U^2}{R} \tag{10-21}$$

若为电容或电感元件，则 $\varphi_Z = \pm 90°$，此时 $\bar{P} = 0$，即电容、电感元件不消耗功率。

不难想到，若二端网络内部不含受控源，则无源网络的功率实质上是网络内部各电阻(或电导)元件消耗的功率之和，电容和电感元件是不消耗功率的。此时，消耗的功率 $\bar{P} > 0$。值得注意的是，在网络含有受控源时，其等效阻抗的电阻分量 R 有可能为负值。此时 $\bar{P} < 0$，网络对外提供功率。因为此时网络消耗的功率应计及受控源的有功功率，而受控源是有可能提供功率的。

2. 无功功率

同理，根据 10.1 节的结论及式(10-16)、式(10-17)，得无源二端网络的无功功率为

$$Q = UI\sin(\varphi_u - \varphi_i) = UI\sin\varphi_Z = I^2|Z|\sin\varphi_Z = I^2X$$
$$= I^2|Z|\sin\varphi_Z = I^2\mathrm{Im}[Z] = I^2X \tag{10-22}$$

若无源网络的等效导纳为 Y，则有

$$Q = -U^2\mathrm{Im}[Y] = -U^2B \tag{10-23}$$

若网络为电阻($\varphi_Z = 0$)，得 $Q = 0$。电阻不与外界交换能量。

若为电容($\varphi_Z = -90°$)，得

$$Q = -UI = -\omega CU^2 = -\frac{I^2}{\omega C} \tag{10-24}$$

若为电感($\varphi_Z = 90°$)，得

$$Q = UI = \frac{U^2}{\omega L} = \omega LI^2 \tag{10-25}$$

$$\bar{P} = UI\cos\varphi_Z = UI = I^2R = \frac{U^2}{R} \tag{10-26}$$

式(10-22)、式(10-23)表明无源二端网络的无功功率就是网络等效阻抗的电抗分量

（或等效导纳的电纳分量）的无功功率。不难想到，若二端网络内部不含受控源，则无源网络的无功功率实质上是网络内部各电容和电感元件的无功功率之和。

【例 10 - 3】　电路如图 10 - 9(a)所示，已知 $u_s(t) = 10\sqrt{2}\cos 2t$ V，求电源 u_s 提供的有功功率。

解　画相量模型，如图 10 - 9(b)所示。由于电路中无其他电源及受控源，故电源提供的功率即无源二端网络消耗的功率（网络等效阻抗电阻分量消耗的功率），也是网络内各电阻元件消耗的功率。下面分别从三个方面加以讨论。由图 10 - 9(b)有

$$Z = 3 + j4 \mathbin{/\!/} (4 - j4) = 7 + j4 = 8.06\angle 29.7° \ \Omega$$

$$\dot{I}_1 = \frac{\dot{U}_s}{Z} = \frac{10}{8.06\angle 29.7°} = 1.24\angle -29.7° \ \text{A}$$

$$\dot{I}_2 = \frac{j4}{j4 + 4 - j4}\dot{I}_1 = j\dot{I}_1 = 1.24\angle 60.3° \ \text{A}$$

方法一：从电源 u_s 角度考虑，u_s 为有源网络，其吸收的功率为

$$\overline{P} = -U_s I_1\cos(\varphi_u - \varphi_i) = -10\times 1.24\cos(0° - (-29.7°)) = -10.8 \ \text{W}（即产生 10.8 \ \text{W}）$$

方法二：从二端网络角度考虑，二端网络为无源网络，其消耗的功率为

$$\overline{P} = U_s I_1\cos\varphi_Z = 10\times 1.24\cos 29.7° = 10.8 \ \text{W}$$

或者，考虑二端网络等效阻抗的电阻分量，有

$$\overline{P} = I_1^2 R = 1.24^2 \times 7 = 10.8 \ \text{W}$$

方法三：从网络中各电阻消耗的功率角度考虑，有

$$\overline{P} = \overline{P}_{R1} + \overline{P}_{R2} = R_1 I_1^2 + R_2 I_2^2 = 3\times 1.24^2 + 4\times 1.24^2 = 10.8 \ \text{W}$$

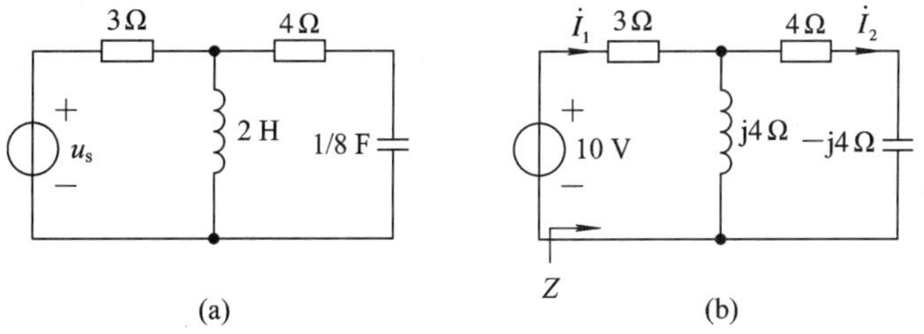

图 10 - 9　例 10 - 3 用图

10.3　元件的储能及电路的功率守恒

1. 元件的储能

由上节的讨论可知，电感和电容元件是不消耗功率的，它们总是与其他动态元件或电源之间不断地进行能量交换。能量交换的过程，实质就是电容储存和释放电能、电感储存和释放磁能的过程。显然，元件与外电路交换能量的规模一定跟其储能的多少有着必然的内在联系。因此，讨论正弦稳态下电容及电感元件的平均储能及其与无功功率的关系具有十分重要的意义。

1）电容的平均储能

设正弦稳态电路的电容电压为

$$u(t) = U_m \cos(\omega t + \varphi_u) \text{ V}$$

则电容的瞬时储能为

$$w_C(t) = \frac{1}{2} C u^2 = \frac{1}{2} C U_m^2 \cos^2(\omega t + \varphi_u)$$

应用三角公式 $\cos^2\alpha = \frac{1}{2}(1+\cos2\alpha)$，得

$$w_C(t) = \frac{1}{2} C U^2 (1 + \cos2\omega t)$$

故平均储能为

$$\overline{W}_C = \frac{1}{T} \int_0^T w_C(t) \, dt = \frac{1}{2} C U^2 \tag{10-27}$$

将电容无功功率 $Q_C = -\omega C U^2$ 与上式比较，得

$$Q_C = -2\omega \overline{W}_C \tag{10-28}$$

2）电感的平均储能

与上述电容元件的讨论类似，可得

电感平均储能为

$$\overline{W}_L = \frac{1}{2} L I^2 \tag{10-29}$$

Q_L 与 $\overline{W}_L$ 的关系为

$$Q_L = 2\omega \overline{W}_L \tag{10-30}$$

式(10-28)及式(10-30)表明，电容、电感元件的无功功率与其平均储能成正比，与信号角频率成正比。这一点其实很好理解，元件的储能越大或者与外界交换能量的速率越高，则交换能量的规模也就越大。

2. 功率守恒定律

在一个电路中，有消耗能量的元件，就必然有产生能量的元件，其产生和消耗的能量相等。同样，在同一时刻，若一部分元件在吸收能量，就必定有另一部分元件在释放能量，能量的交换也是守恒的，即

$$\sum \overline{P}_k = 0, \quad \sum Q_k = 0$$

或

$$\sum \widetilde{S}_k = 0$$

10.4 正弦稳态最大功率传输定理

在本书的直流电阻电路部分，已经讨论过有关最大功率传输的问题。对于正弦稳态系统，有必要对此做进一步的讨论。因为作为通信、信息等电子系统而言，常常要研究负载如何获得最大功率（有功功率）的问题。如放大系统中前、后级放大器的阻抗匹配，音响系统中扬声器与功放的阻抗匹配等都要用到相关知识。

设电路如图 10-10 所示，N 为含源网络，Z_L 为其负载。下面来讨论当含源网络 N 恒定时，负载 Z_L 从网络 N 获得最大功率的条件。

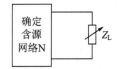

由于 $Z_L = R_L + jX_L = |Z| \angle \varphi_Z$，在 R_L、X_L、$|Z|$ 和 φ_Z 中任意固定一个参数，改变其他参数，都会

图 10-10 求最大功率传输示意

产生一种情况。因此，根据工程中负载 Z_L 的不同要求，会得到最大功率传输的不同条件。在此只就其中两种常见情形进行讨论。

1. 负载的电阻 R_L 及电抗 X_L 均可独立改变

将含源二端网络 N 等效为戴维南电路，如图 10-11 所示，其中 $Z_0 = R_0 + jX_0$。这样就使问题的求解得到简化。

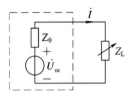

图 10-11 图 10-10 的戴维南等效电路

由图 10-11 可得

$$\dot{I} = \frac{\dot{U}_{oc}}{Z_0 + Z_L} = \frac{\dot{U}_{oc}}{(R_0 + R_L) + j(X_0 + X_L)}$$

有效值为

$$I = \frac{U_{oc}}{\sqrt{(R_0 + R_L)^2 + (X_0 + X_L)^2}}$$

负载获得的功率为

$$\overline{P}_L = I^2 R_L = \frac{U_{oc}^2 R_L}{(R_0 + R_L)^2 + (X_0 + X_L)^2}$$

首先考虑，若固定 R_L、改变 X_L，则 X_L 为何值时，上式的 $\overline{P}_L$ 最大？显然，对任意的 R_L，当 $X_L = -X_0$ 时，$\overline{P}_L$ 最大，此时

$$\overline{P}_L = \frac{U_{oc}^2 R_L}{(R_0 + R_L)^2}$$

再考虑 R_L 为何值时，上式的 $\overline{P}_L$ 最大。为此将上式对 R_L 求导，并令 $\dfrac{\mathrm{d}\overline{P}_L}{\mathrm{d}R_L} = 0$，则有

$$\frac{U_{oc}^2 \left[(R_0 + R_L)^2 - 2R_L(R_0 + R_L) \right]}{(R_0 + R_L)^4} = 0$$

解得

$$R_L = R_0$$

因此得出结论：在负载 Z_L 的电阻 R_L 及电抗 X_L 均独立可变的情况下，其获得最大功率的条件为

$$\begin{cases} R_L = R_0 \\ X_L = -X_0 \end{cases} \tag{10-31}$$

即当负载阻抗 Z_L 与含源网络 N 等效内阻抗 Z_0 互为共轭时，即 $Z_L = Z_0^* = R_0 - jX_0$ 时，负载可获最大功率。这一条件称为共轭匹配，也是最佳匹配或最大功率匹配。此时负载所获得的最大功率为

$$P_{Lmax} = \frac{U_{oc}^2}{4R_0} \tag{10-32}$$

若将二端网络等效为诺顿电路，其等效导纳为 $Y_0 = G_0 + jB_0$，则有

$$P_{Lmax} = \frac{I_{sc}^2}{4G_0} \tag{10-33}$$

2. 负载为纯电阻

在许多情况下，所用电器（负载）往往是电阻性设备。在此种情况下，由于 $Z_L = R_L$，由图 10-11 可得

$$\dot{I} = \frac{\dot{U}_{oc}}{Z_0 + Z_L} = \frac{\dot{U}_{oc}}{(R_0 + R_L) + jX_0}$$

有效值为

$$I = \frac{U_{oc}}{\sqrt{(R_0 + R_L)^2 + X_0^2}}$$

负载获得的功率为

$$\bar{P}_L = I^2 R_L = \frac{U_{oc}^2 R_L}{(R_0 + R_L)^2 + X_0^2}$$

令 $\dfrac{d\bar{P}_L}{dR_L} = 0$，则有

$$\frac{U_{oc}^2 [(R_0 + R_L)^2 + X_0^2 - 2R_L(R_0 + R_L)]}{[(R_0 + R_L)^2 + X_0^2]^2} = 0$$

即

$$(R_0 + R_L)^2 + X_0^2 - 2R_L(R_0 + R_L) = 0$$

由此解得

$$R_L = \sqrt{R_0^2 + X_0^2} = |Z_0| \tag{10-34}$$

在负载为电阻时，获得最大功率的条件是：负载电阻与含源网络 N 等效内阻抗 Z_0 的模相等，称为共模匹配。显然与共轭匹配相比，此时负载电阻所获得的功率要小些。

还有一种常见的情况是，负载 Z_L 的模 $|Z_L|$ 可变，而阻抗角 φ_Z 不变。这种情况本书不做讨论，读者可自行推导或参考有关书籍。

在无线电工程中，往往要求负载与信号源（向其输出信号的含源网络）达成共轭匹配，以获得最大功率。但在电力工程中，是不允许电源和负载在共轭匹配状态下工作的。因为，一方面这种状态下电路的效率太低；另一方面，由于电源的内阻抗很小，匹配时电流很大，将会损坏电源及负载。

【例 10-4】 电路如图 10-12(a)所示，已知 $u_s(t) = 9\sqrt{2}\cos 5t$ V。若 $Z_L = R_L + jX_L$ 任意可变，则 Z_L 为何值时可获最大功率且最大功率 P_{Lmax} 为多少？

解 将电路中负载 Z_L 断开，画含源网络的相量模型并求其戴维南等效参数。

(1) 求 $\dot{U}_{oc}$。电路如图 10-12(b)所示，得网孔方程为

$$\begin{cases} (6-\text{j}3)\dot{I}_1 + \text{j}3\dot{I}_2 = 9 \\ \text{j}3\dot{I}_1 + (3-\text{j}3)\dot{I}_2 = -2\dot{U}_1 \end{cases}$$

辅助方程为

$$\dot{U}_1 = -\text{j}3(\dot{I}_1 - \dot{I}_2)$$

解得

$$\dot{I}_2 = 1.237\angle -16° \text{ A}$$

故

$$\dot{U}_{\text{oc}} = 3\dot{I}_2 = 3.71\angle -16° \text{ V}$$

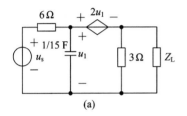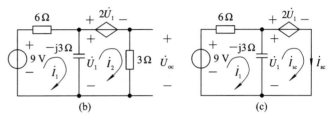

图 10-12　例 10-4 图

（2）求 Z_0。采用开路短路法，求短路电流 $\dot{I}_{\text{sc}}$ 的相量模型，如图 10-12(c)所示，有

$$\begin{cases} (6-\text{j}3)\dot{I}_1 + \text{j}3\dot{I}_{\text{sc}} = 9 \\ \text{j}3\dot{I}_1 - \text{j}3\dot{I}_{\text{sc}} = -2\dot{U}_1 \end{cases}$$

辅助方程为

$$\dot{U}_1 = -\text{j}3(\dot{I}_1 - \dot{I}_{\text{sc}})$$

解得

$$\dot{I}_{\text{sc}} = 1.5\angle 0° \text{ A}$$

故

$$Z_0 = \frac{\dot{U}_{\text{oc}}}{\dot{I}_{\text{sc}}} = 2.47\angle -16° = 2.377 - \text{j}0.679 \ \Omega$$

故当 $Z_L = 2.377 + \text{j}0.679 \ \Omega$ 时获得最大功率，且

$$P_{\text{Lmax}} = \frac{U_{\text{oc}}^2}{4R_0} = 1.45 \text{ W}$$

10.5　正弦稳态功率的叠加

第 9 章中已经讨论了正弦稳态下，线性非时变电路的电压、电流响应的叠加特性。本节讨论当多个电源作用时，正弦稳态电路功率的计算。设电路如图 10-13 所示，激励 u_{s1} 的角频率为 ω_1，其 单 独 作 用 产 生 的 电 流 $i_1(t) = I_{1\text{m}}\cos(\omega_1 t + \theta_1)$；激励 u_{s2} 的角频率为 ω_2，其单独作用产生的电流 $i_2(t) = I_{2\text{m}}\cos(\omega_2 t + \theta_2)$，则由叠加定理有

$$i(t) = i_1(t) + i_2(t)$$

所以电阻 R 的瞬时功率为

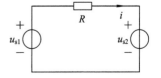

图 10-13　多个激励的电路

$$p(t)=R(i_1+i_2)^2=Ri_1^2+Ri_2^2+2Ri_1i_2=p_1+p_2+2Ri_1i_2 \tag{10-35}$$

式中，p_1、p_2 分别为 u_{s1}、u_{s2} 单独作用时产生的瞬时功率。无论 ω_1 是否等于 ω_2，一般地，$i_1i_2 \neq 0$，因此 $p \neq p_1+p_2$。叠加定理不适用于瞬时功率。

设 ω_2/ω_1 为有理数，则必然存在一个 T，使得 $T=mT_1=nT_2$，其中 m、n 为正整数，T_1、T_2 分别为激励源的周期。因此 p 为周期函数，平均功率可由下式求得

$$\overline{P}=\frac{1}{T}\int_0^T p\,\mathrm{d}t=\frac{1}{T}\int_0^T(p_1+p_2+2Ri_1i_2)\,\mathrm{d}t$$

$$=\overline{P}_1+\overline{P}_2+\frac{2R}{T}\int_0^T(i_1i_2)\,\mathrm{d}t \tag{10-36}$$

式中，$\overline{P}_1$、$\overline{P}_2$ 分别为 u_{s1}、u_{s2} 单独作用时产生的平均功率。若令 $\omega=2\pi/T$，则 $\omega_1=m\omega$，$\omega_2=n\omega$。此时式(10-36)的第三项中，

$$\int_0^T(i_1i_2)\,\mathrm{d}t=I_{1m}I_{2m}\int_0^{2\pi/\omega}\cos(m\omega t+\theta_1)\cos(n\omega t+\theta_2)\,\mathrm{d}t$$

$$=\begin{cases}\dfrac{I_{1m}I_{2m}\pi\cos(\theta_1-\theta_2)}{\omega}, & m=n \\ 0, & m\neq n\end{cases} \tag{10-37}$$

所以当 $m\neq n$ 时，由式(10-36)及式(10-37)有

$$\overline{P}=\overline{P}_1+\overline{P}_2 \tag{10-38}$$

可见，此时叠加定理适用于平均功率的计算。

当 $m=n$ 时，由式(10-36)及式(10-37)有

$$\overline{P}=\overline{P}_1+\overline{P}_2+RI_{1m}I_{2m}\cos(\theta_1+\theta_2) \tag{10-39}$$

可见，此时叠加定理不适用。

综上所述，在多个不同频率的正弦电源激励下，若它们中任意两个频率之比都为有理数，且 $\omega_1\neq\omega_2\neq\cdots\neq\omega_N$，则其产生的平均功率等于每一正弦电源单独作用时所产生的平均功率的总和。

对于电阻元件来说，若流过它的周期电流为

$$i(t)=I_0+I_{1m}\cos(\omega_1 t+\theta_1)+I_{2m}\cos(\omega_2 t+\theta_2)+\cdots+I_{Nm}\cos(\omega_N t+\theta_N)$$

其中 I_0 表示直流电流，$\omega_1\neq\omega_2\neq\cdots\neq\omega_N$，且其比值为有理数，则电阻消耗的平均功率为

$$\overline{P}=I_0^2R+I_1^2R+I_2^2R+\cdots+I_N^2R=\overline{P}_0+\overline{P}_1+\overline{P}_2+\cdots+\overline{P}_N \tag{10-40}$$

式中，I_1，I_2，$\cdots$，I_N 为各种不同频率正弦电流的有效值。

由有效值的定义，设一直流电流 I 流过电阻 R 时的平均功率与周期电流 $i(t)$ 流过电阻 R 时的平均功率相等，则 I 即该周期电流的有效值。因此令

$$I^2R=I_0^2R+I_1^2R+I_2^2R+\cdots+I_N^2R$$

得

$$I=\sqrt{I_0^2+I_1^2+I_2^2+\cdots+I_N^2} \tag{10-41}$$

同理，对周期电压 $u(t)$ 亦有

$$U=\sqrt{U_0^2+U_1^2+U_2^2+\cdots+U_N^2} \tag{10-42}$$

式中，U_0 为直流电压，U_1，U_2，$\cdots$，U_N 为各种不同频率的有效值。

式(10-41)与式(10-42)表明：在满足叠加条件时，多个激励源作用下，电路中电流（或电压）有效值的平方等于各电源单独作用下电流（或电压）的有效值的平方和。

【**例 10-5**】　图 10-14 所示电路中，已知 $R = 100\ \Omega$，若

(1) $u_{s1}(t) = 100\cos(t + 60°)$ V，$u_{s2}(t) = 50\cos t$ V；

(2) $u_{s1}(t) = 400 + 600\cos(\omega_0 t - 90°)$ V，

$u_{s2}(t) = 200\cos(2\omega_0 t - 135°)$ V

分别求电阻的平均功率。

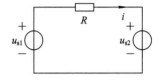

图 10-14　例 10-5 图

解　(1) 由于 u_{s1} 和 u_{s2} 为同频率的正弦电压，求平均功率时不能用叠加定理，但可用叠加定理计算电流，然后再计算平均功率。

由于 $\dot{I}_1 = \dfrac{\sqrt{2}}{2} \angle 60°$ A，$\dot{I}_2 = \dfrac{\sqrt{2}}{4} \angle 0°$ A，所以

$$\dot{I} = \dot{I}_1 - \dot{I}_2 = 0.433\sqrt{2} \angle 90° \text{ A}$$

故

$$\overline{P} = \left(0.433\sqrt{2}\right)^2 \times 100 = 37.5 \text{ W}$$

(2) u_{s1} 和 u_{s2} 频率不同，但频率之比为有理数，可用叠加定理计算平均功率。当 u_{s1} 单独作用时，其直流成分平均功率为

$$\overline{P}_0 = \frac{U_0^2}{R} = 1600 \text{ W}$$

交流成分平均功率为

$$\overline{P}_1 = \frac{U_1^2}{R} = \frac{\left(\dfrac{600}{\sqrt{2}}\right)^2}{100} = 1800 \text{ W}$$

当 u_{s2} 单独作用时，平均功率为

$$\overline{P}_2 = \frac{U_2^2}{R} = \frac{\left(\dfrac{200}{\sqrt{2}}\right)^2}{100} = 200 \text{ W}$$

所以

$$\overline{P} = \overline{P}_0 + \overline{P}_1 + \overline{P}_2 = 3600 \text{ W}$$

也可利用有效值来计算功率，此时

$$U = \sqrt{U_0^2 + U_1^2 + U_2^2} = \sqrt{400^2 + \left(\frac{600}{\sqrt{2}}\right)^2 + \left(\frac{200}{\sqrt{2}}\right)^2} = 600 \text{ V}$$

电阻的平均功率为

$$\overline{P} = \frac{U^2}{R} = \frac{(600)^2}{100} = 3600 \text{ W}$$

实例　功率测量（功率计、瓦特计）

在电力供电工程中，功率表是使用最广泛的测量仪表之一。通过功率检测，可以监督电气设备的运行状况，以便正确统计电力负荷，处理和判断运行故障和事故，从而保证电力系统安全经济运行，也可以积累技术资料和计算生产指标基本数据。

1. 功率表的结构及工作原理

虽然用于测量功率的仪表种类很多，但它们都同属于电动系仪表。这种仪表有两个线圈：一个为固定线圈（定圈或静圈），另一个为可动线圈（动圈），如图 10-15 所示。其定圈分为两个平行排列的部分，这使得定圈两部分之间的磁场比较均匀。动圈与转轴连接，一起放置在定圈的两部分之间。仪表工作时，定圈和动圈中都通以电流，假设它们的电流分别为 I_1、I_2，则静圈电流 I_1 产生的磁场会对动圈产生一个电磁力 F，使得动圈联动转轴获得转动力矩 M 而偏转，其电磁力 F 的方向可由左手定则确定。如果 I_1、I_2 同时改变方向，用左手定则判断可知，电磁力的方向不变，即转动力矩 M 的方向不变。所以电动系仪表既能测量直流电路，又可测量交流电路。

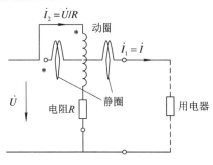

图 10-15　功率表结构

当电动系仪表用于直流电路的测量时，由电工基础可知，转动力矩 M 与电流 I_1、I_2 的乘积成正比，即

$$M \propto I_1 \cdot I_2 \tag{10-43}$$

当用于交流电路的测量时，有

$$M \propto I_1 \cdot I_2 \cos\varphi \tag{10-44}$$

式中，M 为动圈所受到的转动力矩的平均值；I_1、I_2 为定圈和动圈中的电流有效值；φ 为定圈电流 $\dot{I}_1$ 与动圈电流 $\dot{I}_2$ 之间的相位差。

动圈联动转轴带动表头指针偏转，其游丝产生的反作用力矩与 M 相等时，达到平衡，指针停止，其偏转角度 α 与力矩成正比，因此有

直流时

$$\alpha \propto I_1 \cdot I_2 \tag{10-45}$$

交流时

$$\alpha \propto I_1 \cdot I_2 \cos\varphi \tag{10-46}$$

当仪表用于功率测量时，其定圈串联接入被测电路（用电器），而动圈与附加电阻串联后并联接入被测电路。如图 10-15 所示，通过定圈的电流 $\dot{I}_1$ 就是被测电路的电流 $\dot{I}$，动圈支路两端的电压就是被测电路两端的电压 $\dot{U}$。

下面来讨论电动系功率表的工作原理。

当用于直流电路的功率测量时，通过定圈的电流 I_1 与被测电路电流相等，即 $I = I_1$，而动圈中的电流为

$$I_2 = \frac{U}{R_1}$$

上式中，R_1 为动圈支路(电压支路)总电阻，它包括动圈电阻和附加电阻 R，对于一个已制成的功率表来说，R_1 是一常数，一般而言，附加电阻 R 较大，即有 $R_1 \approx R$。

U 为定圈与负载串联支路(电流支路)总电压，由于定圈两端的电压远小于负载两端的电压，故可认为该电压即负载电压。

因此，由式 $\alpha \propto I_1 \cdot I_2$ 可得

$$\alpha \propto IU = P$$

即电动系仪表用于直流电路的功率测量时，其偏转角 α 正比于被测负载功率 P。

同理，当用于交流电路的功率测量时，亦有 $\dot{I} = \dot{I}_1$，且

$$\dot{I}_2 = \frac{\dot{U}}{Z_1}$$

式中，Z_1 为电压支路的总阻抗。由于附加电阻的阻值总是比较大，在工作频率不太高时，动圈的感抗相比之下可以忽略不计，即 $Z_1 \approx R$。因此，可以近似认为动圈电流 $\dot{I}_2$ 与负载电压 $\dot{U}$ 同相，故 $\dot{I}_1(\dot{I})$ 与 $\dot{I}_2$ 之间的相位差 φ 就是 $\dot{I}$ 与 $\dot{U}$ 之间的相位差，也就是说，由式 $\alpha \propto I_1 \cdot I_2 \cos\varphi$ 可得

$$\alpha \propto IU \cos\varphi = P$$

即电动系仪表用于交流电路的功率测量时，其偏转角 α 正比于被测负载的有功功率 P。虽然这一结论是在正弦交流电路的情况下得出的，但它对非正弦交流电路同样适用。

综上所述，电动系功率表不论用于直流或交流电路的功率测量，其动圈的偏转角均与被测电路的功率成正比，因此仪表的标度尺刻度是均匀的。若改变与动圈串联的电阻值，就可改变电压量程；增加并联静圈，就可扩大电流量程。功率表的表盘一般按额定电压与额定电流相乘，并使功率因数 $\cos\varphi = 1$ 来标值。如电压量程为 300 V、电流量程为 5 A 的功率表，表盘的满刻度值为 $300 \times 5 \times 1 = 1500$ W。也有制成功率因数为 0.1 的低功率因数功率表，其满刻度值为 $300 \times 5 \times 0.1 = 150$ W。功率表的量程不能简单地只提功率量程，而应同时指明电压、电流量程及功率因数数值。

2. 功率表的符号及接线

功率表的符号如图 10-16 所示，它有四个端子：两个电流支路端子 AA′ 和两个电压支路端子 BB′。功率表的电流端子和电压端子如果有一个接反，就会造成电流线圈和电压线圈的电流反向，电磁力的方向就相反，于是指针就会反向偏转，损坏

图 10-16　功率表的符号

表头。所以，为了使接线不致于发生错误，通常在电流线圈一端电流端和电压线圈的一端电压端标有"·"或"＊"符号，叫电源端、始端或同名端。功率表的接线必须遵守"发电机端"的接线规则，即

(1) 功率表标有"＊"的电流端必须接至电源的一端，而另一电流端则接至负载端，即电流线圈必须串联接入电路。

(2) 功率表标有"＊"的电压端可以接至电流端的任意一端，而另一个电压端则跨接至负载的另一端，即电压支路必须并联接入被测电路，否则指针就会反向偏转。

功率表有两种不同的接线方式，即电压线圈前接和电压线圈后接，分别如图 10-17 (a)、(b)所示。电压线圈前接法适用于负载电阻远比电流线圈电阻大得多的情况，这样电流线圈的电压引起的测量误差就比较小。电压线圈后接法适用于负载电阻远比电压支路电

阻小得多的情况，这样电压支路的电流所引起的误差就比较小。

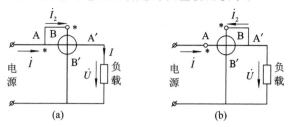

图 10-17　功率表的两种接法

以上所介绍的仅仅是功率表的单相接法，对于三相电路功率的测量，有一表法、二表法和三表法，其原理与此类似，在此不再讨论，读者可参考相关资料。

3. 功率表的使用

若功率表的接线正确，但指针却反向偏转，说明负载端含有电源，反过来向外输出功率。这时应将电流线圈反接，即对换电流端上的接线。有的功率表上装有转换开关，一旦发现指针反转，拧一下转换开关即可。

功率表的标度尺只标有分格数，并不标明功率数，这是由于功率表一般是多量限的，在选用不同量限时，每一个分格都代表不同的瓦数。说明书内往往都附有制造厂供给的表格，注明在不同电流、电压下，每个分格所代表的瓦数，以供查用。

4. 无功功率的测量

由于有功功率 $P = UI\cos\varphi$，而无功功率 $Q = UI\sin\varphi$，因此只需将电压或电流的相位移动 $90°$，即可用一般的功率表测量无功功率。通常将功率表内部的电阻器 R 代以同阻抗模值的容性电抗器，使动圈中的电流 $\dot{I}_2$ 与电压 $\dot{U}$ 相位差 $90°$，其作用相当于将电压相位移动 $90°$，此时即可用来测量无功功率。

思 考 与 练 习

10-1　正弦电压 $10\sin314t$ V 施加于 $2\,\Omega$ 电阻上，则电阻消耗的功率为（　　）。
(1) 100 W　　(2) 500 W　　(3) 25 W　　(4) 以上都不是

10-2　判断下列说法是否正确：
(1) 电感或电容元件只有无功功率，而电阻则只存在有功功率。（　　）
(2) 电感或电容元件瞬时功率的最大值称为该元件的无功功率。（　　）
(3) 电阻的有功功率是其瞬时功率的最大值。（　　）
(4) 电阻的瞬时功率的平均值称为该元件的有功功率。（　　）

10-3　电路如图所示，$U = 20$ V，且 $\dot{U}$ 与 $\dot{I}$ 同相，电路吸收的功率 $\overline{P} = 100$ W，试求 X_L。

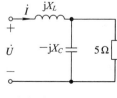

思考与练习 10-3 图

10-4　判断下列说法是否正确：

(1) 平均功率是电路实际消耗的功率，所以无源网络的平均功率均为正值。(　　)

(2) 一交流发电机的功率容量为 3000 VA，则所接负载消耗的有功功率的瓦数和无功功率的乏数之和不得大于 3000。(　　)

(3) 已知一段电路电压、电流有效值分别为 U 和 I，则这段电路的平均功率为 $P=UI$。
(　　)

10-5　填空：

(1) 已知 $u(t) = 5 \cos t$ V，$i(t) = \sin t$ A，则图示电路的无功功率为_____var。

(2) 已知 $u(t) = 10 \cos(t+45°)$ V，$i(t) = 2 \cos(t-45°)$ A，则图示电路的有功功率为_____W。

(3) 已知 $u(t) = 2 \cos t$ V，$i(t) = 10 \cos(t-45°)$ A，则图示电路的视在功率为_____VA。

(4) 某电路的有功功率为 40 W，无功功率为 30 var，则电路的视在功率为_____VA。

(5) 若一段电路的有功功率和无功功率在数值上相等，则该电路电压、电流相位差为_____。

10-6　电路如图所示，$\dot{U} = 28.2\angle45°$ V，求该电路的平均功率、无功功率、视在功率和功率因数。

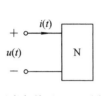

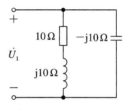

思考与练习 10-5 图　　　　　思考与练习 10-6 图

10-7　电路如图所示，$U=60$ V，且 $\dot{U}$ 与 $\dot{I}$ 同相，电路的吸收功率为 $\overline{P} = 180$ W，求阻抗 Z。

10-8　电路如图所示，$U_s = 24$ V，$U_1 = 8$ V，$U_Z = 20$ V，求阻抗 Z 吸收的功率。

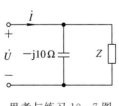

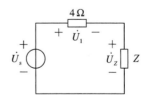

思考与练习 10-7 图　　　　　思考与练习 10-8 图

10-9　电路如图所示，$\dot{U}_s = 100\angle0°$ V，电路吸收的功率为 300 W，功率因数 $\lambda = 1$，试求 I_C。

10-10　如图所示无源网络，已知 $U=400$ V，$I=5$ A，$\lambda = 0.95$，试求网络的复功率、视在功率以及等效阻抗。(注意：有两种可能。)

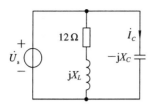

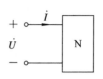

思考与练习 10-9 图   思考与练习 10-10 图

10-11   电路如图所示，$\dot{U}_s = 6\angle 0°$ V，求使负载 Z_L 获得最大功率的负载阻抗值以及最大功率值。

10-12   电路如图所示，$\dot{I}_s = 4\angle 0°$A，求当负载 Z_L 为何值时得到最大功率？最大功率 P_{Lmax} 为多少？

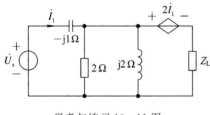

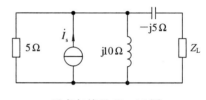

思考与练习 10-11 图   思考与练习 10-12 图

10-13   求下列电压或电流的有效值：

(1) $u(t) = 10 \sin t + 20 \cos(2t + 45°)$ V；

(2) $i(t) = 10 + 5 \cos\omega t + 10 \cos(3\omega t + 60°)$ A；

(3) $u(t) = 100 + 30 \cos 4t + 10 \cos(t - 30°)$ V。

10-14   电路如图所示，试求电压源 $\dot{U}_s$ 提供的有功功率 P。

10-15   电路如图所示，$u_s(t) = 4\cos(4t - 60°)$V，试求电源提供的复功率、视在功率，并求功率因数。

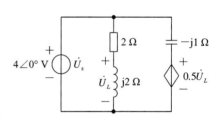

习题 10-14 图

10-16   电路的相量模型如图所示，已知 $\dot{U} = 20\angle 0°$ V，电路消耗的功率为 34.6 W，$\lambda = 0.866 (\varphi_Z < 0)$，试求 R_2 和 X_L。

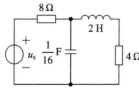

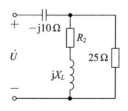

思考与练习 10-15 图   思考与练习 10-16 图

10-17   电路如图所示，$\dot{I}_s = 10\angle 0°$A，

(1) 求电流源产生的复功率；

（2）电阻消耗的功率。

10 - 18　电路如图所示，已知 $U_s = 1$ V，$f = 50$ Hz，电源提供的平均功率为 0.1 W，由 ab 端看入整个网络的功率因数为 1，且已知 Z_1、Z_2 吸收的平均功率相等，Z_2 的功率因数为 $0.5(\varphi_Z > 0)$。求：电流 I 和阻抗 Z_1、Z_2 的值。

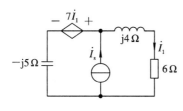
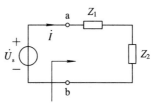

思考与练习 10 - 17 图　　　　　　　思考与练习 10 - 18 图

10 - 19　如图所示网络，已知 $\dot{U}_C = 10 \angle 0°$ V，试求：网络的 P、Q、S 和 λ。

10 - 20　电路如图所示，试求：当 Z_L 为多大时得到最大功率？最大功率为多少？

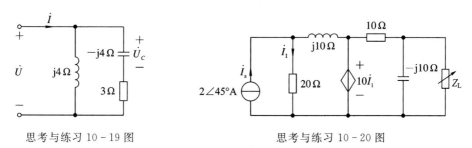

思考与练习 10 - 19 图　　　　　　　思考与练习 10 - 20 图

10 - 21　电路如图所示，$i_s(t) = 10 \cos 500t$ mA，求：

（1）当 A 为 1 μF 电容时的 u；

（2）当 A 为 $L = 1$ H 的电感和 $C = 4$ μF 的电容串联电路时的 u；

（3）若 A 要从电源获得最大功率，则 A 应由什么元件组成？参数为多少？

10 - 22　图示电路中，$u_s(t) = 2 \cos 10^6 t$ V，问：负载 Z_L 为多大时可获得最大功率？求此最大功率。

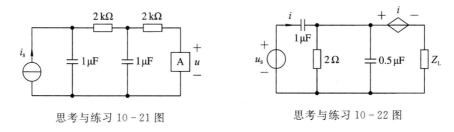

思考与练习 10 - 21 图　　　　　　　思考与练习 10 - 22 图

10 - 23　如图所示电路，$u_s(t) = 220\sqrt{2} \cos 100\pi t$ V，Z_L 为感性负载，其平均功率为 40 W，端口电流 $I = 0.66$ A，试求：

（1）该感性负载的功率因数；

（2）若欲使电路的功率因数提高到 0.9，则至少需并联多大电容？

10 - 24　电路如图所示，$i_s(t) = 5 \cos 3t$ A，$C = (25\sqrt{3} + 8)/75$ F，试计算：

（1）网络从电源获得的有功功率和无功功率。

（2）电感及电容的平均储能。

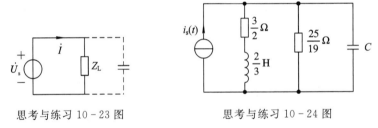

思考与练习 10-23 图　　　　　　　思考与练习 10-24 图

10-25　电路如图所示，为使负载获得最大功率，负载 Z_L 应为多少？此时 Z_L 得到的功率为多少？

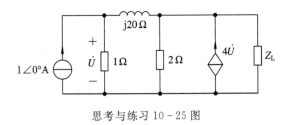

思考与练习 10-25 图

10-26　电路如图所示，求 Z_L 能获得的最大功率，已知 $u_s(t) = 10\sqrt{2}\,\cos(10^3 t - 45°)\,\text{V}$。

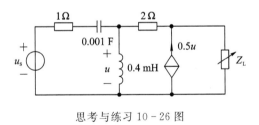

思考与练习 10-26 图

10-27　电路如图所示，试求：负载 Z_L 为何值时可获得最大功率？最大功率 P_{max} 为多少？

10-28　电路如图所示，已知 $u_s(t) = 100\cos 200t\,\text{V}$，电路消耗的功率为 200 W，$U_{Lm} = 50\,\text{V}$，求 R 和 L。

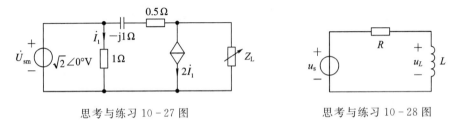

思考与练习 10-27 图　　　　　　　思考与练习 10-28 图

10-29　电路如图所示，$u_s(t) = (\sqrt{2}\,\cos 2\pi \times 10^7 t + \sqrt{2}\,\cos 2\pi \times 10^8 t)\,\text{V}$，求 R 获得的功率。

10-30　电路如图所示，已知

$$u_s(t) = 5 + 10\sqrt{2}\,\cos(1000t - 45°)\,\text{V}，\quad i(t) = 0.5 + I_m\cos(1000t + \theta)\,\text{A}$$

电阻 R 消耗的功率为 7.5 W，试求 R、I_m、L 和 θ 的值。

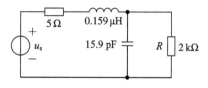
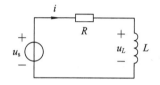

思考与练习 10 - 29 图　　　　思考与练习 10 - 30 图

10 - 31　电路如图所示，$u_{s1}(t) = 30$ V，产生功率为 60 W；$i_{s2}(t) = \sqrt{2} \times 5 \sin 1000t$ A，产生的有功功率为 100 W，无功功率为 0；$u_{s3}(t) = \sqrt{2} \times 40 \sin 2000t$ V，试求：

（1）R、L 和 C 的值；

（2）u_{s3} 产生的有功功率。

10 - 32　电路如图所示，已知

$$u_s(t) = [50 + 300 \sin(\omega t + 30°)] \text{ V}$$

$$i_1(t) = [10 + \sqrt{2} \times 15 \sin(\omega t - 30°)]\text{A}, \quad i_2(t) = 8.93 \sin(\omega t - 10°)\text{A}$$

试求：

（1）电路 $i(t)$ 的有效值；

（2）电路总共消耗的功率。

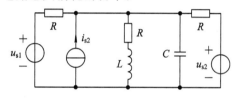
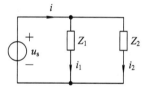

思考与练习 10 - 31 图　　　　思考与练习 10 - 32 图

第 11 章 电路的频率特性

【内容提要】 本章讨论动态电路的响应与激励信号频率的关系，即电路的频率特性。首先介绍正弦稳态条件下的网络函数，然后利用网络函数重点讨论 RC 电路的频率特性和 RLC 串、并联谐振电路的特征，并介绍动态电路的滤波、选频等功能，及电路的品质因数和通频带等概念。

11.1 电路的频率响应

在正弦稳态电路中，由于感抗和容抗都是频率的函数，使得电路的响应（幅度和相位）随激励频率的改变而改变。这种响应（幅度和相位）随激励的频率而变的特性称为电路的频率特性或频率响应（特性），简称频响。电路的频率特性是电路特性的一种重要描述。在信号与系统分析中，对电路频率特性所做的研究称为电路的频域分析，具有很重要的意义。动态电路的频率特性在电子和通信工程中得到了广泛应用，常用来实现滤波、选频、移相等功能。

1. 网络函数

电路的频率特性用正弦稳态电路的网络函数来描述。

所谓网络函数，是指对如图 11-1 所示的单输入、单输出电路，在频率为 ω 的正弦激励下，正弦稳态响应相量与激励相量之比，记为 $H(j\omega)$，即

$$f(t) \rightarrow \boxed{正弦稳态} \rightarrow y(t)$$

图 11-1 单输入、单输出电路示意图

$$H(j\omega) = \frac{响应相量}{激励相量} = \frac{\dot{Y}}{\dot{F}} \tag{11-1}$$

其中，输入（激励）一般是指电压源或电流源，输出（响应）是指感兴趣的某个电压或电流。

网络函数 $H(j\omega)$ 体现了单位激励相量作用下，响应相量随 ω 变化的情况，一般是 ω 的复值函数，可写为

$$H(j\omega) = H(\omega)e^{j\varphi(\omega)} \tag{11-2}$$

式中，$H(\omega)$ 为 $H(j\omega)$ 的模，$H(\omega) = \dfrac{|\dot{Y}|}{|\dot{F}|}$，是 ω 的实函数，反映了响应信号与激励信号的幅值比（振幅或有效值之比）随 ω 变化的关系，称为电路的幅频特性。$\varphi(\omega)$ 为 $H(j\omega)$ 的辐角，$\varphi(\omega) = \varphi_Y - \varphi_F$，也是 ω 的实函数，反映了响应信号与激励信号的相位差随 ω 变化的情况，称为电路的相频特性。绘出以 $H(\omega)$ 或 $\varphi(\omega)$ 为纵坐标、以 ω 为横坐标的曲线，分别称为电路的幅频特性曲线和相频特性曲线。如图 11-2 所示为某共射放大器的幅频特性曲线和相频特性曲线示意图。

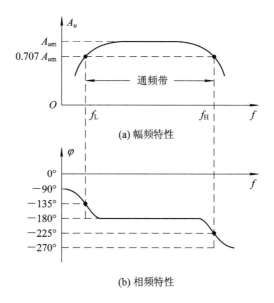

(a) 幅频特性

(b) 相频特性

图 11-2　某共射放大器的幅频特性和相频特性曲线示意图

根据响应与激励对应关系的不同，网络函数有多种不同的具体含义。

（1）当响应与激励在电路的同一端口时，网络函数称为策动点函数，包括：

策动点阻抗：

$$Z_{11}(j\omega) = \frac{\dot{U}_1}{\dot{I}_1}$$

策动点导纳：

$$Y_{11}(j\omega) = \frac{\dot{I}_1}{\dot{U}_1}$$

分别如图 11-3(a)、(b)所示。策动点阻抗和策动点导纳即电路的输入阻抗和输入导纳，它们互为倒数。

（2）当响应与激励在电路的不同端口时，网络函数称为转移函数或传输函数，包括：

转移阻抗：

$$Z_{21}(j\omega) = \frac{\dot{U}_2}{\dot{I}_1}$$

转移导纳：

$$Y_{21}(j\omega) = \frac{\dot{I}_2}{\dot{U}_1}$$

电压传输函数：

$$H_u(j\omega) = \frac{\dot{U}_2}{\dot{U}_1}$$

电流传输函数：

$$H_i(j\omega) = \frac{\dot{I}_2}{\dot{I}_1}$$

分别如图 11-3(c)～(f)所示。其中，转移阻抗和转移导纳分别具有阻抗和导纳的量纲，而电压传输函数和电流传输函数没有量纲，但它们分别代表了电路的电压放大倍数和电流放大倍数。一般情况下，若无需严格区分，皆可用网络函数来表示，但此时要注意它们的不同物理意义。若已知电路的激励和网络函数，根据式（11-1）就可以很方便地求得电路的响应。

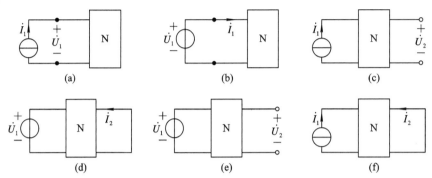

图 11-3　六种网络函数的定义图示

可以从另一个角度去理解网络函数。根据式（11-1）有

$$\dot{Y} = H(\mathrm{j}\omega)\dot{F} = H(\omega)\left|\dot{F}\right|\mathrm{e}^{\mathrm{j}(\varphi(\omega)+\varphi_F)} \tag{11-3}$$

从系统分析的角度来说，电路对信号的作用相当于一种数学运算，即对每一个输入的正弦信号分别做幅度加权（运算）和相位加权（运算），而不同频率的输入信号所获得的加权系数是不一样的。其运算关系可根据式（11-3）而得到：

$$\begin{cases} \left|\dot{Y}\right| = H(\omega)\left|\dot{F}\right| \\ \varphi_Y = \varphi(\omega) + \varphi_F \end{cases} \tag{11-4}$$

显然，对于角频率为 ω 的正弦波输入信号，电路的作用就是：在幅度上以 $H(\omega)$ 进行倍乘，在相位上附加 $\varphi(\omega)$ 相移。

2. 电路的选频特性（滤波）

由电路的频率特性可知，电路对不同频率输入信号的幅度响应是不一样的。正因如此，一些频率的信号可能会得到增强，而另一些频率的信号可能被削弱，也就是说，电路具有频率选择性。如果利用电路的这一特性，合理选择电路元件及参数，正确设计元件的连接和电路结构，就能构造一种电路，这种电路能使处于某个频率范围的输入信号得到输出，而其他频率的信号被阻断，这种电路叫选频电路。许多通过电信号进行通信的设备，如收音机、电视、卫星等都需要选频电路。

选频电路也叫滤波器，因为它能滤除某些频率的信号。从输入端到输出端，能够通过滤波器的信号的频带宽度叫通频带。频率处于这个频带之外的信号将被电路有效地削弱并阻止，从而不能在输出端输出，我们把不在电路通频带内的频率范围称为阻带。滤波器就是按其通频带的位置来分类的。

通用的滤波器主要有四种，分别为低通、高通、带通和带阻滤波器，其理想的幅频特性曲线如图 11-4 所示。可见，频率在阻带内的信号是被理想滤波器严格阻断的，其通带与阻带的交界点频率称为截止频率。低通和高通滤波器只有一个截止频率。其中低通滤波器可让低于截止频率的信号通过，即阻止高于截止频率的信号通过；高通滤波器则正好相反。带通和带阻滤波器有两个截止频率，其中带通滤波器可让频率处于两个截止频率之间的信号通过；带阻滤波器则正好相反。图 11 - 4 只给出了四种理想滤波器的幅频特性曲线，至于相频特性，为避免失真，在通频带内应为线性关系。这一点会在后续课程中详尽论述，本书不做讨论。

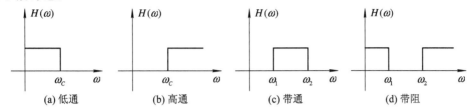

图 11 - 4　四种理想滤波器的幅频特性

在电子技术中，信息需要传播，必须依靠波形信号进行传递。而信号在产生、转换、传输的每一个环节都有可能由于环境干扰的存在而发生畸变，有时(甚至是在相当多的情况下)这种畸变还很严重，以至于信号及其所携带的信息被深深地埋在噪声当中了。滤波，本质上就是从被噪声畸变和污染了的信号中提取原始信号所携带的信息的过程。

严格地说，实际的滤波器并不能完全阻断所选频率之外的信号，实际上，滤波器只能衰减信号，即削弱或减小所指定频带之外的信号。

11.2　一阶 RC 电路的频率特性

将 RC 元件以不同方式连接组合，可分别构成低通、高通、带通和带阻滤波器。本节只对一阶 RC 低通和高通滤波器做简单讨论。

1. 一阶 RC 低通滤波器

如图 11 - 5(a)所示 RC 串联电路，$\dot{U}_1$ 为输入。若以电容电压 $\dot{U}_2$ 为响应，得网络函数：

$$H(\mathrm{j}\omega) = \frac{\dot{U}_2}{\dot{U}_1} = \frac{\dfrac{1}{\mathrm{j}\omega C}}{R + \dfrac{1}{\mathrm{j}\omega C}} = \frac{1}{1 + \mathrm{j}\omega RC} \tag{11-5}$$

其幅频特性和相频特性分别为

$$\begin{cases} H(\omega) = \dfrac{U_2}{U_1} = \dfrac{1}{\sqrt{1 + (\omega RC)^2}} \\ \varphi(\omega) = -\arctan(\omega RC) \end{cases} \tag{11-6}$$

由式(11 - 6)有

当 $\omega = 0$ 时，$H(\omega) = 1$，$\varphi(\omega) = 0$；

当 $\omega = \dfrac{1}{RC}$ 时，$H(\omega) = \dfrac{1}{\sqrt{2}}$，$\varphi(\omega) = -\dfrac{\pi}{4}$；

当 $\omega \to \infty$ 时，$H(\omega) \to 0$，$\varphi(\omega) \to -\dfrac{\pi}{2}$。

画出对应幅频特性和相频特性曲线，分别如图 11 - 5(b)、(c)所示，其中 $\tau = RC$，为一阶 RC 电路的时间常数。图 11 - 5(b)显示，此 RC 电路对低频信号衰减较小，对高频信号则衰减较大，具有低通滤波特性。

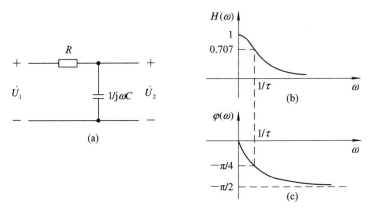

图 11-5 一阶 RC 低通滤波器及幅频、相频特性曲线

将图 11-5(b) 与图 11-4(a) 的理想低通滤波器幅频特性进行比较，可见在该一阶 RC 低通滤波电路的幅频特性上无法找到一个频率，将通带和阻带严格区分。事实上，实际的滤波器都具有上述特点。因此，对截止频率要做工程上的规定。

工程上认为，输出信号幅值大于最大输出信号幅值的 $\dfrac{1}{\sqrt{2}}$ 的这部分信号能顺利通过网络，而小于最大输出信号幅值的 $\dfrac{1}{\sqrt{2}}$ 的这部分信号被电路较大衰减，不易通过网络。因此定义，输出为最大输出的 $\dfrac{1}{\sqrt{2}}$ 所对应的频率为通带与阻带的分界点，即截止频率，以 ω_c 表示。

在此，当 $\omega=\dfrac{1}{RC}$ 时，$H(\omega)=\dfrac{1}{\sqrt{2}}H(\omega)_{\max}$。因此，一阶 RC 低通滤波电路的截止频率 $\omega_c=\dfrac{1}{RC}=\dfrac{1}{\tau}$，$0\sim\omega_c$ 的频率范围为通带，大于 ω_c 的频率范围为阻带。由于网络的输出功率与输出电压（或电流）的平方成正比，当 $\omega=\omega_c$ 时，输出电压为最大输出电压的 $\dfrac{1}{\sqrt{2}}$，输出功率是最大输出功率的一半。因此，ω_c 又称为半功率点频率，对应通频带也叫半功率点带宽。

在电子技术中，RC 低通滤波电路被广泛应用于整流电路和检波电路中，用以滤除电路中的高频分量。另外，在放大电路中的旁路电容也有类似功能。

2. 一阶 RC 高通滤波

若将图 11-5(a) 所示 RC 串联电路改为以电阻电压为输出，如图 11-6(a) 所示，则网络函数为

$$H(\mathrm{j}\omega)=\frac{\dot{U}_2}{\dot{U}_1}=\frac{R}{R+\dfrac{1}{\mathrm{j}\omega C}}=\frac{1}{1-\mathrm{j}\dfrac{1}{\omega RC}} \tag{11-7}$$

其幅频特性和相频特性分别为

$$\begin{cases} H(\omega)=\dfrac{U_2}{U_1}=\dfrac{1}{\sqrt{1+\left(-\dfrac{1}{\omega RC}\right)^2}} \\[4mm] \varphi(\omega)=-\arctan\left(-\dfrac{1}{\omega RC}\right) \end{cases} \tag{11-8}$$

由上式有

当 $\omega = 0$ 时，$H(\omega) = 0$，$\varphi(\omega) = \dfrac{\pi}{2}$；

当 $\omega = \dfrac{1}{RC}$ 时，$H(\omega) = \dfrac{1}{\sqrt{2}}$，$\varphi(\omega) = \dfrac{\pi}{4}$；

当 $\omega \to \infty$ 时，$H(\omega) \to 1$，$\varphi(\omega) \to 0$。

对应的幅频特性和相频特性曲线分别如图 13-6(b)、(c)所示。显然，此 RC 电路具有高通滤波特性。其截止频率(半功率点频率)$\omega_{\mathrm{c}} = \dfrac{1}{RC} = \dfrac{1}{\tau}$，$0 \sim \omega_{\mathrm{c}}$ 的频率范围为阻带，大于 ω_{c} 的频率范围为通带。

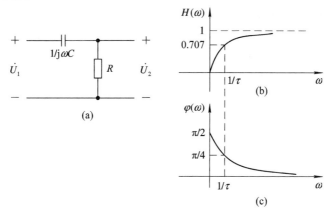

图 11-6　一阶 RC 高通滤波器及幅频、相频特性曲线

一阶高通电路被应用于需要滤除直流和低频成分的电路中。例如，作为电子电路放大器级间耦合电路，起隔直作用，以避免两级放大器直流工作点的相互干扰。

与 RC 串联电路相似，由 RL 串联而成的电路，通过选择不同的输出点亦可分别构成高通和低通滤波电路。这一结论可直接由 RC 和 RL 电路的对偶性得出，在此不再赘述。

11.3　RLC 串联谐振电路

无线电接收技术中，选频网络是应用最广泛的一种电路，要求具有带通特性，这种电路要比前面讨论的低通和高通滤波器复杂得多，必须由 R、L、C 元件构成的高阶电路实现。本节以 RLC 串联谐振电路为例进行讨论。

1. 谐振现象

根据物理学力学知识，大家都十分熟悉物体的一种固有现象——共振现象，即当外加力的频率与物体固有频率达到一致时，物体将发生共振，此时物体震动幅度最大。共振现象有时会造成很大的危害。那么在电学中，电路是否也会发生类似的现象呢？

为说明这个问题，我们先来做一个实验。对如图 11-7(a)所示的 RLC 串联电路，设正弦电源 $u_{\mathrm{s}}(t) = U_{\mathrm{m}}\cos(\omega t + \varphi)\mathrm{V}$，以电路电流 $i(t)$ 为输出。保持电源振幅(有效值)不变，由低到高改变电源频率，测量输出电流幅度，可以得到如图 11-7(b)所示的电流幅值随信号频率变化的频率特性曲线。由图可以看出，当输入信号频率达到某个频率 ω_0 时，电流幅度最大。进一步实验验证，ω_0 只与电路参数 L 和 C 的值有关，也就是说，ω_0 只由电路的结构和参数决定，即 ω_0 是电路的固有频率。这与力学中的共振现象十分相似，我们称之为谐振现象。当外加激励的频率与电路的固有频率相同时，电路发生谐振。

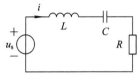

(a) RLC 串联电路　　　　(b) 电流幅值随频率变化的频率特性曲线

图 11 - 7　RLC 串联电路及其电流幅值随频率变化的频率特性曲线

2. RLC 串联谐振电路阻抗分析

图 11 - 7(a) 所示电路，其电流幅度随输入信号频率的改变而改变的原因在于电路中电感和电容元件的电抗是频率的函数。因此，首先分析电路的阻抗特性。画图 11 - 7(a) 的相量模型图，如图 11 - 8 所示，则电路的输入阻抗为

$$Z(\mathrm{j}\omega) = R + \mathrm{j}\left(\omega L - \frac{1}{\omega C}\right) = R + \mathrm{j}X$$

$$= \sqrt{R^2 + \left(\omega L - \frac{1}{\omega C}\right)^2} \angle \arctan\left(\frac{\omega L - \dfrac{1}{\omega C}}{R}\right) = |Z(\mathrm{j}\omega)| \angle \varphi_Z \qquad (11-9)$$

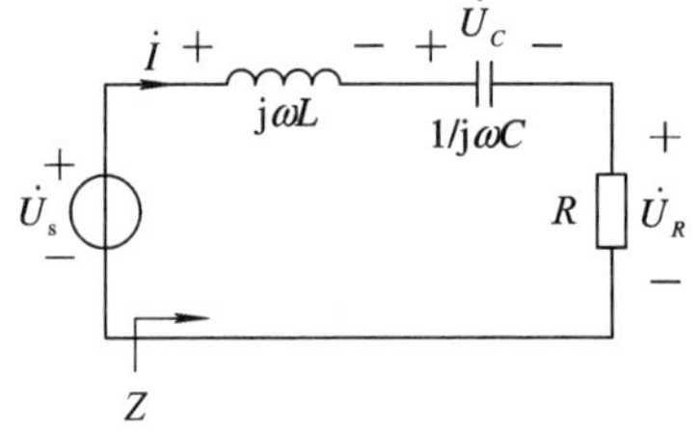

图 11 - 8　图 10 - 7(a) 的相量模型图

显然，当 ω 在 $0 \sim \infty$ 范围内变化时，电抗 $X = \omega L - \dfrac{1}{\omega C}$ 会随之变化。在 ω 较小时，有 $\omega L < \dfrac{1}{\omega C}$，电抗 $X < 0$，电路呈容性；在 ω 较大时，有 $\omega L > \dfrac{1}{\omega C}$，电抗 $X > 0$，电路呈感性；当 ω 为某频率 ω_0 时，会使 $\omega L = \dfrac{1}{\omega C}$，电抗 $X = 0$，电路呈阻性。此时，$Z(\mathrm{j}\omega) = |Z(\mathrm{j}\omega)| = R$ 最小，电流 $\dot{I}$ 则最大，且与电路端口电压 $\dot{U}_s$ 同相。工程上将这种电路中总电抗为零的现象称为谐振现象。若电路与外信号发生谐振，则称电路处于谐振状态。

显然，串联谐振时有

$$\omega_0 L - \frac{1}{\omega_0 C} = 0$$

解得谐振角频率（频率）为

$$\omega_0 = \frac{1}{\sqrt{LC}} \quad \left(f_0 = \frac{1}{2\pi\sqrt{LC}}\right) \qquad (11-10)$$

ω_0 也称为电路的固有频率。RLC 串联电路的谐振频率 ω_0 是单值的，仅由元件参数 L、

C 决定，与串联电路的电阻 R 无关。若改变电路的 L 或 C 的值，就可以改变电路的固有频率，使其与某个频率的信号发生谐振，或者避开某个频率的信号，以消除谐振。任何一条含有 LC 串联的支路都有可能发生串联谐振，但谐振是电路的一种固有属性，不只发生于串联电路。

3. RLC 串联电路谐振特性

RLC 串联电路谐振时有如下特性。

谐振时电路阻抗为纯电阻：

$$Z_0 = R \tag{11-11}$$

此时，阻抗模最小：

$$|Z_0| = |Z(\mathrm{j}\omega)|_{\min} = R \tag{11-12}$$

阻抗角为

$$\varphi_{Z0} = 0 \tag{11-13}$$

谐振时电路电流为

$$\dot{I}_0 = \frac{\dot{U}_s}{Z_0} = \frac{\dot{U}_s}{R} \tag{11-14}$$

$\dot{I}_0$ 与 $\dot{U}_s$ 同相，且幅值达到最大：

$$I_0 = I_{\max} = \frac{U_s}{R} \tag{11-15}$$

谐振时电路各元件电压为

$$\dot{U}_{R0} = R\dot{I}_0 = \dot{U}_s \tag{11-16a}$$

$$\dot{U}_{L0} = \mathrm{j}\omega_0 L\dot{I}_0 = \mathrm{j}\frac{\omega_0 L}{R}\dot{U}_s \tag{11-16b}$$

$$\dot{U}_{C0} = \frac{1}{\mathrm{j}\omega C}\dot{I}_0 = -\mathrm{j}\frac{1}{\omega_0 RC}\dot{U}_s \tag{11-16c}$$

工程上定义串联谐振时电感(或电容)电压与激励电压幅度之比为谐振电路的品质因数，用 Q 表示，即

$$Q = \frac{U_{L0}}{U_s} = \frac{U_{C0}}{U_s} = \frac{\omega_0 L}{R} = \frac{1}{\omega_0 RC} = \frac{1}{R}\sqrt{\frac{L}{C}} \tag{11-17}$$

品质因数是一个无量纲的量，工程上称为 Q 值。

串联谐振又称为电压谐振，因为谐振时有 $\dot{U}_{L0} + \dot{U}_{C0} = 0$，电感电压与电容电压相互抵消，相当于短路，但它们都是 $\dot{U}_s$ 的 Q 倍。若 Q≫1(例如在无线电技术中，串联谐振的品质因数可达几十到几百)，则电路在谐振时或接近谐振时，电感或电容电压将远远超过激励电压。此时可能造成过压现象，使电路元件损坏。但是，由于无线电技术中传输的信号往往很微弱，有时又会利用电压谐振现象获得较高的电压。可是在电力系统中，为保证设备的安全运行，是要尽量避免谐振的发生的。

4. RLC 串联电路频率特性

我们以电阻电压 $\dot{U}_R$ 为输出来分析图 11-7(a)串联谐振电路的频率特性(当然也可以电流 $\dot{I}$ 为输出作分析，其结果是一致的)。由图 11-8 有

电路网络函数：

$$H(j\omega) = \frac{\dot{U}_R}{\dot{U}_s} = \frac{R}{R + j\left(\omega L - \dfrac{1}{\omega C}\right)} \tag{11-18}$$

其幅频特性为

$$H(\omega) = \frac{R}{\sqrt{R^2 + \left(\omega L - \dfrac{1}{\omega C}\right)^2}} \tag{11-19}$$

当 $\omega \to 0$ 时，$H(\omega) \to 0$；

当 $\omega \to \infty$ 时，$H(\omega) \to 0$；

当 $\omega = \omega_0 = \dfrac{1}{\sqrt{LC}}$ 时，$H(\omega) = 1$。

相应的幅频特性曲线(谐振曲线)如图 11-9 所示。显然，RLC 串联谐振电路的实质是一个带通滤波器，角频率为 ω_0 的输入信号与电路发生谐振，得到最大输出。而 $\omega < \omega_0$ 或 $\omega > \omega_0$ 的信号被电路不同程度地削弱了，偏离 ω_0 越远，削弱程度越大，输出越小。

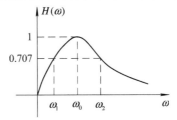

图 11-9 RLC 串联电路的幅频特性曲线

令 $H(\omega) = \dfrac{1}{\sqrt{2}}$，得电路的截止频率为

$$\begin{cases} \omega_1 = -\dfrac{R}{2L} + \sqrt{\left(\dfrac{R}{2L}\right)^2 + \dfrac{1}{LC}} \\ \omega_2 = \dfrac{R}{2L} + \sqrt{\left(\dfrac{R}{2L}\right)^2 + \dfrac{1}{LC}} \end{cases} \tag{11-20}$$

其中，$\omega_1 < \omega_0$，称为下半功率频率(下截止频率)；$\omega_2 > \omega_0$，称为上半功率频率(上截止频率)；ω_0 称为滤波器的中心频率，但 ω_0 并非 ω_1 与 ω_2 的中心点，而是表明 ω_1 和 ω_2 是在这个频率上、下输出下降为最大输出的 70.7% 时所对应的两个频率。ω_1 与 ω_2 的差值即滤波器的通频带，通频带用 B_W 表示。由式(11-20)有

$$B_W = \omega_2 - \omega_1 = \frac{R}{L} \tag{11-21}$$

由于 $Q = \dfrac{\omega_0 L}{R} = \dfrac{1}{\omega_0 RC}$，故

$$B_W = \frac{\omega_0}{Q} \left(Q = \frac{\omega_0}{B_W}\right) \tag{11-22}$$

RLC 电路因具有带通特性，所以常被用来作为接收机的输入回路，用以选出所需要的信号。式(11-22)表明，Q 值越大，则通频带 B_W 越窄，谐振曲线在谐振点附近的形状越尖锐，当稍微偏离谐振频率时，输出就会急剧下降，这说明电路对偏离谐振频率的信号的抑

制能力越强，电路的选择性越好。反之，若 Q 值越小，则通频带 B_W 越宽，谐振曲线在谐振点附近的形状越平坦，电路的选择性越差。图 11-10 给出了几种不同 Q 值下的谐振曲线。事实上，品质因数就是用以衡量电路频率选择性(品质)优劣的一个参数。Q 值与电路电阻 R 成反比，在保证谐振点不变的情况下(即 L、C 固定)，要想得到较高的 Q 值，必须减小串联谐振电路电阻阻值。

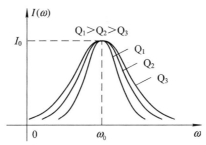

图 11-10　几种不同 Q 值下的谐振曲线

　　在实际通信技术中，需要接收的信号往往占有一定的频带宽度，而不是单一频率的信号。例如音频信号的频带为 20 Hz～20 kHz。因此，在接收广播电台的某个信号时，其谐振电路的设计要从两方面考虑。一方面要求谐振曲线在通频带范围内尽可能平坦，以便减少信号失真，为此要求 Q 值小些为好；另一方面，又希望尽可能地将超出有用信号频带之外的干扰信号滤除，为此要求谐振曲线在截止频率附近具有陡降特性，即 Q 值大些为好。确切地说，就是要求谐振电路的幅频特性尽量接近理想带通滤波特性。从设计理论来说，这用单谐振电路是无法做到的。所以，工程上通常都采用双调谐电路。双调谐电路具有两个谐振点，其核心元件是耦合电感，我们将在第 13 章的实例中给予介绍。

5. 失谐和失谐量计算

　　当输入信号 u_s 的频率 ω 与电路谐振频率 ω_0 不一致时，称为失谐。此时电路的电流和电压分别称为失谐电流、失谐电压。显然，它们比谐振电流和谐振电压要小，失谐越严重(ω 偏离 ω_0 越大)，则失谐电流、失谐电压越小。工程上用 $\eta=\dfrac{\omega}{\omega_0}$ 来衡量 ω 偏离 ω_0 的程度，并在以 η 为横坐标的坐标系下研究电路的谐振曲线及计算失谐量。下面我们加以讨论。

　　由电路的幅频特性式(11-19)有

$$H(\omega)=\frac{U_R}{U_s}=\frac{R}{\sqrt{R^2+\left(\omega L-\dfrac{1}{\omega C}\right)^2}}=\frac{1}{\sqrt{1+\left(\dfrac{\omega L}{R}-\dfrac{1}{\omega RC}\right)^2}}$$

$$=\frac{1}{\sqrt{1+\left(\dfrac{\omega}{\omega_0}\cdot\dfrac{\omega_0 L}{R}-\dfrac{\omega_0}{\omega}\cdot\dfrac{1}{\omega_0 RC}\right)^2}}$$

根据式(11-17)，即 $Q=\dfrac{\omega_0 L}{R}=\dfrac{1}{\omega_0 RC}$，得

$$H(\omega)=\frac{U_R}{U_s}=\frac{1}{\sqrt{1+Q^2\left(\dfrac{\omega}{\omega_0}-\dfrac{\omega_0}{\omega}\right)^2}} \tag{11-23}$$

令 $\eta = \dfrac{\omega}{\omega_0}$，可得

$$H(\eta) = \frac{U_R}{U_s} = \frac{1}{\sqrt{1 + Q^2\left(\eta - \dfrac{1}{\eta}\right)^2}} \tag{11-24}$$

式(11-24)适用于不同的 RLC 串联谐振电路，只要 Q 值不变，则关系式是一致的，都处于 η 坐标系下，具有通用性，对应曲线称为通用曲线。

在电路谐振时，有 $U_{R0} = U_s$，$I_0 = U_s/R$。设电路失谐时失谐电压为 U_R，失谐电流为 I，则失谐电压与谐振电压之比为

$$\frac{U_R}{U_{R0}} = \frac{U_R}{U_s} = \frac{1}{\sqrt{1 + Q^2\left(\eta - \dfrac{1}{\eta}\right)^2}} \tag{11-25}$$

失谐电流与谐振电流之比为

$$\frac{I}{I_0} = \frac{U_R/R}{U_s/R} = \frac{U_R}{U_s} = \frac{1}{\sqrt{1 + Q^2\left(\eta - \dfrac{1}{\eta}\right)^2}} \tag{11-26}$$

式(11-25)和式(11-26)表明失谐量与谐振量的相对值大小，取决于频率偏离程度 η 和电路的 Q 值。其值越小，说明电路选频特性越好。通常也用这两式来计算失谐量的值。

【例 11-1】 如图 11-11 所示串联谐振电路，已知 Q=150，$L=324~\mu H$，$C=362~pF$，接收到信号有效值 $U_{s1} = U_{s2} = 1~mV$，$f_1 = 465~kHz$，$f_2 = 600~kHz$。求两信号的电流值。

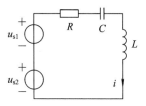

图 11-11 例 11-1 图

解　$f_0 = \dfrac{1}{2\pi\sqrt{LC}} = \dfrac{1}{2 \times 3.14\sqrt{324 \times 10^{-6} \times 362 \times 10^{-12}}} \approx 465~kHz$

可见，电路与信号 u_{s1} 发生谐振，故其电流

$$I_1 = I_0 = \frac{U_{s1}}{R} = \frac{U_{s1}Q}{\omega_0 L} = \frac{1 \times 10^{-3} \times 150}{2 \times 3.14 \times 465 \times 10^3 \times 324 \times 10^{-6}} = 158.5~\mu A$$

信号 u_{s2} 处于失谐状态，其电流为

$$I = I_0 \cdot \frac{1}{\sqrt{1 + Q^2\left(\eta - \dfrac{1}{\eta}\right)^2}} = \frac{158.5}{\sqrt{1 + 150^2\left(\dfrac{600}{465} - \dfrac{465}{600}\right)^2}} = 2.05~\mu A$$

11.4　并联电路的谐振

1. GLC 并联谐振电路

与 RLC 串联谐振电路类似，GLC 并联电路也具有谐振特性。由于两电路存在对偶关

系，所以，其谐振特性也是对偶的。

如图 11 - 12 所示 GLC 并联谐振电路，在激励 $\dot{I}_s$ 作用下，以电压 $\dot{U}$ 为输出，得电路的等效导纳为

$$Y(j\omega) = G + j\left(\omega C - \frac{1}{\omega L}\right) = G + jB$$

$$= \sqrt{G^2 + \left(\omega C - \frac{1}{\omega L}\right)^2} \angle \arctan\left[\frac{\omega C - \dfrac{1}{\omega L}}{G}\right] = |Y(j\omega)| \angle \varphi_Y \quad (11 - 27)$$

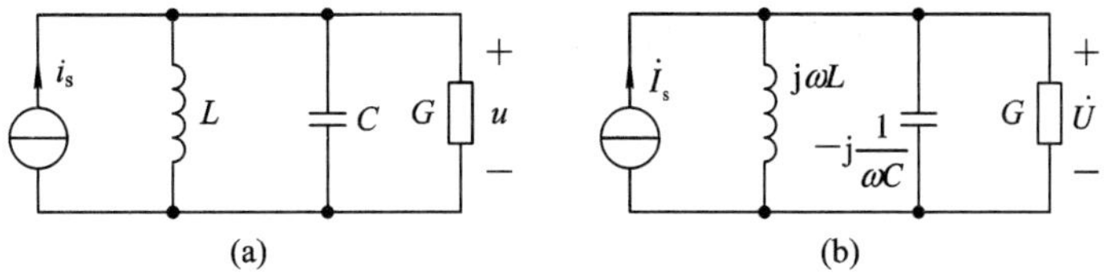

图 11 - 12　GLC 并联谐振电路

显然，当 $\omega C < \dfrac{1}{\omega L}$ 时，电纳 $B < 0$，电路呈感性；在 $\omega C > \dfrac{1}{\omega L}$ 时，电纳 $B > 0$，电路呈容性；当 ω 为某频率 ω_0 时，会使 $\omega C = \dfrac{1}{\omega L}$，电纳 $B = 0$，电路呈电导性。此时，$Y(j\omega) = G$，电路处于谐振状态。谐振时有

$$\omega_0 C - \frac{1}{\omega_0 L} = 0$$

谐振角频率（频率）为

$$\omega_0 = \frac{1}{\sqrt{LC}} \quad \left(f_0 = \frac{1}{2\pi \sqrt{LC}}\right) \quad (11 - 28)$$

GLC 并联电路谐振时有如下特性。

谐振时电路导纳为纯电导：

$$Y_0 = G \quad (11 - 29)$$

此时，导纳模最小：

$$|Y_0| = |Y(j\omega)|_{\min} = G \quad (11 - 30)$$

导纳角为

$$\varphi_{Y0} = 0 \quad (11 - 31)$$

谐振时电路电压为

$$\dot{U}_0 = \frac{\dot{I}_s}{Y_0} = \frac{\dot{I}_s}{G} \quad (11 - 32)$$

$\dot{U}_0$ 与 $\dot{I}_s$ 同相，且幅值达到最大：

$$U_0 = U_{\max} = \frac{I_s}{G} \quad (11 - 33)$$

谐振时电路各元件电流为

$$\dot{I}_{G0} = G\dot{U}_0 = \dot{I}_s \quad (11 - 34a)$$

$$\dot{I}_{L0} = \frac{\dot{U}_0}{j\omega_0 L} = -j\frac{1}{\omega_0 GL}\dot{I}_s \quad (11 - 34b)$$

$$\dot{I}_{C0} = j\omega_0 C \dot{U}_0 = j\frac{\omega_0 C}{G}\dot{I}_s \qquad (11-34c)$$

工程定义并联谐振电路的品质因数为谐振时电感(或电容)电流与激励电流幅度之比,即

$$Q = \frac{I_{L0}}{I_s} = \frac{I_{C0}}{I_s} = \frac{1}{\omega_0 GL} = \frac{\omega_0 C}{G} = \frac{1}{G}\sqrt{\frac{C}{L}} \qquad (11-35)$$

并联谐振时有 $\dot{I}_{L0} + \dot{I}_{C0} = 0$,电感和电容的并联支路相当于开路,但它们各自的电流都是 $\dot{I}_s$ 的 Q 倍,故并联谐振又称为电流谐振。

由图 11-12 可得 GLC 并联谐振电路的网络函数为

$$H(j\omega) = \frac{\dot{U}}{\dot{I}_s} = \frac{1}{G + j\left(\omega C - \dfrac{1}{\omega L}\right)} \qquad (11-36)$$

其幅频特性为

$$H(\omega) = \frac{1}{\sqrt{G^2 + \left(\omega C - \dfrac{1}{\omega L}\right)^2}} \qquad (11-37)$$

与 RLC 串联谐振电路相同,GLC 并联谐振电路同样具有带通滤波特性,其通频带为

$$B_W = \frac{G}{C} = \frac{\omega_0}{Q} \qquad (11-38)$$

失谐量与谐振量之比为

$$\frac{I_G}{I_0} = \frac{U}{U_{G0}} = \frac{1}{\sqrt{1 + Q^2\left(\eta - \dfrac{1}{\eta}\right)^2}} \qquad (11-39)$$

实际上,以上有关 GLC 并联谐振电路的所有讨论结果都可以根据对偶特性由串联谐振电路的推导结论直接给出。只需将各表达式中的"+"换为"-"、"R"换为"G"、"L"换为"C"、"C"换为"L"、"U"换为"I"、"I"换为"U"即可。

2. 工程中的并联谐振电路

工程中的并联谐振电路是由电感线圈与电容器相并联构成的,由于线圈存在电阻,可看成电阻 R 与电感 L 的串联,故实际的并联谐振电路如图 11-13 所示。

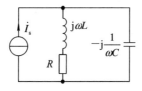

图 11-13 工程中的并联谐振电路

在条件适合时,可使电路端口电压与电流同相位,即电路等效为电阻元件,此时电路发生并联谐振。下面进行讨论。由图 11-13 有

$$Y(j\omega) = \frac{1}{R + j\omega L} + j\omega C = \frac{R - j\omega L}{R^2 + (\omega L)^2} + j\omega C$$

$$= \frac{R}{R^2 + (\omega L)^2} + j\left[\omega C - \frac{\omega L}{R^2 + (\omega L)^2}\right]$$

令其虚部为零,即

$$\omega C - \frac{\omega L}{R^2 + (\omega L)^2} = 0$$

解得

$$\omega = \frac{1}{\sqrt{LC}}\sqrt{1 - \frac{CR^2}{L}} \tag{11-40}$$

即电路的谐振频率 ω_0。显然，ω_0 应为大于零的实数。故要求

$$1 - \frac{CR^2}{L} > 0$$

解得

$$R < \sqrt{\frac{L}{C}} \tag{11-41}$$

也就是说，对图 11-13 的并联谐振电路，必须要求 $R < \sqrt{\frac{L}{C}}$，此时电路才存在发生谐振的可能性。在满足 $R < \sqrt{\frac{L}{C}}$ 的条件下，当激励信号角频率 ω 等于电路谐振频率 ω_0，即等于 $\frac{1}{\sqrt{LC}}\sqrt{1 - \frac{CR^2}{L}}$ 时，电路发生谐振。谐振时的电路等效导纳为

$$Y(j\omega_0) = \frac{R}{R^2 + (\omega_0 L)^2} \tag{11-42}$$

将 $\omega_0 = \frac{1}{\sqrt{LC}}\sqrt{1 - \frac{CR^2}{L}}$ 代入式(11-42)，得

$$Y(j\omega_0) = \frac{CR}{L} \tag{11-43}$$

值得注意的是，这种电路在发生谐振时，其等效导纳没有虚部，为纯电导。但其导纳模并不是最小值，也就是说，此时输出端电压并不是最大值。只有当电路满足 $R \ll \sqrt{L/C}$ 的条件时，其发生谐振的特点才和图 11-12 所示的 GLC 并联谐振电路的特点接近。工程电路中，电感线圈的阻值通常都很小，能够满足 $R \ll \sqrt{L/C}$ 的条件，故可以参照图 11-12 计算。

实例　阻抗测量——谐振法测量阻抗(Q 表)

交流电桥应用广泛，但极少用于高频元件的测量，主要是因为高频时分布参数的影响难以在电桥平衡时得以消除。谐振法是测量阻抗的另一种基本方法，它是利用 RLC 串联或 GLC 并联谐振特性而建立的方法，其测量精度虽说不如电桥法高，但由于测量线路简单方便，再加上高频电路元件大多在调谐回路中使用，所以用谐振法进行测量也比较符合其工作的实际情况，典型的谐振法测量仪器是高频 Q 表。

Q 表的工作频率范围相当宽，可在高频几十 kHz～几百 MHz 的范围内测量电感线圈的 Q 值、电感量、分布电容，电容器的电容量、分布电感，电阻的阻值，回路的阻抗，等等。Q 表的工作原理如图 11-14 所示，图中 R、L_x、C 构成串联谐振电路，电容 C 为标准可变电容，信号源 u_s 为频率可变的高频振荡器，高阻抗的电子电压表接到开关 1 或 2 可分别测量信号源

电压和电容 C 电压。由串联谐振特性可知，当电路谐振时，电容(或电感)电压为

$$U_C = \frac{1}{\omega_0 RC}U_s = QU_s$$

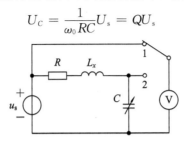

图 11 - 14 Q 表的工作原理图

所以，谐振时电压表分别测出信号源电压 U_s 和电容电压 U_C，就可以很容易得到 Q 值。

若固定信号源电压为 U_s，则 U_C 与 Q 成正比，所以，Q 值可以直接用测量 U_C 的电子电压表指示，表盘按 Q 值刻度读取即可。一般在高频 Q 表中，会用另一只电子电压表监视 U_s，以便保持 U_s 在某一规定数值上。若改变 U_s，还可以扩展 Q 值的测量范围，比如 U_s 减小 10 倍，可测得的 Q 值就扩大 10 倍。

若要测量电感的感量值，只要将信号源频率和标准可变电容加以定度(一般带有刻度盘可直接读出)，就可以由 $f_0 = \dfrac{1}{2\pi \sqrt{L_x C}}$ 得到 L_x。为方便起见，高频 Q 表都会在标准可变电容刻度盘上同时标有对应一些特定频率的电感刻度，因此，在测量这些特定频率时，就可以直接读出电感的感量值。

当然，若已知 Q 值、电容量及频率，R 的值可由 $Q = \dfrac{1}{\omega_0 RC}$ 得到。

若要测量电容量，只需将图 11 - 14 电路的电容和电感对换就可以了，此时电感为标准可调电感，电容为待测量，原理及方法与上述相似，在此不再讨论。

值得注意的是，在此 Q 表表盘指示的 Q 值是谐振回路的 Q 值，而不是元件的 Q 值。若要测量电感元件的 Q 值，就要考虑其他部件的损耗(残量)，所以必须在读数上加上一定的修正值才行。

在无线电接收机中，天线接收到的是多个电台信号，为从中选出我们所需要的某个电台，必须调节接收机的谐振频率。

收音机选台就是一种调谐操作，选台过程实际上就是通过改变电路的电容或电感参数，以使电路与所需接收的某个信号发生谐振的过程。

实训 信号发生器、振荡器

在研制、生产、使用、测试和维修各种电子元器件、部件以及整机设备的过程中，都需要信号源，由它产生不同频率、不同波形的电压、电流信号并加到被测器件、设备上，用其他测量仪器观察、测量被测者的响应，以分析确定它们的性能参数，如图 11 - 15 所示。这种提供测试用电信号的装置，统称为信号发生器，是一种重要的电子设备。

图 11 - 15 测试电路连接图

　　虽然各类信号发生器产生信号的方法及功能各有不同，但其基本构成一般都包含以下部件：振荡器、变换器、输出级、指示器和电源。其中，振荡器是信号发生器的核心部分，由它产生不同频率、不同波形的信号。

　　一般来说，低频信号发生器(频率范围一般为 1 Hz～1 MHz)的主振器通常采用 RC 振荡器，其中应用最多的当属文氏桥式振荡器。超低频信号发生器(能发出 1 Hz 以下信号)的振荡器通常采用积分器构成。在超低频信号发生器家族中，有一种被称为函数信号发生器，它在输出正弦波的同时，还能发出同频率的三角波、方波、锯齿波等波形，以满足不同的测试需要。高频信号发生器也称射频信号发生器(频率范围部分或全部覆盖 300 kHz～1 GHz，允许向外延伸)，是一种具有一种或一种以上调制或组合调制的信号发生器，其振荡器根据不同类别有 LC 振荡器、压控振荡器、合成式振荡器等。

　　尽管产生不同频段、不同波形信号的振荡器原理、结构差别很大，可是其基本原理是一致的。那么，振荡器是如何产生信号的呢？我们以文氏桥式振荡器为例进行分析，来寻找问题的答案。图 11 - 16 所示即文氏桥式振荡器电路。

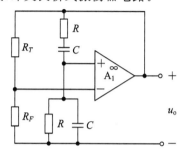

图 11 - 16　文氏桥式振荡器

　　我们首先来讨论如图 11 - 17(a)所示 RC 网络的频率特性。由图可得网络函数为

$$H(\mathrm{j}\omega) = \frac{\dot{U}_\mathrm{o}}{\dot{U}_\mathrm{i}} = \frac{R \ /\!/ \ \dfrac{1}{\mathrm{j}\omega C}}{R + \dfrac{1}{\mathrm{j}\omega C} + R \ /\!/ \ \dfrac{1}{\mathrm{j}\omega C}} = \frac{1}{3 + \mathrm{j}\left(R\omega C - \dfrac{1}{R\omega C}\right)}$$

其幅频特性和相频特性分别为

$$H(\omega) = \frac{1}{\sqrt{3^2 + \left(R\omega C - \dfrac{1}{R\omega C}\right)^2}}, \ \varphi(\omega) = \arctan \frac{1}{3}\left(R\omega C - \frac{1}{R\omega C}\right)$$

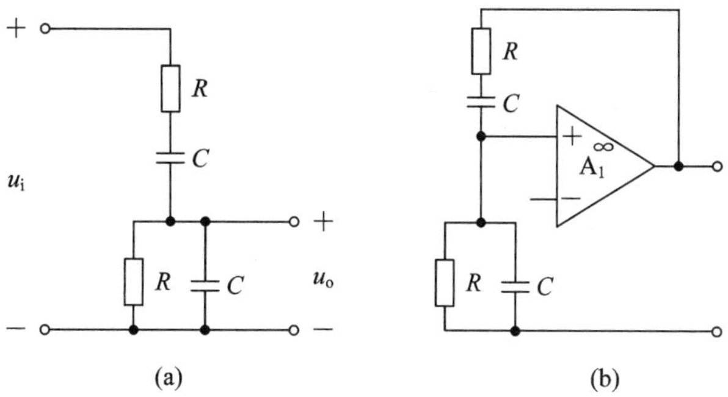

(a)　　　　　　　　　　　　(b)

图 11 - 17　RC 选频网络图示

当 $\omega = \dfrac{1}{RC}$ 时，$H(\mathrm{j}\omega) = \dfrac{1}{3}$（虚部为零），电路发生谐振，其谐振频率 $\omega_0 = \dfrac{1}{RC}$，且 $H(\omega) = \dfrac{1}{3}$，$\varphi(\omega) = 0^{\circ}$；

当 $\omega \to 0$ 时，$H(\omega) \to 0$，$\varphi(\omega) \to 90^{\circ}$；

当 $\omega \to \infty$ 时，$H(\omega) \to 0$，$\varphi(\omega) \to -90^{\circ}$。

其曲线分别如图 11-18(a)、(b)所示，可见该 RC 网络为一选频网络。当 $\omega = \omega_0 = \dfrac{1}{RC}$ 时，输出信号与输入信号同相，且传输函数的模值最大（为 1/3）。如果我们在输出端接放大倍数为 3 的同相放大器，并将之反馈作为输入，如图 11-18(b)所示，那么就可维持 $\omega = \omega_0$ 的正弦振荡，而由于 RC 网络的选频特性，其他频率的信号将被抑制。

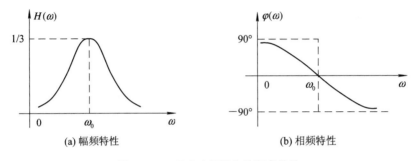

(a) 幅频特性　　　　　　　　　(b) 相频特性

图 11-18　RC 选频网络的频率特性

其中，放大倍数为 3 的同相放大器一般由两级反相放大器级联实现。为稳定放大电路的增益，使得在维持振荡期间，电压增益为 3，必须在放大器上加上负反馈，这样就形成了如图 11-16 所示的文氏桥式振荡器。图中负温度系数热敏电阻 R_T 和电阻 R_F 构成电压负反馈电路，其中负温度系数热敏电阻 R_T 的作用是：在振荡器起振阶段，由于 R_T 温度低，阻值大，负反馈小，放大器实际增益大于 3，振荡器容易起振；随着起振过程的进行，R_T 温度增高，阻值变小，负反馈增大，放大器增益减小；当起振阶段结束，放大器增益维持为 3，电路得到稳定的电压输出。

如果要改变振荡器的输出频率，只要改变电阻 R 和电容 C 的值即可。在实际电路中，一般使用同轴电阻器改变电阻 R 进行粗调，使得换挡时频率变化 10 倍，而用改变双联同轴电容 C 的方法在一个波段内进行频率细调。

思 考 与 练 习

11-1　判断下列说法是否正确：

(1) 串联谐振电路中，当电源频率高于谐振频率时，呈现电容性。（　　　）

(2) 电路品质因数越高，则电路与电源交换的无功功率越多。（　　　）

(3) 电路品质因数越高，则电路储存的电能越多。（　　　）

(4) 电路品质因数越高，则通频带越窄，选频特性越好。（　　　）

11-2　在下列 RLC 串联谐振电路品质因数的表达式中，哪个是错误的？（　　　）

(1) $Q=\dfrac{1}{\omega_0 LR}$　　(2) $Q=\dfrac{\omega_0 L}{R}$　　(3) $Q=\dfrac{1}{R}\sqrt{\dfrac{C}{L}}$

(4) $Q=\dfrac{U_{C0}}{U_s}$（其中 U_{C0} 为谐振时电容的电压）

11-3　电路如图所示，已知谐振频率为 f_0，若电源频率 $f>f_0$，则电流 $\dot{I}$（　　　）。

(1) 超前于 $\dot{U}_s$　(2) 落后于 $\dot{U}_s$　(3) 与 $\dot{U}_s$ 同相

(4) 与 $\dot{U}_s$ 反相　(5) 以上结果都有可能

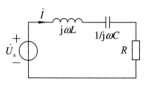

思考与练习 11-3 图

11-4　在题 11-3 图示电路中，若已知 $R=10\ \Omega$，$L=75\ \mu H$，电源频率 $f=1.5\ \mathrm{MHz}$，为使电路发生谐振，C 应约等于（　　　）。

(1) 75 pF　(2) 150 pF　(3) 5900 pF　(4) 75 μF　(5) 150 μF

11-5　电路如图所示，问：频率 ω 为多大时，稳态电流 $i(t)$ 为零？

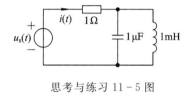

思考与练习 11-5 图

11-6　判别电路是否达到并联谐振状态，可通过下列哪些现象来确定？（　　　）

(1) 电源频率等于 $1/\sqrt{LC}$

(2) 电感支路电流达到最大值

(3) 总电流达到最小值

11-7　试求图示各电路的电压或电流传输函数，并粗略地绘出其幅频特性曲线和相频特性曲线。

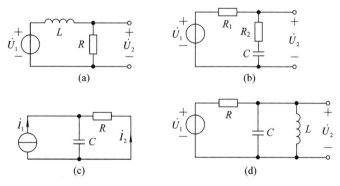

思考与练习 11-7 图

11-8　如图所示 RL 串联电路。

(1) 求以 $u_0(t)$ 为输出的电压传输函数；

(2) 粗略画出其幅频和相频特性曲线，并说明其为何种类型的滤波器；

(3) 若 $R=5\ \mathrm{k}\Omega$，$L=3.5\ \mathrm{mH}$，求该滤波器的截止频率。

11-9　电路如图所示，试求其幅频特性、中心频率、截止频率、带宽和 Q 值，并指出其为何种类型的滤波器。

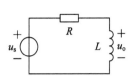

思考与练习 11-8 图

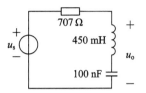

思考与练习 11-9 图

11-10 电路如图所示，已知 $\omega_0 = 5 \times 10^6$ rad/s，下半功率频率 $\omega_1 = 4.5 \times 10^6$ rad/s，试求 Q、B、L 和 R 的值。

11-11 已知 RLC 串联电路的输入电压 $u_s(t) = 10\sqrt{2}\cos(2500t + 10°)$ V，当 $C = 8$ μF 时，电路吸收功率最大，为 100 W，求 L 和 Q 的值。

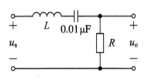

思考与练习 11-10 图

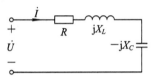

思考与练习 11-12 图

11-12 电路如图所示，当调节电容 C，使得电流 $\dot{I}$ 与电压 $\dot{U}$ 同相时，测得电压有效值 $U = 50$ V，$U_C = 200$ V，电流有效值 $I = 1$ A。已知 $\omega = 10^3$ rad/s，求 R、L、C 的值。

11-13 RLC 串联电路的谐振频率为 876 Hz，通频带为 750 Hz～1 kHz，已知 $L = 0.32$ H。

（1）求 R、C 和 Q 的值；

（2）若电源电压有效值 $U_s = 23.2$ V 在各频率时保持不变，试求在 $\omega = \omega_0$ 及通频带两端处电路的平均功率；

（3）试求在 $\omega = \omega_0$ 时电感及电容电压的有效值。

11-14 电路如图所示，已知 $I_s = 1$ A，当 $\omega = 1000$ rad/s 时电路发生谐振，试求 C 和 U。

11-15 电路如图所示，已知 $R = \omega L = \dfrac{1}{\omega C} = 10$ Ω，$u_s(t) = 10 + 10\sqrt{2}\sin\omega t$ V，试求电流 $i(t)$ 及其有效值 I 和电源产生的功率。

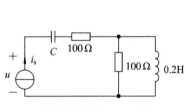

思考与练习 11-14 图

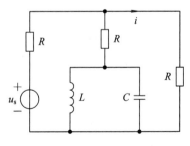

思考与练习 11-15 图

11-16 电路如图所示，$u_s(t) = \left[100 + 14.14\cos\left(2\omega t + \dfrac{\pi}{6}\right) + 7.07\cos\left(4\omega t + \dfrac{\pi}{3}\right)\right]$ V，

且已知 $\omega L_1 = \omega L_2 = 10$ Ω，$\dfrac{1}{\omega C_1} = 160$ Ω，$\dfrac{1}{\omega C_2} = 40$ Ω，$R = 200$ Ω。求：

（1）电容 C_1 端电压有效值；（2）电感 L_2 中电流有效值。

11－17　电路如图所示，是否可以发生谐振？若可以，求其谐振频率。

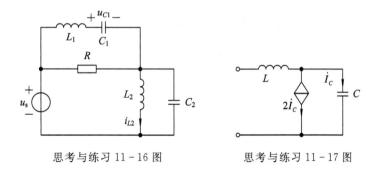

思考与练习 11－16 图　　　　　　　思考与练习 11－17 图

11－18　已知 GLC 并联电路的 $\omega_0 = 1000$ rad/s，$Z_0 = 10^5\ \Omega$，$B_w = 100$ rad/s，试求 R、L、C。

11－19　电路如图所示，$u_s(t) = [5 + 10\cos 10t + 15\cos 30t]$V，试求电压 $u(t)$，并说明电路处于何种状态。

11－20　电路如图所示，求网络函数 $H(j\omega) = \dot{I}/\dot{U}_s$。

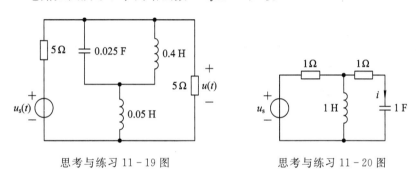

思考与练习 11－19 图　　　　　　　思考与练习 11－20 图

11－21　电路如图所示，已处于谐振状态，其中 $I_s = 1$ A，$U_1 = 50$ V，$R_1 = X_C = 100\ \Omega$。试求电压 U_L 和电阻 R_2。

11－22　求图示电路的谐振频率。

11－23　已知图示电路处于谐振状态，$u_s(t) = 10\sqrt{2}\cos 10^4 t$ V，试求 i_1 和 i_C。

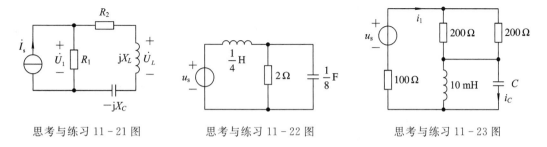

思考与练习 11－21 图　　　　　思考与练习 11－22 图　　　　　思考与练习 11－23 图

第12章 三相电路

【内容提要】 根据实际需要，供电系统有多种常用供电方式，它们通常被称为 m 相 n 线制，其中三相电路是供电系统中广泛采用的电路形式。本章主要介绍三相电源及三相电路的组成，重点讨论对称三相电路的计算方法，电压和电流的相值和线值之间的关系、三相电路的功率，并简单介绍不对称三相电路。

12.1 多相电路概述

电力工程中的电源供电系统有多种类型，根据其电源相位及输出线的数目多少，被称为 m 相 n 线制。所谓 m 相，是指供电系统有 m 个频率及幅度相同但相位不同的电源供电，而 n 线则指该供电电源的外接线为 n 条。例如，图 12-1 所示电路的电源系统为一个电源、两条外接线，故称为单相两线系统。显然，前面几章介绍的正弦交流电系统基本都属于这种形式。

实际应用中还有一种单相三线系统，如图 12-2 所示，其供电电源虽为两个，但幅度和相位相同，故为单相；两个电源通过两根端线和一根中线与负载相连，故为三线。在我国，通常家用供电系统为单相两线制，而国外的家用供电系统则普遍采用单相三线制。这种系统对 120 V 和 240 V 设备都适用。

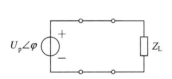

图 12-1 单相两线系统

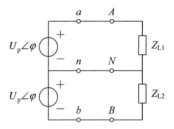

图 12-2 单相三线系统

如果供电系统中有多个频率及幅度相同但相位不同的电源供电，则称为多相系统。如图 12-3 为两相三线系统，图 12-4 为三相四线系统。

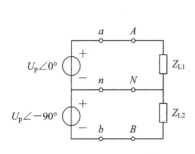

图 12-3 两相三线系统

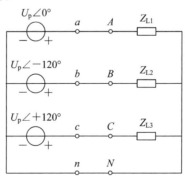

图 12-4 三相四线系统

12.2 三相电路的基本概念

国内外实际应用的交流电几乎全是由三相发电机产生和三相输电线输送的,即使在某些特定需要用到单相或两相电源的场合,也是通过三相系统的一相或两相提供。三相交流电之所以被广泛应用,是因为与单相交流电相比较,三相交流电在发电、输电和用电等方面具有许多优点。例如在尺寸相同的情况下,三相发电机比单相发电机的输出功率大;在输电距离、输送功率、负载功率因数等电气指标相同的条件下,三相输电比单相输电节省约 25% 的金属材料。

三相电路由三相电源、三相输电线路和三相负载三部分组成。所谓三相电源,是指能同时产生三个频率相同但相位不同的电压的电源总体。三相交流发电机就是一种应用最普遍的三相电源,它由完全相同而彼此相隔 120° 的三个定子绕组 ax、by、cz 构成外框,转子(磁铁)固定在中心轴上,如图 12-5 所示。当转子以角速度 ω 匀速旋转时,三个定子绕组中都会感应生成随时间按正弦规律变化的电压。由于这三个电压的振幅和频率皆相同,且彼此间的相位互差 120°,因此称为对称三相电压。产生对称三相电压的电源称为对称三相电源。

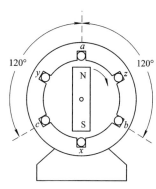

图 12-5 三相发电机示意图

在电路分析中,三相电源的电路模型由三个独立正弦电压源按一定方式连接而成,其中的每个电压源称为三相电源的一相。如图 12-6(a) 所示,习惯上三个独立正弦电压源的正极性端分别标记为 a、b 和 c,负极性端分别标记为 x、y、z,其瞬时值分别用 $u_a(t)$、$u_b(t)$ 和 $u_c(t)$ 表示。对于对称三相电源,若取 a 相电源电压为参考正弦量,则其各相电压瞬时值分别为

$$u_a(t)=U_{pm}\cos\omega t, \quad u_b(t)=U_{pm}\cos(\omega t-120°), \quad u_c(t)=U_{pm}\cos(\omega t+120°) \quad (12-1)$$

对应于这三个正弦电压的相量分别为

$$\dot{U}_a=U_p\angle 0°, \quad \dot{U}_b=U_p\angle -120°, \quad \dot{U}_c=U_p\angle 120° \quad (12-2)$$

式中,$U_p=U_{pm}/\sqrt{2}$ 为有效值。其相量图和波形图分别如图 12-6(b)、(c) 所示。由图可见,对称三相电源在任何瞬间电压的代数和为零,即

$$u_a(t)+u_b(t)+u_c(t)=0 \quad 或 \quad \dot{U}_a+\dot{U}_b+\dot{U}_c=0$$

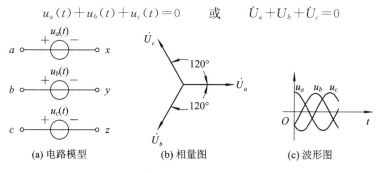

(a) 电路模型　　　　(b) 相量图　　　　(c) 波形图

图 12-6 三相电源

三相电源中，把电压到达最大值的先后次序叫做相序。如果相序为 a—b—c，则称为正序；反之，则称为逆序。本书如无特殊说明，均指正序。

对三相电源，把 a、b、c 正极性端称为始端（相头）；把 x、y、z 负极性端称为末端（相尾）。

12.3 三相电源和负载的连接

在三相电路中，三相电源有 Y 形（星形）和△形（三角形）两种连接方式。下面对这两种连接方式分别加以讨论。

图 12-7(a)所示是三相电源的 Y 形连接方式。三个电压源的末端 x、y、z 连接在一起成为一个公共点 O，称为中点，由中点引出的线称为中线（地线）。由始端 a、b、c 引出的三根线与输电线相连接，称为端线（俗称火线）。端线与中线之间的电压即相电压 u_a、u_b、u_c，端线之间的电压 u_{ab}、u_{bc}、u_{ca} 称为线电压。三个线电压相量分别为

$$\dot{U}_{ab} = \dot{U}_a - \dot{U}_b, \quad \dot{U}_{bc} = \dot{U}_b - \dot{U}_c, \quad \dot{U}_{ca} = \dot{U}_c - \dot{U}_a \tag{12-3}$$

各相电压和线电压的相量图可用图 12-7(b)、(c)表示。

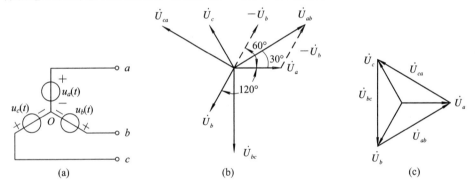

图 12-7 三相电源的 Y 形连接及相电压、线电压的相量图

将式(12-2)代入式(12-3)，可得

$$\dot{U}_{ab} = \sqrt{3}U_p\angle 30°, \quad \dot{U}_{bc} = \sqrt{3}U_p\angle -90°, \quad \dot{U}_{ca} = \sqrt{3}U_p\angle 150° \tag{12-4}$$

由于相电压是对称的，故线电压也是对称的，而且线电压的有效值（振幅）是相电压的 $\sqrt{3}$ 倍。例如相电压的有效值为 220 V，可得线电压的有效值为 $\sqrt{3}\times 220 = 380$ V。以 U_1 表示线电压的有效值，则

$$U_1 = \sqrt{3}U_p \tag{12-5}$$

在 Y 形连接中，有时也可以取消中线。没有中线的三相电路叫三相三线制电路，有中线的三相电路叫三相四线制电路。高压输电线路通常采用三相三线制，取消中线可以节约材料，又不会对输电造成影响。而日常生活或工程电力系统中采用三相四线制，可提供相电压和线电压两种等级的电压，给用电带来了方便。例如，我国低压配电系统规定三相电路的线电压为 380 V，可供三相电动机使用，而生活照明用电就由 220 V 相电压提供。

如果将三个电压源的始、末端顺次相连接，即 x 与 b，y 与 c，z 与 a 相连接，这样就得到一个闭合回路，再从三个连接点引出三根火线，就构成了三相电源的△形连接，如图

12-8(a)所示。由图可知，三相电压接成△形时，线电压等于相电压。在三相电压组成的闭合回路中，回路的总电压为

$$\dot{U}_a + \dot{U}_b + \dot{U}_c = 0 \qquad (12-6)$$

即回路内总的电压为零，其相量图如图 12-8(b)所示。

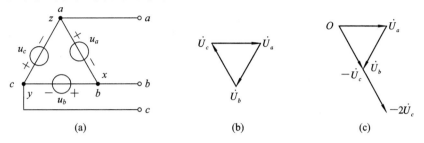

图 12-8 三相电源的△形连接及相量图

必须注意，如果将某一电压源接反了，三个相电压之和就不再为零，在电压源闭合回路中会产生很大的电流，导致严重后果。例如，若将 c 相电压源极性接反，则闭合回路的总电压为

$$\dot{U}_a + \dot{U}_b - \dot{U}_c = U_p(1 + 1\angle 120° - 1\angle 120°) = 2U_p\angle -60° = -2\dot{U}_c$$

其相量图如图 12-8(c)所示。此时相当于有一个大小为相电压的两倍的电压源作用于闭合回路。由于发电机绕组的阻抗很小，这会导致很大的电流，烧坏发电机。因此，三相电源做△形连接时，为使连接正确，通常的做法是在回路中接入一个量限大于相电压两倍的电压表。由于电压表阻抗很大，不论三相电源的连接是否正确，回路中的电流都很小，不会烧坏绕组。如果电压表读数为零，则可断定连接正确。

三相电路中负载也是三相的，如图 12-9(a)和(b)所示，三相负载也有 Y 形和△形两种连接方式，其中每个负载称为三相负载的一相。如果三个负载阻抗相等，则称为对称负载，否则称为不对称负载。

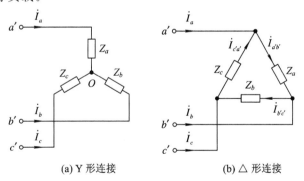

图 12-9 三相电路负载的两种连接方式

由于三相电源和三相负载均有 Y 形和△形两种连接方式，因此当三相电源与三相负载通过供电线连接构成三相电路时，可形成如图 12-10 所示的四种连接方式的三相电路。其中 Z_{la}、Z_{lb}、Z_{lc} 称为端线阻抗，Z_0 称为中线阻抗。对图 12-10(a)的三相四线制电路，若取消中线，则成为三相三线制电路。

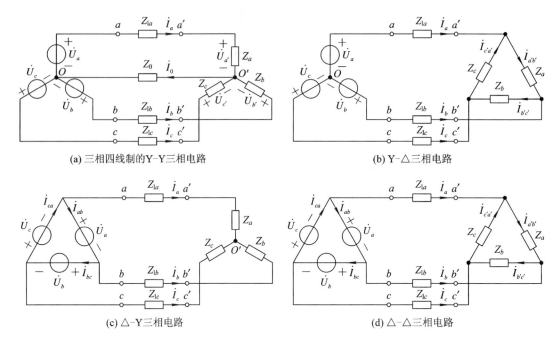

(a) 三相四线制的Y-Y三相电路   (b) Y-△三相电路

(c) △-Y三相电路   (d) △-△三相电路

图 12 - 10   三相电路的四种连接方式

如果三相电路的电源对称，负载对称，端线阻抗也对称（相等），则称为对称三相电路；反之在上述三个条件中，只要有一个不满足，则称为不对称三相电路。三相电动机、三相电炉等属于前者；一些由单相电工设备接成的三相负载（如生活用电及照明用电负载），通常是取一条端线和由中点引出的中线（地线）供给一相用户，取另一端线和中线给另一相用户。这类接法的三条端线上的负载不可能完全相等，属于不对称三相负载。由此连接而成的电路，就是不对称三相电路。下面我们对这两种电路分别加以讨论。

12.4   对称三相电路分析

对称三相电路是由对称三相电源、对称三相负载及对称三相线路组成的电路。在对称三相电路中如果有中线，它的阻抗不必与端线的阻抗相等。在图 12 - 10 所示的四种连接方式中，图 12 - 10(a) 的三相四线制电路在供电系统中最为常见。若电路是对称的，令 $Z_a = Z_b = Z_c = Z$，$Z_{1a} = Z_{1b} = Z_{1c} = Z_1$，取 O 点为参考节点，由节点法可得

$$\dot{U}_{O'O} = \frac{\dfrac{1}{Z + Z_1}(\dot{U}_a + \dot{U}_b + \dot{U}_c)}{\dfrac{3}{Z + Z_1} + Z_0}$$

由于 $\dot{U}_a = \dot{U}_b = \dot{U}_c = 0$，故得

$$\dot{U}_{O'O} = 0 \qquad\qquad\qquad (12 - 7)$$

即 O 和 O' 点同电位，中线上无电压，阻抗 Z_0 可用短路线代替。

在三相电路中，流过每相电源或负载的电流称为电源或负载的相电流，端线（火线）上的电流称为线电流。显然，图 12 - 10(a) 所示电路的相电流与线电流相等，且为

$$\begin{cases} \dot{I}_a = \dfrac{\dot{U}_a}{Z_1 + Z} = \dfrac{U_p}{|Z_1 + Z|} \angle -\varphi_{Z_1} \\[2mm] \dot{I}_b = \dfrac{\dot{U}_b}{Z_1 + Z} = \dfrac{U_p}{|Z_1 + Z|} \angle (-\varphi_{Z_1} - 120°) \\[2mm] \dot{I}_c = \dfrac{\dot{U}_c}{Z_1 + Z} = \dfrac{U_p}{|Z_1 + Z|} \angle (-\varphi_{Z_1} + 120°) \end{cases} \tag{12-8}$$

式中，φ_{Z_1} 为阻抗 $Z_1 + Z$ 的阻抗角。其相量图如图 12-11 所示。由于各线电流是对称的，故中线 OO' 上电流为零，即

$$\dot{I}_0 = \dot{I}_a + \dot{I}_b + \dot{I}_c = 0 \tag{12-9}$$

相当于阻抗 Z_0 为无穷大。在这种情况下，可以去掉中线而成为三相三线制。所以 Y-Y 连接的对称三相电路有无中线，其计算结果都是一样的。在实际工程应用中，中线要求接地。如果忽略端线阻抗，即 $Z_1 = 0$，则由式（12-8）有

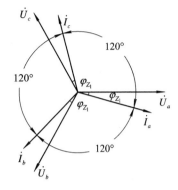

图 12-11 Y-Y 三相电路的相量图

$$\begin{cases} \dot{I}_a = \dfrac{U_p}{|Z|} \angle -\varphi_Z \\[2mm] \dot{I}_b = \dfrac{U_p}{|Z|} \angle (-\varphi_Z - 120°) \\[2mm] \dot{I}_c = \dfrac{U_p}{|Z|} \angle (-\varphi_Z + 120°) \end{cases} \tag{12-10}$$

式中，φ_Z 为阻抗 Z 的阻抗角。令 I_p、I_1 分别表示相电流和线电流的有效值，则每相负载的功率为

$$\bar{P}_p = U_p I_p \cos\varphi_Z \tag{12-11}$$

在 Y 形连接中，由于 $U_p = \dfrac{U_1}{\sqrt{3}}$ 且 $I_p = I_1$，代入式（12-11）得

$$\bar{P}_p = \frac{1}{\sqrt{3}} U_1 I_1 \cos\varphi_Z \tag{12-12}$$

所以，三相负载总功率为

$$\bar{P} = 3\bar{P}_p = 3U_p I_p \cos\varphi_Z = \sqrt{3} U_1 I_1 \cos\varphi_Z \tag{12-13}$$

同理，对于 △ 形连接的对称三相负载，由于 $I_p = I_1/\sqrt{3}$ 且 $U_p = U_1$，代入式（12-11），同样可得式（12-13）结论。事实上，无论是 Y 形连接还是 △ 形连接的对称三相电源或对称三相负载，其三相总功率皆为

$$\bar{P} = 3\bar{P}_p = 3U_p I_p \cos(\varphi_u - \varphi_i) = \sqrt{3} U_1 I_1 \cos(\varphi_u - \varphi_i) \tag{12-14}$$

即式（12-14）适用于图 12-10 所示的四种连接方式的对称三相电路的功率计算。

由于对称三相电路的电压、电流具有对称特性，可以利用这些特性简化电路的分析计算。

【例 12-1】 Y 形连接的负载接到线电压为 380 V 的三相正弦电压源，如图 12-12(a) 所示。求当 $Z = 17.32 + j10\ \Omega$ 时的各相电流和中线电流。

解 负载的相电压为

$$U_p = \frac{U_l}{\sqrt{3}} = \frac{380}{\sqrt{3}} \approx 220 \text{ V}$$

由于

$$Z = 17.32 + \text{j}10 = 20\angle 30° \ \Omega$$

根据式(12-10)有

$$\dot{I}_a = \frac{U_p}{|Z|}\angle -\varphi_Z = \frac{220}{20}\angle -30° = 11\angle -30° \text{ A}$$

$$\dot{I}_b = \frac{U_p}{|Z|}\angle(-\varphi_Z - 120°) = 11\angle -150° \text{ A}$$

$$\dot{I}_c = \frac{U_p}{|Z|}\angle(-\varphi_Z + 120°) = 11\angle 90° \text{ A}$$

其相量图如图 12-12(b)所示,中线电流为零。

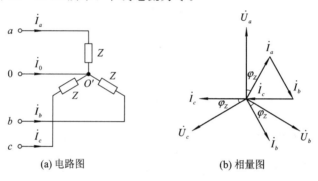

(a) 电路图　　　　　(b) 相量图

图 12-12　例 12-1 图

【**例 12-2**】 已知对称三相负载,其功率为 12.2 kW,线电压为 220 V,功率因数 $\lambda = 0.8$,试求线电压;如果负载连接成 Y 形,试计算负载阻抗 Z。

解 因为三相负载吸收的总功率为

$$\bar{P} = \sqrt{3}U_l I_l \cos\varphi_Z = \sqrt{3}U_l I_l \lambda$$

所以

$$I_l = \frac{\bar{P}}{\sqrt{3}U_l \lambda} = \frac{12.2 \times 10^3}{\sqrt{3} \times 220 \times 0.8} = 40 \text{ A}$$

当负载接成 Y 形时,有

$$I_p = I_l = 40 \text{ A}$$

$$U_p = \frac{U_l}{\sqrt{3}} = \frac{220}{\sqrt{3}} = 127 \text{ V}$$

$$|Z| = \frac{U_p}{I_p} = \frac{127}{40} = 3.175 \ \Omega$$

又因 $\lambda = \cos\varphi_Z = 0.8$,故 $\varphi_Z = \pm36.9°$。因此

$$Z_1 = 3.175\angle 36.9° \ \Omega \quad (感性阻抗)$$

$$Z_2 = 3.175\angle -36.9° \Omega \quad (容性阻抗)$$

12.5　不对称三相电路分析

如果三相电路中有三相不对称电源或三相不对称负载及不对称的端线阻抗，则称为不对称三相电路。例如在低压供电系统中，日常照明线路由于用户用电器用电不均，会形成三相不对称负载的三相电路。不对称三相电路的分析要比对称三相电路复杂得多，只能采用一般复杂交流电路的分析方法进行计算。下面根据可能发生的工程情况，对负载不对称三相电路做简单讨论。

在图 12-10(a)的三相四线制电路中，若取消中线，则得到三相三线制电路，设 $Z_a \neq Z_b \neq Z_c$，$Z_{1a} = Z_{1b} = Z_{1c} = 0$，如图 12-13 所示，则中点 O 和 O' 间的电压为

$$\dot{U}_{OO'} = \frac{\dfrac{\dot{U}_a}{Z_a} + \dfrac{\dot{U}_b}{Z_b} + \dfrac{\dot{U}_c}{Z_c}}{\dfrac{1}{Z_a} + \dfrac{1}{Z_b} + \dfrac{1}{Z_c}} \neq 0 \tag{12-15}$$

即中点 O 和 O' 不是等电位，这种现象称为负载中性点位移。图 12-14 中画出了电源与各负载的相量图。图中 OO' 相量表示了负载中点位移的大小。显然，当中点位移较大时，势必引起负载中有的相电压过高，而有的相电压却很低。因此当中点位移时，可能使某相负载由于过压而损坏，而另一相负载则由于欠压而不能正常工作。因此，在三相制供电系统中，总是尽量使各相负载对称分配。特别在民用低压电网中，由于大量单相负载的存在(如照明设备、家用电器等)，而负载用电又经常变化，不可能使三相完全对称，因此一般采用三相四线制。在中线上不装保险丝和开关，使各相负载电压接近于对称电源电压。

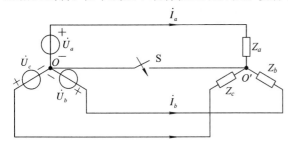

图 12-13　不对称负载三相三线制电路

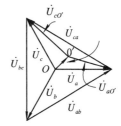

图 12-14　不对称负载三相三
线制电路的相量图

若采用三相四线制供电，且忽略中线阻抗，则由图 12-13 可见，各相负载电压等于对应的电源相电压，因此可得各相电流为

$$\dot{I}_a = \frac{\dot{U}_a}{Z_a}, \ \dot{I}_b = \frac{\dot{U}_b}{Z_b}, \ \dot{I}_c = \frac{\dot{U}_c}{Z_c}$$

由于负载不对称，因此三相负载电流也不对称，其中线电流 $\dot{I}_0 = \dot{I}_a + \dot{I}_b + \dot{I}_c \neq 0$，即中线上有电流流过。故在三相四线制配电系统中，保险丝不能装在中线上。

三相三线制的特点是各相相互独立，互不影响。三相四线制则各相相互影响，互不独立。

下面讨论几个由于电路发生故障造成负载不对称的特例。

特例 1：对称负载的断相。

设三相三线制电路 a 相负载断相，如图 12-15 所示，则对图(a)有

$$I_a = 0, \quad I_b = I_c = \frac{U_1}{2|Z|} = \frac{\sqrt{3}U_p}{2|Z|} = 0.866I_p$$

对图(b)有

$$I_a = 0, \quad I_b = I_c = \frac{U_p}{|Z|}$$

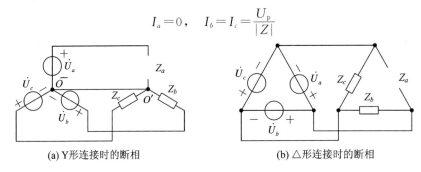

(a) Y形连接时的断相   (b) △形连接时的断相

图 12-15 对称负载的断相故障

特例 2：对称负载的短路。

设三相三线制电路 a 相负载短路，如图 12-16 所示，则对图(a)有

$$I_a = I_b = \frac{U_1}{|Z|}, \quad I_c = \frac{\sqrt{3}U_1}{|Z|}$$

对图(b)，则电源短接，烧毁。

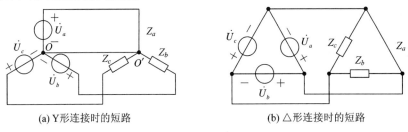

(a) Y形连接时的短路   (b) △形连接时的短路

图 12-16 对称负载的短路故障

实例一 家庭供电线路及测电笔的使用

1. 家庭供电线路

家庭供电线路包括进户线、电度表、保险装置、电源插座及用电器等整个系统，如图 12-17 所示。

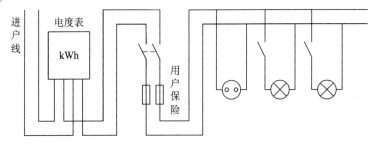

图 12-17 照明电路原理

（1）进户线。进户线有两极，其中一根是火线，一根是零线。家用电路中的零线一般是接地的，因此零线与大地（地线）间不存在电压，但火线与零线之间存在 220 V 电压。

为了保证某个电器发生故障后不影响其他电器的工作，各个电器都应是一端接在火线上，另一端接在零线上，即这些电器之间是并联关系，一个支路发生故障时其他支路仍能工作。

（2）电度表和保险丝。电度表应接在进户的主干线（即进户线的火线和零线）上，用以测量用户的总用电量。

由于各个电器是并联的，同时使用的电器越多，主干线（干路）上的电流就越大，但进户线是有一定规格的，只能允许某个值以下的电流通过，若通过的电流超过此值，就会使电线过热，可能发生火灾，危害到生命财产，在火线和零线上分别串入两根保险丝，就可以在电流超过进户线的允许值时，保险丝自动熔断，切断干路电流，使所有电器停止工作，避免发生火灾，同时提醒用户减少目前同时使用的电器数。由此可见，我们在使用电器时一定要注意干路电流的允许值，不能无限制地增加同时工作的电器数量。

保险丝是用电阻率比较大、熔点比较低的铅锑合金制成的，当干路电流过大时，保险丝发热很快，温度急剧上升，达到其熔点时，保险丝熔断，干路就成为断路，支路上的一切电器均停止工作。因此，在正常供电情况下，家中所有电器同时停止工作，往往意味着保险丝断了。

有些用户为了自家方便，私自将保险丝换成粗的（允许流过的电流大）或者干脆换成铁丝或铜丝，这样使用大功率电器时，保险丝就不会断了，但这种做法引起的后果是极其危险的。因为干路中的电流可能大到已使火线和零线成为两条火龙，并且沿着各个支路蔓延开去，而保险丝却安然无恙，根本没有切断电源，起到保险作用。

（3）电源插座。家庭中的各个电器都是通过电源插头配接（插入）到插孔（插座）上并联到火线与零线之间的。插座的每个孔都有金属片，若插座是两孔（两相）的（如图 12-18 所示），那么其中一个孔中的金属片连接火线，另一个孔的连接零线，当电器的插头插入插座时，插头的金属片与插座的金属片相接触，电器就通上电了。一般而言，两相插座的零线、火线顺序是没有规定的，

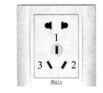

图 12-18 插座图标

因此插头方向可以调换。但是部分用电器有火、零线进线要求，插反会造成用电器的损坏。因此，国外很多将两线插头做成一大一小或不同形状。

对于三孔（三相）插座，如图 12-18 所示。孔"1"接地，孔"2"接火线，孔"3"接零线，即所谓的左零右火上接地，其中零线和地通过金属片接在一起。为什么要设计这样的插座呢？因为对于两相插头而言，零线就是电势为 0 的点（以地面为电势零点），而火线相对于地面则带有 220 V 的电压。理论上，人摸到火线会触电，而摸到零线没事；但是实际上，两相插头只能保证火线和零线之间 220 V 的电势差，而不能保证零线的电势真的和地面一样，这就带来很多安全隐患。另外，家庭用电器的外壳本来是与火线绝缘的，但如果绝缘被破坏，外壳就会与火线相连，人站在地上就会与外壳之间存在电压，此时若不慎触到外壳便会触电；若将电器外壳与地线相连，人与外壳间没有电压，就安全了。所以一般有金属外壳的电器用的都是三相插头，上方的一脚接电器外壳，当插入插座时，外壳便与地线相连，也是与零线相连。

至于"左零右火"的设计，则与人体触电的危害程度有关。当人右手触电时，电流经过人的右手和身体通过左脚形成通路，人就全身触电；当人左手触电时，电流经过人的左手和身体通过右脚形成通路，人也全身触电。只是这时的电流经过了心脏，可直接导致触电休克甚至死亡。如果线路布线为"左零右火"，人的右手触电的概率要比左手大，即使触电，电流也不会直接经过心脏。另外，相对来说右手比左手反应更为敏捷，会本能地甩开，因此"左零右火"的设置可以尽量减少心脏触电的概率。所以，当检修或安装用电线路时，尽量使用右手，并一定要严格遵守"火线进开关，零线进灯头""左零右火、接地在上"的规定，尽量避免安全事故。

2. 测电笔

测电笔由金属笔尖、大电阻、氖管和笔尾金属体一次连接而成。可以用来区分零线和火线。使用测电笔时，用手捏住笔尾金属体，将笔尖接触进户线，若碰到的是火线，则氖管发光，这是因为火线与人所站的大地之间存在电压，而大电阻和氖管的电阻比人体电阻大很多，所以大部分电压加在了大电阻和氖管上，使氖管发光。若笔尖接触的是零线，氖管就不会发光。

测电笔分为高压测电笔和低压测电笔。一般一千伏以上的电压称为高压，家用电路的电压属于低压。一定注意不要用低压测电笔测量高压火线，因为此时人体按比例分得的电压会超过人体所能承受的安全电压。

实例二 用电费用计算及电能量测量（电度表）

1. 用电费用的计算

用电费用是根据所用电能量的多少，即电功率与时间的乘积来计算的。我们平时所说的一度电是指 $1\ kW \cdot h$（千瓦·小时），即 1 千瓦的负载工作 1 小时所消耗的电能量。一般家用电器（负载）功率因数应当尽可能接近于 1，理想的情况是 $\lambda = \cos\varphi_Z = 1$，$P = S$，$Q = 0$。此时供电系统能源利用率最高。对于企业用电设备来说，功率因数一般达不到 1，有时甚至较低，在这种情况下，负载的无功功率 $Q \neq 0$，意味着能量要在电源和负载之间来回交换，负载向供电系统提取的电流较大，造成附加的能量损耗。因此，对于功率因数低的用户，用电费用的计算标准是不同的。

2. 电度表

电度表是用来计量用电设备消耗电能的测量仪表，又称电能表、火表、千瓦小时表。

（1）电度表的分类。若根据电度表相数来划分，可分为单相和三相电能表。目前，家庭用户基本是单相表，工业动力用户通常是三相表。

若按电度表的工作原理划分，可分为感应式和电子式电度表。感应式电度表采用电磁感应的原理把电压、电流、相位转变为磁力矩，推动铝制圆盘转动，圆盘的轴带动齿轮驱动计度器的鼓轮转动，转动的过程即时间量累积的过程。因此感应式电度表的好处就是直观、动态连续、停电不丢失数据。电子式电度表运用模拟或数字电路得到电压和电流向量的乘积，然后通过模拟或数字电路实现电能计量的功能。由于应用了数字技术，电子式电度表可以实现分时计费、预付费等多种功能。随着电子技术的发展，传统感应式电度表正逐渐被电子式的智能电度表所取代。

（2）电度表的型号标识。以某家用电度表为例，标志为"DD862，220 V，50 Hz，5(20)A，1950 r/kW·h…"。其中，DD862 为电度表型号，其排列为"类别代号＋组别代号＋设计序号＋派生号"，因此，D 为类别代号，表示电度表；组别代号包括三种，D 表示单相，S 表示三相三线，T 表示三相四线。

例如：DD—表示单相电度表；DS—表示三相三线有功电度表；DT—表示三相四线有功电度表。

5(20)A 是电度表的标定电流值和最大电流值。此处表示该表额定电流为 5 A，最大电流为 20 A。

1950 r/kW·h 表示消耗每千瓦时电功的电度表转 1950 转。

（3）电度表的选用。电度表的选用遵循两条标准：一是根据任务选择单相或三相电度表。家用时应选择单相电度表，如上例的 DD862 型电度表。企业通常必须选用三相电度表，当然还应根据被测线路是三相三线制还是三相四线制来选择。二是根据额定电压、电流、功率等要求进行选择。以上述电度表"DD862，220 V，50 Hz，5(20)A，1950 r/kW·h…"为例，它适用于 220 V、50 Hz、最大电流 20 A、最大功率 $P_{max}=UI_{max}=220\times20=4400$ W 的场合。所以，要求所有家用电器（负载）的电压、频率均为 220 V、50Hz，所有家用电器的电流、功率总和要小于 20 A、4400 W，即要留有一定余量，这样才是安全可靠的。

（4）电度表的安装使用。以单相电度表为例，单相电度表共有 5 个接线端子，其中有两个端子在表的内部用连片短接，所以，单相电度表的外接端子只有 4 个，即 1、2、3、4 号端子。由于电度表的型号不同，各类型的表在铅封盖内都有 4 个端子的接线图。

接线一般有两种，一种是 1、3 接进线，2、4 接出线；另一种是 1、2 接进线，3、4 接出线。无论何种接法，电源的火线必须接入电度表的相线端子，即电表的电流线圈的端子。例如，若电度表的进线 1 是相线、3 是零线，出线 2 为相线、4 为零线，则应将电源的火线接到 1，电源的地线接到 3；同样，电度表出线 2 接用户火线，出线 4 接用户地线。另外，有些电度表的接线方式较特殊，具体的接线方法需要参照接线端子盖板上的接线图进行。

当负载在额定电压下是空载时，电度表铝盘应该静止不动。当发现有功电度表反转时，可能是接线错误造成的，但不能认为凡是反转都是接线错误。例如，当用两只电度表测定三相三线制负载的有功电能时，在电流与电压的相位差角大于 60°，即 $\cos\varphi<0.5$ 时，其中一个电度表会反转，这属于正常情况。

思 考 与 练 习

12-1　判断下列各题是否正确。

（1）Y 形连接的对称三相电路，有 $I_1=I_p$，$U_1=\sqrt{3}U_p$。（　　）

（2）△形连接的对称三相电路，有 $U_1=U_p$，$I_1=\sqrt{3}I_p$。（　　）

（3）不论是对称三相电源还是对称三相阻抗，以上两题的关系总是成立的。（　　）

（4）不论是对称三相 Y 形连接还是△形连接，其平均总功率的公式都为 $\overline{P}=\sqrt{3}U_1I_1\cos\varphi_Z$。

12-2　Y-Y 连接的对称三相电路，已知 $U_a(t)=10\sqrt{2}\cos314$ V，负载阻抗 $Z=$

$10\angle45°\ \Omega$。试求：

(1) 线电流 $\dot{I}_a$、$\dot{I}_b$、$\dot{I}_c$；

(2) 三相总功率；

(3) 线电压有效值。

12-3 题 12-2 中若将负载改为△形连接，重新解答。

12-4 Y 形连接的对称三相负载 $Z=12+j16\ \Omega$，接至对称三相电源，其线电压为 380 V，端线阻抗为零，试求电流及负载吸收的功率。若将此三相负载改为△形连接，其线电流及负载吸收的功率又为多少？

12-5 某对称 Y-Y 连接三相电路，已知其相电压有效值为 130 V，负载阻抗 $Z=12+j1\ \Omega$，线路阻抗为零，试求各线电流及负载消耗的总功率。

12-6 某对称 Y-△连接三相电路如图所示，$\dot{U}_{aO}=130\angle0°$ V，$Z=4\sqrt{2}\angle45°\ \Omega$，试求线电流及负载消耗的总功率。

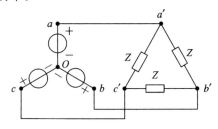

思考与练习 12-6 图

12-7 Y-Y 连接的对称三相电路，已知负载的相电压为 2400 V，阻抗为 $16+j12\ \Omega$；电源的阻抗为 $0.02+j0.16\ \Omega$，相序为 a—b—c；线路阻抗为 $0.1+j0.8\ \Omega$。以负载 a' 的相电压作为参考电压，计算：

(1) 线电流 $\dot{I}_{aa'}$、$\dot{I}_{bb'}$ 和 $\dot{I}_{cc'}$；

(2) 电源线电压 $\dot{U}_{ab}$、$\dot{U}_{bc}$ 和 $\dot{U}_{ca}$。

12-8 已知 Y 形连接负载阻抗为 $10+j15\ \Omega$，所加线电压对称，为 380 V，试求此负载的功率因数和吸收的平均功率。

12-9 对称三相电路如图所示，已知 $Z=4+j3\ \Omega$，$\dot{U}_a=380\angle0°$ V，求负载电流 $\dot{I}_a$、$\dot{I}_b$ 和 $\dot{I}_c$。

12-10 图示对称 Y-Y 三相电路中，电压表的读数为 1143.16 V，$Z=15+j15\sqrt{3}\ \Omega$，$Z_1=1+j2\ \Omega$，求电流表的读数和线电压 U_{ab}。

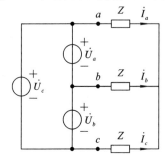

思考与练习 12-9 图

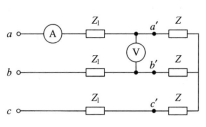

思考与练习 12-10 图

12-11 对称三相电路△形连接的负载端的线电压 $\dot{U}_{a'b'}=4160\angle0°$ V，线电流 $\dot{I}_{a'b'}=69.28\angle-10°$A。

(1) 若相序为正，求负载每相阻抗；

(2) 若相序为负，求负载每相阻抗。

12-12 两组对称负载并联如图所示，其中一组为△形连接，负载功率为 10 kW，$\lambda_1=0.8$(感性)；另一组为 Y 形连接，负载功率也是 10 kW，$\lambda_1=0.855$(感性)。端线阻抗 $Z_l=0.1+j0.2$ Ω，若负载端线电压有效值保持 380 V，电源线电压应为多少？

12-13 Y-△连接的对称三相电路，负载阻抗 $Z=2+j2$ Ω，电源相电压$\dot{U}_a=220\angle0°$ V，求负载相电流与线电流。

12-14 对称三相电路的负载作△形连接，阻抗为 4.5+j14 Ω，端线阻抗 $Z_l=1.5+j2$ Ω，电源线电压为 380 V(有效值)，求线电流和负载相电流。

12-15 对称三相电路如图所示，已知 $u_{ab}(t)=380\sqrt{2}\sin314t$ V，三相总功率为 15 kW，欲使功率因数提高到 0.9，需并联多大电容 C？

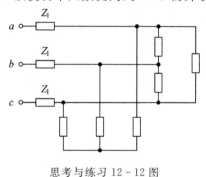

思考与练习 12-12 图

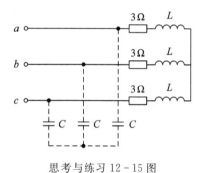

思考与练习 12-15 图

第13章 耦合电感和理想变压器

【内容提要】 耦合电感和理想变压器是在电子电路中广泛应用的两种多端元件。本章将首先介绍耦合电感的基本概念，随后重点讨论含耦合电感元件电路的分析方法，这些方法包括耦合电感的电源模型等效、去耦等效、初次级等效等，并重点讨论理想变压器的特性及含理想变压器电路。

前面已经介绍了电阻、电感和电容这三种基本的无源二端元件。在实际电路中还存在着另外一类电路元件，如收音机、电视机中使用的中周、振荡线圈，整流电源里使用的变压器等，它们与前面三种元件有着明显差别，属于四端元件。这类元件由于两端口的电压、电流相互关联，因此其伏安关系及分析过程较为复杂。

13.1 耦合电感元件

1. 耦合电感的基本概念

考虑两个电感线圈 N_1 和 N_2，如图 13 - 1 所示，假设在分别施加电流 i_1 和 i_2 时，两线圈产生的磁链分别为 ψ_{11} 和 ψ_{22}。若线圈 N_1 和 N_2 足够接近，就会使得 N_1 产生的磁链 ψ_{11} 的一部分 ψ_{21} 穿过 N_2 线圈；同样，N_2 产生的磁链 ψ_{22} 中的一部分 ψ_{12} 也会穿过 N_1 线圈。此时，它们产生的磁场相互影响。这种载流线圈之间通过彼此的磁场相互作用的物理现象，称为磁耦合现象。线圈存在磁耦合也称线圈具有互感，具有磁耦合的线圈整体称为耦合电感或互感。耦合电感通常由两个或多个具有磁耦合的电感组成，作为一个整体在电路中通过磁场传递能量。本书

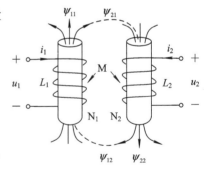

图 13 - 1 耦合电感一
（磁通相助时）

只研究由两个相互位置确定的电感器构成的互感元件，在理想条件下，不计其电阻和电容的作用。

2. 耦合电感的伏安特性

对没有耦合的独立电感元件而言，如图 13 - 2 所示，由第 6 章讨论可知，其磁链与电流的关系为

$$\psi = Li$$

自感电压为

$$u = \frac{\mathrm{d}\psi}{\mathrm{d}t} = L\,\frac{\mathrm{d}i}{\mathrm{d}t}$$

在两个具有磁耦合的线圈中，由于磁场相互作用，将导致其中一个线圈电流发生变化时不仅能在自身引起自感电压，而且能够在另一个线圈中产生互感电压。因此，其伏安特性要比单个独立电感元件复杂得多。

对图 13-1 所示的耦合电感，设线圈 N_1、N_2 的自感系数分别为 L_1、L_2，则通过电流 i_1、i_2 激发的自感磁链 ψ_{11}、ψ_{22} 与 i_1、i_2 的关系分别为

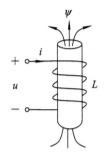

$$\psi_{11} = L_1 i_1 \tag{13-1}$$
$$\psi_{22} = L_2 i_2 \tag{13-2}$$

由于线圈 N_1、N_2 存在磁耦合，其自感磁链 ψ_{11} 的一部分 ψ_{21} 与线圈 N_2 相交链；ψ_{22} 中的一部分 ψ_{12} 也与线圈 N_1 相交链，ψ_{21} 和 ψ_{12} 称为互感磁链。显然，在互感线圈相互位置确定的条件下，有

图 13-2　独立电感

$$\psi_{21} \propto i_1$$
$$\psi_{12} \propto i_2$$

由此，不妨设

$$\psi_{21} = M_{21} i_1 \tag{13-3}$$
$$\psi_{12} = M_{12} i_2 \tag{13-4}$$

其中，M_{21} 和 M_{12} 应具有与自感系数相同的量纲，称为互感系数，单位为亨（H）。可以证明：$M_{21} = M_{12} = M$，对于线性时不变互感元件而言，M 为常数。

对于图 13-1 所示的互感，由于每一个线圈的自感磁链和对方线圈提供的互感磁链方向一致，故穿越每一个线圈的总磁链为其自感磁链与互感磁链之和，即互感的作用是使磁链增强，这种情况称为磁通相助。设线圈 N_1、N_2 的总磁链分别为 ψ_1、ψ_2，则有

$$\psi_1 = \psi_{11} + \psi_{12} = L_1 i_1 + M i_2 \tag{13-5}$$
$$\psi_2 = \psi_{22} + \psi_{21} = L_2 i_2 + M i_1 \tag{13-6}$$

设两线圈的端口电压分别为 u_1 和 u_2，如图 13-1 所示，与电流参考方向关联，则根据法拉第电磁感应定律，有

$$u_1 = \frac{d\psi_1}{dt} = L_1 \frac{di_1}{dt} + M \frac{di_2}{dt} = u_{11} + u_{12} \tag{13-7}$$

$$u_2 = \frac{d\psi_2}{dt} = L_2 \frac{di_2}{dt} + M \frac{di_1}{dt} = u_{22} + u_{21} \tag{13-8}$$

式(13-7)和式(13-8)即图 13-1 所示耦合电感元件的伏安关系。其中 $u_{11} = L_1 \frac{di_1}{dt}$ 和 $u_{22} = L_2 \frac{di_2}{dt}$ 分别称为线圈 N_1、N_2 的自感电压；$u_{12} = M \frac{di_2}{dt}$ 和 $u_{21} = M \frac{di_1}{dt}$ 为它们的互感电压。由于磁通相助，互感电压与自感电压符号相同，起加强作用。

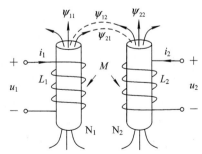

图 13-3　耦合电感二
（磁通相消时）

若自感磁链与互感磁链方向相反，则称磁通相消，如图 13-3 所示。此时，穿越每一线圈的总磁链为自感磁链与互感磁链之差，即

$$\psi_1 = \psi_{11} - \psi_{12} = L_1 i_1 - M i_2 \qquad (13-9)$$

$$\psi_2 = \psi_{22} - \psi_{21} = L_2 i_2 - M i_1 \qquad (13-10)$$

所以

$$u_1 = \frac{\mathrm{d}\psi_1}{\mathrm{d}t} = L_1 \frac{\mathrm{d}i_1}{\mathrm{d}t} - M \frac{\mathrm{d}i_2}{\mathrm{d}t} \qquad (13-11)$$

$$u_2 = \frac{\mathrm{d}\psi_2}{\mathrm{d}t} = L_2 \frac{\mathrm{d}i_2}{\mathrm{d}t} - M \frac{\mathrm{d}i_1}{\mathrm{d}t} \qquad (13-12)$$

式(13-11)和式(13-12)为图 13-3 所示耦合电感元件的伏安关系。由于磁通相消，互感电压与自感电压符号相反，起削弱作用。

上述分析表明，两个电感器组成互感元件后，作为一个整体，必须用 L_1、L_2、M 三个参数才能描述其电气特性。作为四端元件（双口元件），每个端口电压都是其自感电压与互感电压的线性叠加，即等于自感电压与互感电压的代数和。在端口电压与电流参考方向关联时，自感电压恒为正值，而互感电压的正、负由两线圈磁通的相互关系确定，磁通相助取正号，磁通相消取负号。显然，当端口电压与电流参考方向为非关联时，自感电压则恒为负值，而互感电压在磁通相助时为负、磁通相消时为正。

3. 耦合电感的同名端及电路符号

1）同名端的概念

由以上讨论可知，要正确列出互感元件的伏安关系式，首先必须知道端口电压、电流的参考方向关系（关联或非关联关系），以确定自感电压的正、负符号；然后根据线圈的绕向及电流方向，用右手螺旋定则判断磁通是相助还是相消的，进而确定互感电压的正、负符号。

在知道线圈绕向的情况下（如图 13-1 和图 13-3），不难确定互感电压的正、负符号。但是，实际电感器在制成后，为屏蔽外界电磁干扰，并避免与其他电感再发生耦合，往往都将其密封起来，看不见线圈及其绕向，因而也就不能判断其磁通情况。于是，为方便起见，会在耦合电感两线圈的某一对应端钮处标记一对标志，以此来帮助使用者判断互感元件的伏安关系，以便正确使用互感元件。这一标志被称为同名端标志，通常用符号"·"或"＊"表示，记有标志的一对端钮就称为同名端。以图 13-4 所示的密封耦合电感器为例，显然，图中的"·"标志符号位置表明：该耦合电感器的线圈 L_1 的 a 端和 L_2 的 d 端为一对同名端。

那么，同名端是如何定义和标记的呢？工程上规定：当让参考电流 i_1、i_2 分别由互感元件两线圈 L_1、L_2 的某端流入时，若两线圈磁通相助，则该两端为互感元件的同名端，并以符号"·"或"＊"标记；换言之，如果一个互感元件给出了同名端（标志），那么在使用它时，就让电流 i_1、i_2 由这一对同名端流入，则此时该互感元件是磁通相助的。以图 13-4 的耦合电感为例，图中的同名端标志表明，在使用该互感器时，若两线圈 L_1、L_2 的电流 i_1、i_2 分别由 a 端和 d 端流入，则该互感磁通是相助的。

根据同名端的定义不难知道，实际上互感元件的同名端有两对，即除标记（·）的两端互为同名端外，另一对不标记（·）的端钮也互为同名端。如图 13-4 中的 b 端和 c 端也是一对同名端。与同名端对应的是，我们把标有"·"

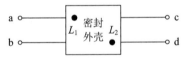

图 13-4　互感器封装示意图

和不标有“·”的两对应端钮称为异名端，如图 13－4 中的 a 和 c 端、b 和 d 端就是两对异名端。当电流由异名端流入时，互感元件磁通相消。

在已知线圈结构绕向情况下，可根据同名端定义按上述方法正确判断同名端。值得注意的是，对于确定的耦合电感，其同名端位置也是确定的，不因流过线圈的电流方向的改变而改变。

实际应用中的互感器在出厂时都已经标出了同名端。如果给定一个封装的互感器，在不知其线圈绕向及同名端的情况下，可以通过实验手段来加以判定。具体方法如图 13－5 所示，将直流电压源通过开关 S 与其中一个电感 L_1 相连，另一电感 L_2 两端接上一个毫安表，极性如图中所示，电阻 R 起限流保护作用。当 S 快速闭合时，则有图示 i_1 方向电流流过 L_1，如果此时电流表指针正向偏转，就说明 L_2 的 c 端为实际高电位端。由此判断该互感元件的 a 端和 c 端为同名端，当然 b 端和 d 端也为同名端。反之，若电流表指针反向偏转，则说明 L_2 的 d 端为实际高电位端，从而该互感元件的 a 端和 d 端、b 端和 c 端互为同名端。

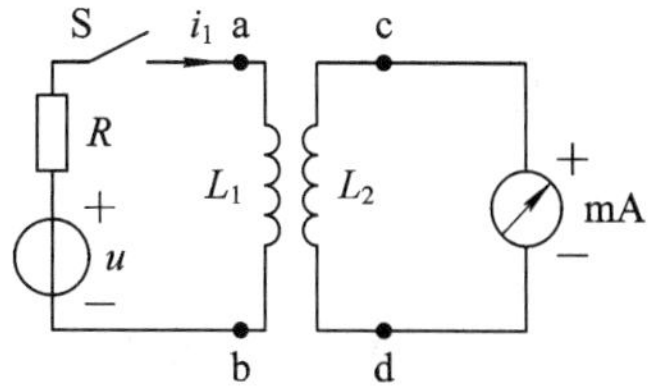

图 13－5　同名端的判定实验电路

2）耦合电感的电路符号

在分析电路时，电路图中不可能真实地绘制耦合电感器的结构及线圈的绕向。因此，在这种情况下，耦合电感的电路符号必须标定同名端，也就是说，一个耦合电感的电路符号必须包括 L_1、L_2、M 及同名端的信息。例如图 13－1 和图 13－3 的互感元件的电路符号分别如图 13－6(a)、(b)所示。

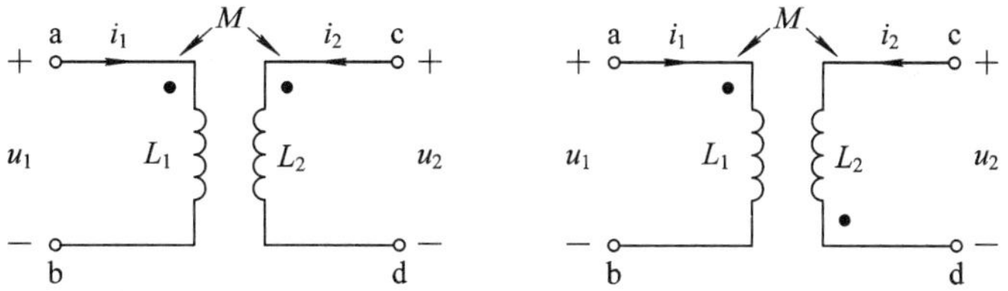

(a) 图13-1互感元件的电路符号　　(b) 图13-3互感元件的电路符号

图 13－6　图 13－1 和图 13－3 的互感元件的电路符号

对于标志了同名端的互感元件，根据所标的同名端和电流的参考方向，可以很容易地判断是磁通相助还是磁通相消，从而确定互感电压的正、负符号，建立伏安关系。

【例 13－1】　试列写图 13－7 所示互感元件的伏安关系。

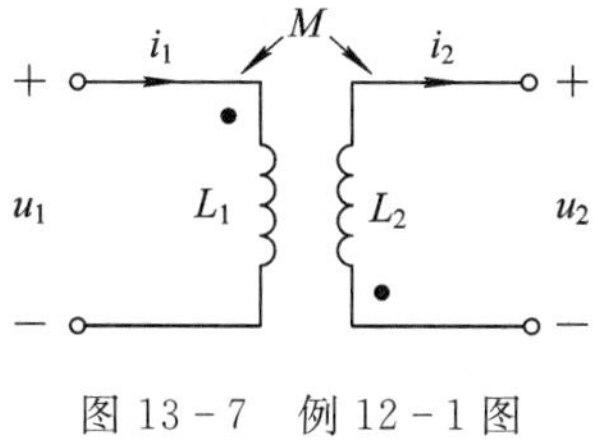

图 13－7　例 12－1 图

解　对 L_1 而言，其 u_1 和 i_1 参考方向关联，故其自感电压 $L_1\dfrac{\mathrm{d}i_1}{\mathrm{d}t}$ 为正；又因 i_1、i_2 由同名

端流入，磁通相助，故互感电压 $M \dfrac{\mathrm{d}i_2}{\mathrm{d}t}$ 与自感电压符号相同，亦为正。因此得

$$u_1 = L_1 \frac{\mathrm{d}i_1}{\mathrm{d}t} + M \frac{\mathrm{d}i_2}{\mathrm{d}t}$$

对 L_2 而言，其 u_2 和 i_2 参考方向非关联，故其自感电压 $L_2 \dfrac{\mathrm{d}i_2}{\mathrm{d}t}$ 为负；又因 i_1、i_2 由同名端流入，磁通相助，故互感电压 $M \dfrac{\mathrm{d}i_1}{\mathrm{d}t}$ 与自感电压符号相同，亦为负。因此得

$$u_2 = -\left(L_2 \frac{\mathrm{d}i_2}{\mathrm{d}t} + M \frac{\mathrm{d}i_1}{\mathrm{d}t} \right) = -L_2 \frac{\mathrm{d}i_2}{\mathrm{d}t} - M \frac{\mathrm{d}i_1}{\mathrm{d}t}$$

4. 耦合电感的电源等效电路

根据耦合电感的伏安关系，可以得到耦合电感的最简等效电路。其中最常见的一种电路模型是由独立电感元件和受控电压源的串联电路构成的。因此该电路模型又称为耦合电感的电源等效电路。根据电路工作状态的不同，可以得到相应的时域模型和相量模型。以例 13-1（图 13-7）的耦合电感为例，已知其伏安关系的时域形式为

$$u_1 = L_1 \frac{\mathrm{d}i_1}{\mathrm{d}t} + M \frac{\mathrm{d}i_2}{\mathrm{d}t}, \quad u_2 = -L_2 \frac{\mathrm{d}i_2}{\mathrm{d}t} - M \frac{\mathrm{d}i_1}{\mathrm{d}t} \tag{13-13}$$

由此得到该耦合电感元件的时域模型，如图 13-8(a)所示。在此，互感的耦合效应为，互感电压被看成电路中的一个附加的"电压源"，即由另一条支路电流来控制的受控电压源。而此处的 L_1、L_2 是独立的电感。

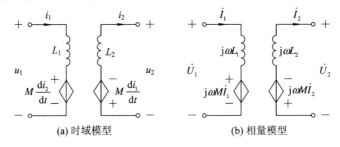

(a) 时域模型   (b) 相量模型

图 13-8 图 13-7 耦合电感的电源等效电路

在正弦稳态条件下，由伏安关系的时域形式（式(13-13)），可得对应的相量形式为

$$\dot{U}_1 = \mathrm{j}\omega L_1 \dot{I}_1 + \mathrm{j}\omega M \dot{I}_2, \quad \dot{U}_2 = -\mathrm{j}\omega L_2 \dot{I}_2 - \mathrm{j}\omega M \dot{I}_1$$

由此可得该耦合电感元件的相量模型如图 13-8(b)所示。其中 ωM 通常被称为互感抗。

【例 13-2】 电路如图 13-9(a)所示，已知 $u_s(t) = 10\sqrt{2}\,\cos 2t$ V，求 $u_2(t)$。

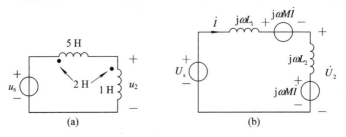

(a)   (b)

图 13-9 例 13-2 图

解 画出电路耦合电感的电源等效电路相量模型，如图 13-9(b)所示，有

$$\dot{U}_s = \mathrm{j}\omega(L_1+L_2+2M)\dot{I}$$

故

$$\dot{I} = \frac{10\angle 0^\circ}{\mathrm{j}2\times10} = 0.5\angle-90^\circ \text{ A}$$

$$\dot{U}_2 = \mathrm{j}\omega(L_2+M)\dot{I} = \mathrm{j}2(1+2)\times0.5\angle-90^\circ = 3\angle 0^\circ \text{ V}$$

$$u_2(t) = 3\sqrt{2}\cos2t \text{ V}$$

5. 耦合电感的耦合系数

对耦合电感元件而言，一个线圈向另一个线圈提供的互感磁链与其自感磁链之比总是小于或等于 1 的，即

$$\frac{\psi_{21}}{\psi_{11}}\leqslant1, \frac{\psi_{12}}{\psi_{22}}\leqslant1$$

其比值越大，说明线圈产生的自感磁链中提供给对方的越多，即耦合程度越高。若以上两式均等于 1，则说明每个线圈产生的自感磁链都全部穿越对方，这种情况下耦合程度达到极限，称为全耦合。

工程上为了定量地描述两个线圈的耦合程度，把两个线圈的互感磁链与自感磁链的比值的几何平均值定义为耦合系数，记为 k，即

$$k = \sqrt{\frac{\psi_{21}}{\psi_{11}}\cdot\frac{\psi_{12}}{\psi_{22}}} \tag{13-14}$$

由于 $\psi_{11}=L_1i_1$，$\psi_{21}=Mi_1$，$\psi_{22}=L_2i_2$，$\psi_{12}=Mi_2$，代入式(13-14)，得

$$k = \frac{M}{\sqrt{L_1L_2}} \quad (\text{即 } M=k\sqrt{L_1L_2}) \tag{13-15}$$

因为 $k\leqslant1$，故 $M\leqslant\sqrt{L_1L_2}$。在自感系数 L_1、L_2 一定时，k 的大小与互感的工艺结构、线圈的相互位置及周围的磁介质有关。改变上述任何一个条件就可以改变耦合系数的大小，也就相应改变了互感 M 的大小。若 $k=0$，说明两个线圈之间没有耦合，各自独立；若 $k=1$，说明两个线圈之间耦合最紧密，为全耦合，此时 $M=M_{max}=\sqrt{L_1L_2}$。

在工程技术中，根据不同情况，有时希望线圈的耦合程度越高越好，如电力变压器，为更有效地传输信号功率，通常采用密绕的方式使耦合系数 k 尽可能接近于 1；而另一些时候，例如对单个独立电感元件，它们之间的相互干扰是要尽量加以避免的，通常的方法是采用屏蔽手段或对元件位置作合理布局，使其耦合系数尽可能趋于零。

13.2 耦合电感的去耦等效电路

含耦合电感元件电路的分析依据仍然是两类约束，即基尔霍夫定律和元件的伏安关系。其中，正确编写耦合电感的伏安关系是分析计算含耦合电感元件电路的基础。而耦合电感每一个线圈上的电压都包含自感电压和互感电压两部分，必须根据电压、电流参考方向及同名端的不同情况，判断其自感电压和互感电压的正、负符号。这对于要求快速并准确地分析电路带来不便。在某些情况下，应用耦合电感的去耦等效，可以无需列写耦合电感

的伏安关系，从而简化电路的分析计算。所谓去耦等效，就是通过等效变换去掉互感耦合，使之成为无耦合的电感元件及其组合。它与上节介绍的耦合电感的电源等效不一样，电源等效直接来源于耦合电感的伏安关系，线圈的耦合效应通过受控源来体现，而去耦等效后的电路是由完全独立的电感构成的，不再有耦合效应。本节讨论三种去耦等效电路：串联、并联及 T 形连接。

1. 串联耦合电感的去耦等效

对于无耦合的两电感串联，如图 13 - 10 所示，其等效电感为 $L_{eq}=L_1+L_2$。当 L_1、L_2 有耦合时，情况则有所不同。由于耦合效应，此时等效电感不仅与 L_1、L_2 有关，还与互感 M 有关。由于耦合电感存在同名和异名两个不同端钮，故会产生两种串联形式：顺接串联和反接串联。

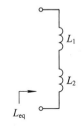

图 13 - 10　无耦合电感的串联

1）顺接串联

若将互感线圈的一对异名端相连，即首尾相接，如图 13 - 11(a)所示，则这种串联形式称为顺接串联。此时，设各电压、电流参考方向如图 13 - 11(a)所示，则有

$$u_1=L_1\frac{di}{dt}+M\frac{di}{dt},\ u_2=L_2\frac{di}{dt}+M\frac{di}{dt}$$

得串联网络端口伏安关系为

$$u=u_1+u_2=(L_1+L_2+2M)\frac{di}{dt}$$

显然，式中的 L_1+L_2+2M 即为网络等效电感的值，即

$$L_{eq}=L_1+L_2+2M \tag{13-16}$$

顺接串联的耦合电感可用一个大小为 L_1+L_2+2M 的独立电感来等效，其等效电路如图 13 - 11(b)所示。

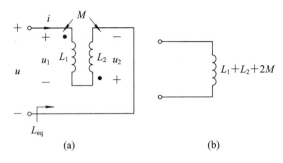

图 13 - 11　耦合电感的顺接串联及去耦等效电路

2）反接串联

若将互感线圈的一对同名端相连，如图 13 - 12(a)所示，称为反接串联。此时，可推导得

$$L_{eq}=L_1+L_2-2M \tag{13-17}$$

其等效电路如图 13 - 12(b)所示。

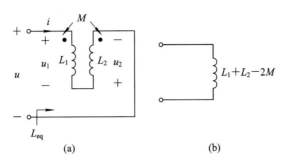

图 13 - 12　耦合电感的反接串联及去耦等效电路

【例 13 - 3】　电路如图 13 - 13 所示，已知 $\dot{U}_s = 24\angle 0° \text{ V}$，$\omega = 2 \text{ rad/s}$，求电流 $\dot{I}$。

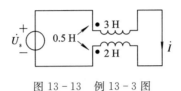

图 13 - 13　例 13 - 3 图

解　图中耦合电感为反接串联，故有

$$L_{eq} = L_1 + L_2 - 2M = 4 \text{ H}$$

所以

$$\dot{I} = \frac{\dot{U}_s}{\mathrm{j}\omega L_{eq}} = \frac{24\angle 0°}{\mathrm{j}2\times 4} = 3\angle -90° \text{ A}$$

2. 并联耦合电感的去耦等效

耦合电感的并联方式也有两种：同名端相并联和异名端相并联。

1）同名端相并联

如图 13 - 14(a) 所示，将互感线圈的同名端对应相接，称为同名端相并联。设电压、电流如图 13 - 14(a) 所示，得互感线圈 L_1、L_2 的伏安关系为

$$u = L_1\frac{\mathrm{d}i_1}{\mathrm{d}t} + M\frac{\mathrm{d}i_2}{\mathrm{d}t} \tag{13 - 18}$$

$$u = L_2\frac{\mathrm{d}i_2}{\mathrm{d}t} + M\frac{\mathrm{d}i_1}{\mathrm{d}t} \tag{13 - 19}$$

又由 KCL 方程有

$$i = i_1 + i_2 \tag{13 - 20}$$

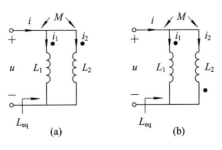

图 13 - 14　两种并联的耦合电感

将式(13-20)代入式(13-18)和式(13-19)，消去 i_1，得

$$u = L_1 \frac{\mathrm{d}i}{\mathrm{d}t} + (M - L_1) \frac{\mathrm{d}i_2}{\mathrm{d}t} \tag{13-21}$$

$$u = M \frac{\mathrm{d}i}{\mathrm{d}t} + (L_2 - M) \frac{\mathrm{d}i_2}{\mathrm{d}t} \tag{13-22}$$

由式(13-22)中解出 $\frac{\mathrm{d}i_2}{\mathrm{d}t}$，再代入式(13-21)，得

$$u = \frac{L_1 L_2 - M^2}{L_1 + L_2 - 2M} \cdot \frac{\mathrm{d}i}{\mathrm{d}t} = L_{\mathrm{eq}} \frac{\mathrm{d}i}{\mathrm{d}t}$$

式中，

$$L_{\mathrm{eq}} = \frac{L_1 L_2 - M^2}{L_1 + L_2 - 2M} \tag{13-23}$$

即同名端相并联的耦合电感的等效电感。

2）异名端相并联

如图 13-14(b)所示，将互感线圈的异名端对应相接，称为异名端相并联。可推导得等效电感为

$$L_{\mathrm{eq}} = \frac{L_1 L_2 - M^2}{L_1 + L_2 + 2M} \tag{13-24}$$

3. T 形连接耦合电感的去耦等效

上述有关耦合电感串联及并联电路的等效都属于二端网络的等效，可以等效为二端电感元件。如果将耦合电感线圈 L_1 和 L_2 的某端连在一起作为共端与外电路相连，如图 13-15(a)所示，就得到一个三端网络，这种连接称为 T 形连接，可以用如图 13-15(b)所示三个独立电感组成的 T 形三端网络来等效。共端的选择有两种情况：同名端为共端和异名端为共端。

1）同名端为共端

将耦合电感的一对同名端相连作为共端，如图 13-15(a)所示，称为同名端为共端的 T 形连接。可用图 13-15(b)所示的三个电感组成的 T 形网络等效。下面来推导它们之间的等效参数关系。

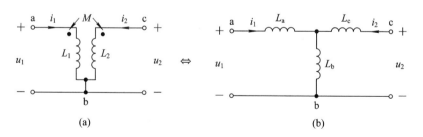

图 13-15　同名端为共端的耦合电感及其 T 形等效电路

根据多端网络的等效条件(若网络对应端口的伏安关系相同，则网络等效)，故先求网络 VAR。

设端口电压、电流参考方向如图 13-15 所示，对图 13-15(a)电路，显然有

$$\begin{cases} u_1(t) = L_1 \dfrac{\mathrm{d}i_1}{\mathrm{d}t} + M \dfrac{\mathrm{d}i_2}{\mathrm{d}t} \\[2mm] u_2(t) = L_2 \dfrac{\mathrm{d}i_2}{\mathrm{d}t} + M \dfrac{\mathrm{d}i_1}{\mathrm{d}t} \end{cases} \tag{13-25}$$

对图 13-15(b)，由 KVL 方程得

$$\begin{cases} u_1(t) = L_\mathrm{a} \dfrac{\mathrm{d}i_1}{\mathrm{d}t} + L_\mathrm{b} \dfrac{\mathrm{d}(i_1+i_2)}{\mathrm{d}t} = (L_\mathrm{a}+L_\mathrm{b}) \dfrac{\mathrm{d}i_1}{\mathrm{d}t} + L_\mathrm{b} \dfrac{\mathrm{d}i_2}{\mathrm{d}t} \\[2mm] u_2(t) = L_\mathrm{c} \dfrac{\mathrm{d}i_2}{\mathrm{d}t} + L_\mathrm{b} \dfrac{\mathrm{d}(i_1+i_2)}{\mathrm{d}t} = (L_\mathrm{c}+L_\mathrm{b}) \dfrac{\mathrm{d}i_2}{\mathrm{d}t} + L_\mathrm{b} \dfrac{\mathrm{d}i_1}{\mathrm{d}t} \end{cases} \tag{13-26}$$

令两网络的伏安关系式(13-25)与式(13-26)相等，得

$$\begin{cases} L_1 = L_\mathrm{a} + L_\mathrm{b} \\ L_2 = L_\mathrm{b} + L_\mathrm{c} \\ M = L_\mathrm{b} \end{cases}$$

解得同名端为共端时耦合电感的等效 T 形网络(图 13-15(b)电路)参数为

$$\begin{cases} L_\mathrm{a} = L_1 - M \\ L_\mathrm{b} = M \\ L_\mathrm{c} = L_2 - M \end{cases} \tag{13-27}$$

2) 异名端为共端

若将耦合电感的一对异名端相连作为共端，如图 13-16 所示，则称为异名端为共端的 T 形连接。也可用图 13-15(b)所示的三个电感组成的 T 形网络等效。同理可得此时 T 形网络的对应参数为

$$\begin{cases} L_\mathrm{a} = L_1 + M \\ L_\mathrm{b} = -M \\ L_\mathrm{c} = L_2 + M \end{cases} \tag{13-28}$$

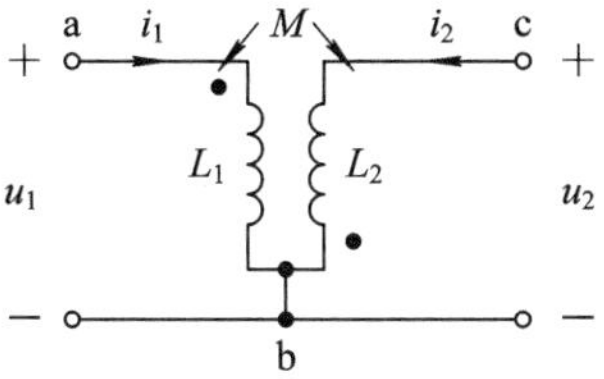

图 13-16　异名端为共端的耦合电感

【例 13-4】　电路如图 13-17(a)所示，已知 $u_\mathrm{s}(t) = 100\sqrt{2}\,\cos 10^4 t$ V，求 $i(t)$ 和 $u_C(t)$。

　　解　由电路 13-17(a)可知，耦合电感是同名端为共端的 T 形连接。将共端标为 b，其余两端分别为 a、c，如图 13-17(a)所示。画出 T 形去耦等效电路相量模型，如图13-17(b)所示，有

$$Z_\mathrm{i} = 80 + \mathrm{j}\omega(L_1-M) + \mathrm{j}\omega(L_2-M) \,/\!/\, \left(\mathrm{j}\omega M + \frac{1}{\mathrm{j}\omega C} \right)$$

$$= 80 + \mathrm{j}10^4 \times 5 \times 10^{-3} + \mathrm{j}10^4 \times 2 \times 10^{-3} \,/\!/\, \left(\mathrm{j}10^4 \times 4 \times 10^{-3} + \frac{1}{\mathrm{j}10^4 \times 5 \times 10^{-6}} \right)$$

$$= 80 + \mathrm{j}50 + \mathrm{j}20 \,/\!/\, \mathrm{j}20 = 80 + \mathrm{j}60 = 100\angle 36.9° \ \Omega$$

故

$$\dot{I} = \frac{\dot{U}_s}{Z_i} = \frac{100}{100\angle 36.9^\circ} = 1\angle -36.9^\circ \text{ A}$$

$$\dot{U}_C = \frac{j\omega(L_2-M)}{j\omega(L_2-M)+j\omega M+\frac{1}{j\omega C}} \cdot \dot{I} \cdot \frac{1}{j\omega C} = \frac{1}{2}\times 1\angle -36.9^\circ \times(-j20)$$

$$= 10\angle -126.9^\circ \text{ V}$$

得

$$i(t) = \sqrt{2}\,\cos(10^4 t - 36.9^\circ) \text{ A}$$

$$u_C(t) = 10\sqrt{2}\,\cos(10^4 t - 126.9^\circ) \text{ V}$$

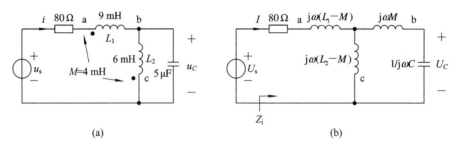

图 13-17　例 13-4 图

【例 13-5】　用 T 形去耦等效求图 13-18(a)所示异名端并联电路的等效电感 L_{eq}。

　　解　并联的耦合电感有上、下两个共端，此时，以其中任一个作为共端进行分析都可行。例如，以下面一端为共端(b 端)，耦合电感的另外两端分别为 a、c，如图 13-18(a)所示，应用 T 形等效可得如图 13-18(b)所示电路，有

$$L_{eq} = -M + (L_1+M)\,/\!/\,(L_2+M) = \frac{L_1 L_2 - M^2}{L_1+L_2+2M}$$

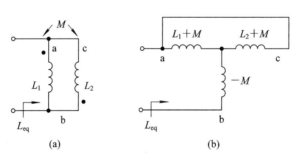

图 13-18　例 13-5 图

【例 13-6】　电路如图 13-19(a)所示，已知 $u_s(t)=10\cos(2t+30^\circ)\text{V}$，求 $u(t)$。

　　解　观察图 13-19(a)电路，发现尽管耦合电感没有共端，但当我们将它的上部两端连接在一起而下部两端不连接时，并不改变电路的电压、电流分配关系。当然，反过来下部两端相连而上部不连接时也有同样结论。因此，假设电路下部两端相连接，如图 13-19(b)所示，得异名端为共端(b 端)的 T 形连接。设另外不连接的两端分别为 a 和 c 端，画出相应的 T 形等效电路相量模型，如图 13-19(c)所示，有

$$Z = j4 + (-j2) // (j6 - j8) = j3\ \Omega$$

$$\dot{U}_m = \frac{Z}{3+Z} \cdot \dot{U}_{sm} = \frac{j3}{3+j3} \times 10\angle 30° = \frac{3\angle 90°}{3\sqrt{2}\angle 45°} \times 10\angle 30° = 5\sqrt{2}\angle 75°\ \text{V}$$

故

$$u(t) = 5\sqrt{2}\cos(2t - 15°)\,\text{V}$$

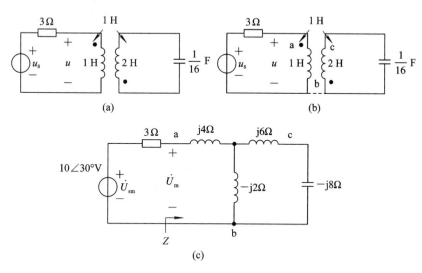

图 13 - 19　例 13 - 6 图

需要注意,该例题分析过程中对耦合电感所做的假设性连接,必须是建立在这种连接不会改变原电路的电压和电流分配关系的基础上的。若不满足这个条件,将会导致错误的结果。另外,在应用 T 形去耦等效时,特别要注意对应的等效端子,分析过程中一般应先标注耦合电感的各对应端子,画出其 T 形去耦等效电路,最后再连接外围电路。

13.3　耦合电感电路的初次级等效

在电子电路中,互感元件常被用作前后级电路的耦合元件。例如连接前后级放大器,起交流耦合和阻抗变换作用,如图 13 - 20 所示。此时,可以应用戴维南定理将电路等效为如图 13 - 21(a)所示的只有两个回路(初级回路和次级回路)的电路,它是电子技术中常见的一种电路形式。在此,耦合电感的其中一个线圈与电源相接,称为初级线圈,另一个线圈与负载相接,称为次级线圈。对于这种特定连接形式的电路,可以采用初次级等效法进行分析。初次级等效法也是分析耦合电感电路的一种重要方法。

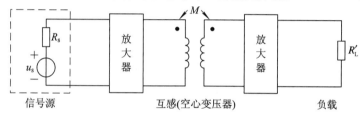

图 13 - 20　互感(变压器)耦合放大电路

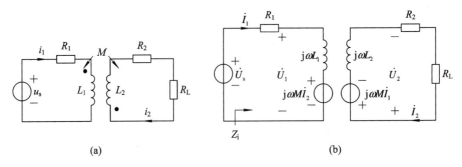

(a)   (b)

图 13-21 互感耦合的初次级回路

对图 13-21(a)所示电路,在正弦激励下的相应相量模型如图 13-21(b)所示,列回路方程有

$$\begin{cases} (R_1+j\omega L_1)\dot{I}_1+j\omega M\dot{I}_2=\dot{U}_s \\ j\omega M\dot{I}_1+(R_2+R_L+j\omega L_2)\dot{I}_2=0 \end{cases}$$

令

$$Z_{11}=R_1+j\omega L_1, \quad Z_{12}=j\omega M$$

$$Z_{21}=j\omega M, \quad Z_{22}=R_2+R_L+j\omega L_2$$

则有

$$\begin{cases} Z_{11}\dot{I}_1+Z_{12}\dot{I}_2=\dot{U}_s \\ Z_{21}\dot{I}_1+Z_{22}\dot{I}_2=0 \end{cases}$$

解得初级电流为

$$\dot{I}_1=\frac{Z_{22}}{Z_{11}Z_{22}-(j\omega M)^2}\dot{U}_s \qquad (13-29)$$

次级电流为

$$\dot{I}_2=\frac{-j\omega M}{Z_{11}Z_{22}-(j\omega M)^2}\dot{U}_s=\frac{-j\omega M\dot{I}_1}{Z_{22}} \qquad (13-30)$$

由式(13-29)可得由电源 $\dot{U}_s$ 看入的电路输入阻抗为

$$Z_i=\frac{\dot{U}_s}{\dot{I}_1}=Z_{11}+\frac{(\omega M)^2}{Z_{22}}$$

Z_i 由两部分组成,其中 $Z_{11}=R_1+j\omega L_1$ 是初级回路的自阻抗,它是在无次级回路影响时初级回路的阻抗和;而 $\frac{(\omega M)^2}{Z_{22}}=\frac{(\omega M)^2}{R_2+R_L+j\omega L_2}$ 称为反映阻抗,它是次级回路对初级回路产生的阻抗效应,记为 Z_r,即次级回路以反映阻抗的形式体现在初级回路中。因此,可画出图 13-21 的初级等效电路,如图 13-22(a)所示。

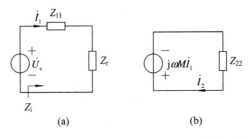

(a)   (b)

图 13-22 图 13-21 电路的初、次级等效电路

另由式(13－30)可得

$$Z_{22}\dot{I}_2 = -\mathrm{j}\omega M\dot{I}_1$$

画出相应次级等效电路，如图 13－22(b)所示。其中 $Z_{22}=R_2+R_\mathrm{L}+\mathrm{j}\omega L_2$ 是次级回路的自阻抗，即次级回路所有阻抗之和。$\mathrm{j}\omega M\dot{I}_1$ 是受初级电流控制的受控源，体现了初级电路以激励源的形式对次级电路产生影响。必须注意，等效电源的极性与耦合电感的同名端位置及初级电流参考方向有关。

根据以上结论，对能应用戴维南定理等效化简为初次级回路形式的含耦合电感元件的电路，应用初次级等效法求解响应将极为方便。式(13－29)和式(13－30)常用来计算初次级回路电流。当然，$\dot{I}_2$ 的计算要用到 $\dot{I}_1$ 的计算结果。

【例 13－7】 电路如图 13－23(a)所示，已知 $L_1=0.1$ H，$L_2=0.4$ H，$M=0.12$ H，求等效电感 L_eq。

解 方法一　外加激励法(初次级等效法)。

设外加激励为 u，如图 13－23(b)所示，应用初次级等效法，画初级电路相量模型，如图 13－23(c)所示。

由图 13－23(c)有

$$Z_\mathrm{i}=\frac{\dot{U}}{\dot{I}_1}=Z_{11}+\frac{(\omega M)^2}{Z_{22}}=\mathrm{j}\omega L_1+\frac{(\omega M)^2}{\mathrm{j}\omega L_2}=\mathrm{j}\omega\left(L_1-\frac{M^2}{L_2}\right)$$

故

$$L_\mathrm{eq}=L_1-\frac{M^2}{L_2}=0.1-\frac{0.12^2}{0.4}=64\ \mathrm{mH}$$

方法二　T 形去耦等效法。

画相应 T 形去耦等效电路，如图 13－23(d)所示，有

$$L_\mathrm{eq}=L_1+M+(-M)\,/\!/\,(L_2+M)=64\ \mathrm{mH}$$

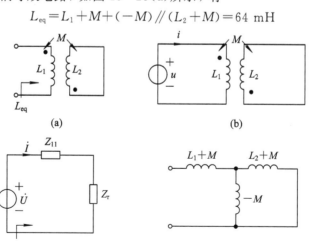

图 13－23　例 13－7 图

【例 13－8】 电路如图 13－24(a)所示，$u_\mathrm{s}(t)=115\sqrt{2}\cos 314t$ V，求 $i_2(t)$。

解 方法一　初次级等效法。

画出电路的初级和次级等效电路，分别如图 13－24(b)和(c)所示，其中，

$$Z_{11} = R_1 + j\omega L_1 = 20 + j1130 \ \Omega$$

$$Z_{22} = R_2 + R_L + j\omega L_2 = 42.08 + j18.84 \ \Omega$$

$$Z_r = \frac{(\omega M)^2}{Z_{22}} = 422 - j189 \ \Omega$$

故

$$\dot{I}_1 = \frac{\dot{U}_s}{Z_{11} + Z_r} = 110.6 \angle -64.8 \ \text{mA}$$

$$\dot{I}_2 = \frac{j\omega M \dot{I}_1}{Z_{22}} = 0.35 \angle 1.1° \ \text{A}$$

$$i_2(t) = 0.35\sqrt{2}\cos(314t + 1.1°) \ \text{A}$$

方法二 戴维南等效法。

画出负载断开后电路的相量模型,如图 13-24(d)所示。

(1) 求 $\dot{U}_{oc}$。

在次级开路后,$\dot{I}_2 = 0(Z_{22} = \infty)$,反映阻抗 $Z_r = 0$。故次级开路后的初级电流为

$$\dot{I}_0 = \frac{\dot{U}_s}{Z_{11}} = 101.7 \angle -89° \ \text{mA}$$

$$\dot{U}_{oc} = j\omega M \dot{I}_0 = 14.8 \angle 1° \ \text{V}$$

(2) 求 Z_0。

应用外加激励法,得电路如图 13-24(e)所示。显然,原来的次级回路在此成为初级回路,而原来的初级回路成为次级回路。故电路的等效内阻抗就是此时初级等效电路的总阻抗,应用初次级等效法,得

$$Z_0 = \frac{\dot{U}}{\dot{I}} = Z_{22} + \frac{(\omega M)^2}{Z_{11}} = 0.41 - j0.04 \approx 0.41 \ \Omega$$

(3) 画出戴维南等效电路,如图 13-24(f)所示,有

$$\dot{I}_2 = \frac{\dot{U}_{oc}}{Z_0 + R_L} = 0.35 \angle 1° \ \text{A}$$

$$i_2(t) = 0.35\sqrt{2}\cos(314t + 1°) \ \text{A}$$

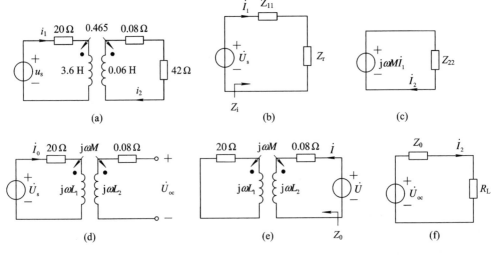

图 13-24 例 13-8 图

13.4　理 想 变 压 器

变压器是电子技术中广泛应用的一种磁耦合器件，它实质上就是根据不同指标要求采用不同工艺材料制作的耦合电感元件。常用的实际变压器有空心变压器、铁心（磁心）变压器。本节讨论的理想变压器是实际变压器的理想化模型，是对互感元件的一种科学抽象。

1. 理想变压器的概念

理想变压器是由两个匝数分别为 N_1 和 N_2 的耦合线圈在满足以下三个理想极限条件下演化而来的：

（1）耦合系数 $k=1$，全耦合；

（2）$L_1=\infty$，$L_2=\infty$，$M=\infty$，参数无穷大；

（3）$\bar{P}=0$，不消耗能量。

满足以上三个条件的耦合电感即理想变压器，其电路符号如图 13-25 所示，与耦合电感元件符号相似，必须标记同名端，但它只有唯一的参数，即变比（匝比）n。n 为常数，它是变压器次级线圈匝数 N_2 与初级线圈匝数 N_1 的比值，即

$$n = \frac{N_2}{N_1} \tag{13-31}$$

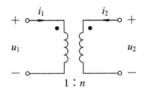

图 13-25　理想变压器图示（一）

2. 理想变压器的伏安特性

对图 13-25 所示的变压器，在图示电压、电流参考方向下，其伏安特性为

$$u_2 = nu_1 \tag{13-32}$$

$$i_2 = -\frac{1}{n}i_1 \tag{13-33}$$

它是由变比 n 描述的代数方程。式（13-32）和式（13-33）反映了理想变压器的变压、变流特性，即端口电压与匝数成正比，而端口电流则与匝数成反比的特性。但要注意，此伏安关系式不仅体现了电压、电流数值上的约束，还包含方向上的约束。若改变同名端的位置或电压、电流参考方向，则其表达式中的正、负符号要做相应改变。例如，改变图 13-25 中变压器的同名端位置，得图 13-26，则有

$$u_2 = -nu_1 \tag{13-34}$$

$$i_2 = \frac{1}{n}i_1 \tag{13-35}$$

显然，在正弦稳态电路中，对应相量形式，上述伏安关系表达式仍然成立。

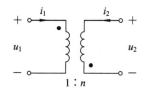

图 13-26 理想变压器图示(二)

3. 理想变压器的功率

理想变压器是满足三个极限条件的耦合电感元件,其条件之一就是不消耗能量,即平均功率 $\overline{P}=0$。事实上,在任何一个时刻,理想变压器吸收的瞬时功率也是零。以图13-25和图13-26为例,其瞬时功率应等于两端口吸收功率之和,即

$$p(t)=u_1 i_1+u_2 i_2$$

将各自的 VAR 代入上式都有 $p(t)=0$。该结论表明,在任一时刻,理想变压器都不消耗能量,也不与外界进行能量交换($Q=0$),只起能量传递的作用,它将初级线圈得到的能量全部由次级线圈输送给负载。当然这是理想化的结果,实际的变压器或多或少都存在电能和磁能的损耗。

4. 理想变压器的阻抗变换性质

理想变压器除具有以上讨论的改变电压、电流大小的功能外,还具有改变阻抗大小的功能。考虑图 13-27(a)所示理想变压器,若在次级接负载 Z_L,讨论由初级看入的等效阻抗 Z_i。设外加激励为 $\dot{U}_1$,并设电压、电流参考方向如图 13-27(b)所示,则有

$$Z_i = \frac{\dot{U}_1}{\dot{I}_1} = \frac{\frac{1}{n}\dot{U}_2}{-n\dot{I}_2} = \frac{1}{n^2}\left(-\frac{\dot{U}_2}{\dot{I}_2}\right) = \frac{1}{n^2}Z_L \qquad (13-36)$$

式中,Z_i 称为折合阻抗,它体现了次级负载对初级电路的影响。在理想变压器次级接负载 Z_L 时,其初级相当于接了 $Z_i = \frac{1}{n^2}Z_L$ 的负载,即理想变压器具有变换阻抗的特性。Z_i 的大小与 n 有关,当变压器匝比 n 改变时,Z_i 随之改变。所以,可通过改变变压器的匝比 n 来改变初级的等效负载大小,实现与前级电路的阻抗匹配。实际的变压器不易达到三个理想条件,因此,工程中应用的变压器在条件相差较大的情况下,不可以作为理想变压器分析。此时,应当作耦合电感进行分析,它通过反映阻抗 $Z_r = \frac{(\omega M)^2}{Z_{22}}$ 实现阻抗匹配。

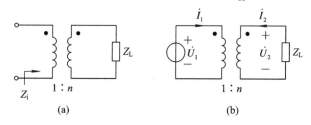

(a) (b)

图 13-27 带负载的理想变压器输入阻抗

由理想变压器的变压、变流和变换阻抗特性不难得到以下两种特殊情况下变压器的性质:
(1)若理想变压器次级开路($Z_L \to \infty$,$i_2=0$),则其初级也相当于开路($Z_i \to \infty$,$i_1=0$);
(2)若理想变压器次级短路($Z_L=0$,$u_2=0$),则其初级也相当于短路($Z_i=0$,$u_1=0$)。

但这只能作为理论分析的依据，对于实际变压器，不可能完全达到理想条件，因此无论如何是不能随便将之开路或短路的，否则会造成事故。另外，变压器是电磁耦合器件，只有变化的电压(电流)才可通过耦合作用传输到次级。所以，实际变压器具有隔断直流的作用，不能用来变换直流电压和电流。

【例 13-9】 电路如图 13-28(a)所示，若以 $\omega=1000\ \mathrm{rad/s}$，$U_s=1\ \mathrm{V}$ 的信号作为测试标准。试设计变压器的变比 n，以使负载 R_L 获得最大功率，并求负载获得的功率。

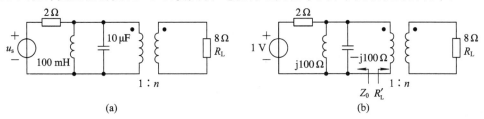

图 13-28　例 13-9 图

解　画电路相量模型，如图 13-28(b)所示，根据最大功率传输条件可知，当 R'_L 与 Z_0 匹配时，负载 R_L 可获得最大功率。由图 13-28(b)有

$$Z_0 = R_0 = 2\ \Omega$$

$$R'_L = \frac{1}{n^2}\times 8$$

令 $R'_L=Z_0$，得

$$n=2$$

此时，得最大功率：

$$P_{Lmax}=\frac{U_{oc}^2}{4R_0}=\frac{U_s^2}{4R_0}=\frac{1}{4\times 2}=\frac{1}{8}\ \mathrm{W}$$

该题中，由于电感与电容发生并联谐振，使得 Z_0 为阻性。一般情况下 Z_0 虚部非零，R'_L 只可发生共模匹配。

【例 13-10】 求图 13-29(a)、(b)所示二端网络的输入电阻 R_i。

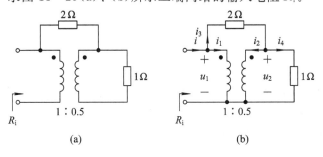

图 13-29　例 13-10 图

解　(1) 对图 13-29(a)所示网络，外加激励时，2 Ω 电阻无电流通过，等效为开路，故 R_i 为其折合电阻，即

$$R_i=\frac{1}{n^2}R_L=4\ \Omega$$

(2) 对图 13-29(b)所示网络，若外加激励时，2 Ω 电阻有电流通过，故不能忽略。设

该二端网络各支路电流、电压如图 13-29(b)所示，有

KCL 方法：

$$i = i_1 + i_3 \qquad\qquad ①$$

$$i_3 = i_2 + i_4 \qquad\qquad ②$$

KVL 方法：

$$u_1 - u_2 = 2i_3 \qquad\qquad ③$$

$$u_2 = i_4 \qquad\qquad ④$$

变压器的 VAR：

$$u_2 = \frac{1}{2}u_1 \qquad\qquad ⑤$$

$$i_2 = -2i_1 \qquad\qquad ⑥$$

解以上 6 个方程得

$$R_i = \frac{u_1}{i} = \frac{8}{3}\ \Omega$$

【例 13-11】 图 13-30(a)所示为某放大器等效电路，求输入电阻 R_i，输出电阻 R_o，电压增益 $A_u = \dfrac{u_o}{u_s}$，功率增益 $A_P = \dfrac{P_o}{P_s}$。

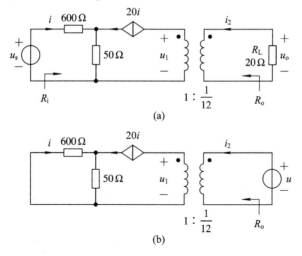

图 13-30　例 13-11 图

解　因电路中无动态元件，故无需相量法求解。设变压器初级电压 u_1、次级电流 i_2 参考方向如图 13-30(a)所示。

（1）求 R_i。由图 13-30 有

KVL 方程为

$$600i + 50(20i + i) = u_s$$

故

$$R_i = \frac{u_s}{i} = 1650\ \Omega$$

（2）求 R_o。采用外加激励法，如图 13-30(b)所示，有

KVL 方程为

$$600i + 50(20i + i) = 0$$

即

$$i = 0$$

由变压器 VAR 有

$$i_2 = 12 \times 20i = 0$$

故

$$R_o = \frac{u}{i_2} = \infty$$

(3) 求 A_u。如图 13-30(a) 所示，有

KVL 方程为

$$600i + 50(20i + i) = u_s$$

即

$$u_s = 1650i$$

又由 VAR 有

$$u_o = -20i_2 = -20 \times 12 \times 20i = 4800i$$

故

$$A_u = \frac{u_o}{u_s} = \frac{4800i}{1650i} = -2.91$$

(4) 求 A_P。如图 13-30(a) 所示，有

$$P_o = R_L i_2^2 = 20 \times (12 \times 20i)^2 = 1\,152\,000i^2$$

$$P_s = u_s i = 1650i^2$$

故

$$A_P = \frac{P_o}{P_s} = \frac{1\,152\,000}{1650} \approx 698.2$$

13.5　实际变压器模型

　　实际变压器可分为空心变压器和铁芯变压器。两个耦合线圈绕在由非铁磁性材料制成的心子上组成空心变压器。这样的变压器漏磁较大，耦合系数 k 较小，远不能满足理想变压器的条件，其实就是一个耦合电感元件。为了达到 $k=1$ 和参数 L_1、L_2 无穷大的条件，通常将初级和次级线圈同绕在一个导磁率 μ 很大的铁磁性芯子上，制成铁芯变压器。如此，线圈的绝大部分磁通都被限制在心内，漏磁小，k 近似为 1。另外，通过增加线圈的匝数可以提高 L_1、L_2 的值，使之接近于无穷。在近似条件下，制作精良的铁芯变压器可以认为满足理想条件，可作为理想变压器使用。

　　要完全实现理想变压器的三个条件(全耦合、无损耗、参数无穷大)，实际上是不可能的，但人们常通过改进工艺和材料的方法来尽量满足条件，使之接近理想。尽管这样，实际变压器还是与理想变压器存在许多特性上的差别，不能完全用理想变压器模型代替。因此，根据实际情况，在不同近似条件下，实际变压器会有不同的电路模型。一般来说，一个实际变压器模型总可以用理想变压器模型串(并)联适当的理想元件来构成。下面简单介绍实际变压器的几种常见模型的构成。

1. 全耦合变压器

假定变压器只是不满足参数为无穷大这个条件，其他两个理想条件都是满足的，即其损耗可以忽略，线圈采用密绕方式，耦合系数可看成近似等于1。这样的变压器称为全耦合变压器，为无线电工程中所常见，一般用图13-31(a)所示的互感电路模型表示，由于全耦合，所以 $M=\sqrt{L_1 L_2}$；也可以用如图13-31(b)所示的等效理想变压器模型表示，图中虚线框内为理想变压器，而由于参数达不到无穷大条件，故在其初级线圈上需并联电感量为 L_1 的励磁电感以作修正。

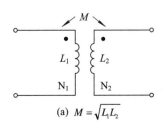 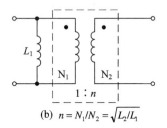

$$(a) \ M=\sqrt{L_1 L_2} \qquad\qquad (b) \ n=N_1/N_2=\sqrt{L_2/L_1}$$

图13-31　全耦合变压器模型

2. 非全耦合变压器

若实际变压器只满足无损耗的条件，而全耦合、参数无穷大的条件都不满足，则称为非全耦合变压器。这种变压器与全耦合变压器相比存在漏磁，因此必须引入漏感。其模型可由全耦合变压器模型在其初、次级上分别串联漏感 L_{s1}、L_{s2} 构成。图13-32(a)所示为全耦合变压器的互感电路模型，由于非全耦合，故 $k<1$；图13-32(b)为其等效全耦合变压器模型，图中虚线框内为全耦合变压器，L_{s1} 和 L_{s2} 为漏感，分别串联在初、次级上；图13-32(c)为其等效理想变压器模型，图中虚线框内为理想变压器。

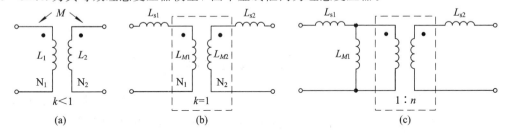

$$(a) \qquad\qquad\qquad (b) \qquad\qquad\qquad (c)$$

图13-32　非全耦合变压器模型

严格来说，实际变压器也不是无损耗的，线圈的阻值不能忽略不计，在这种情况下，理想变压器的三个条件均不满足，考虑到初、次级线圈等效电阻的影响，以非全耦合变压器模型为基础，分别在其初、次级上串联一个能体现损耗的电阻 R_1、R_2 来构成其模型，如图13-33所示，等效过程在此从略。

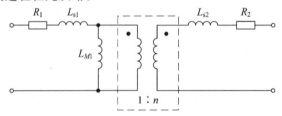

图13-33　一般非理想变压器模型

【**例 13 - 12**】　全耦合变压器电路如图 13 - 34(a)所示，求其等效戴维南电路。

解　方法一　由图 13 - 34(a)直接以耦合电感电路求解。

(1) 求 $\dot{U}_{oc}$(初次级等效法)。

画出图 13 - 34(a)的初、次级等效电路，分别如图 13 - 34(b)、(c)所示。由图 13 - 34(a)知，开路时 $\dot{I}_2 = 0$，$Z_{22} = \infty$，即反映阻抗 $Z_r = \dfrac{(\omega M)^2}{Z_{22}} = 0$，故由图(b)得

$$\dot{I} = \frac{10\angle 0°}{Z_{11} + Z_r} = \frac{10\angle 0°}{10 + j10} = \frac{1}{\sqrt{2}}\angle -45° \text{ A}$$

又由于全耦合，$M = \sqrt{L_1 L_2}$，得

$$\omega M = \sqrt{\omega L_1 \cdot \omega L_2} = \sqrt{10 \times 1000} = 100 \ \Omega$$

故由图 13 - 34(c)得

$$\dot{U}_{oc} = j\omega M \dot{I} = j100 \times \frac{1}{\sqrt{2}}\angle -45° = 50\sqrt{2}\angle 45° \text{ V}$$

(2) 求 Z_o(外加激励法)。

如图 13 - 34(d)所示外加激励，显然应用初次级等效法，得

$$Z_o = Z_{22} + \frac{(\omega M)^2}{Z_{11}} = j1000 + \frac{100^2}{10 + j10} = 500\sqrt{2}\angle 45° \ \Omega$$

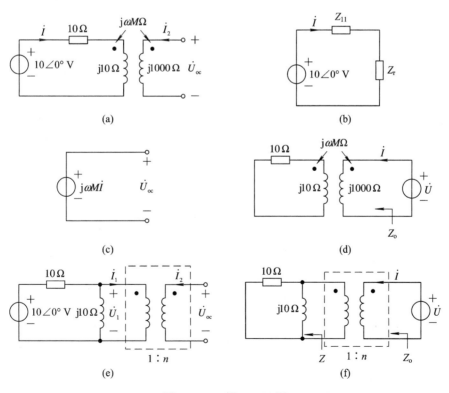

图 13 - 34　例 13 - 12 图

方法二　等效为理想变压器模型求解。

画图 13 - 34(a)耦合电感的等效理想变压器模型，如图 13 - 34(e)所示。其中变压器变

比为

$$n=\sqrt{\frac{L_2}{L_1}}=\sqrt{\frac{\omega L_2}{\omega L_1}}=\sqrt{\frac{1000}{10}}=10$$

(1) 求 $\dot{U}_{oc}$。

由图 13-34(e)有 $\dot{I}_2=0$，故 $\dot{I}_1=-n\dot{I}_2=0$。

所以

$$\dot{U}_{oc}=n\dot{U}_1=10\times\frac{\mathrm{j}10}{10+\mathrm{j}10}\times10\angle0°=50\sqrt{2}\angle45°\text{ V}$$

(2) 求 Z_o(外加激励法)。

如图 13-34(f)所示外加激励，显然 Z_o 为折合阻抗，即

$$Z_o=n^2Z=10^2\times\frac{10\times\mathrm{j}10}{10+\mathrm{j}10}=500\sqrt{2}\angle45°\ \Omega$$

13.6 变压器器件

将两组或两组以上线圈绕制在同一线圈骨架上(或铁心、磁芯上)就制成了变压器。具有两个以上绕组的变压器，除一个初级绕组外，其他绕组统称为次级绕组。变压器的主要作用是传输交流信号、变换电压、变换交流阻抗、进行直流隔离和传输电能等。

1. 变压器的种类和参数

1) 变压器的种类

根据不同的分类方法，变压器可分成不同类型。例如，按照圈芯的不同，变压器可分为空心、磁芯和铁芯变压器三种，其外形和符号分别如图 13-35 (a)、(b)、(c)所示。若按变压器的工作频率，则可分为高频、中频和低频变压器。其中，天线线圈、振荡线圈为高频变压器；收音机和电视机的中频放大电路所用的变压器为中频变压器；电源变压器、隔离变压器、输入及输出变压器等都属于低频变压器。

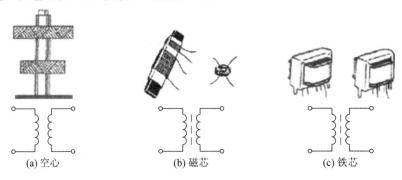

(a) 空心　　　　　　　(b) 磁芯　　　　　　　(c) 铁芯

图 13-35　变压器的外形与符号

2) 变压器的主要参数

根据变压器的不同用途，其参数差异很大。一般而言，变压器的主要参数有以下几个：

(1) 变压比(n)。在理想条件下，变压器的变压比等于线圈匝数之比。

(2) 效率(η)。在接入额定负载的条件下，变压器输出功率与输入功率的比值为变压

器的效率。

（3）频率响应。对于音频变压器而言，频率响应是一项重要指标。若变压器的工作频率范围不能满足信号带宽要求，信号将产生失真。

（4）额定功率（P）。额定功率是指在规定工作频率的电压下，变压器能长期工作而不超过规定温升时的输出功率。

2. 常用变压器

1）电源变压器

电源变压器的主要作用是降压，常用在各种家用电器及电子仪器的电源电路部分，将220 V 的交流电降至所需的电压值。电源变压器为铁芯变压器，其结构有壳式和芯式两种，外形如图 13 - 36 所示。

(a) 壳式　　　　　　　　(b) 芯式

图 13 - 36　电源变压器的外形

2）中频变压器

中频变压器（又称中周）电路通常由初次级线圈和电容并联构成，是一种既应用了电磁感应原理，又应用了并联谐振原理的特殊的变压器。因此，它不仅具有普通变压器的变压、变流及变换阻抗特性，还具有选频（谐振）特性，在超外差式收音机中起选频和耦合作用。中频变压器的适用频率范围为几 kHz 至几十 MHz，在调幅接收机中，其谐振频率为465 kHz；在调频半导体收音机中，其中心频率为 10.7 MHz。中频变压器有单调谐式和双调谐式两种，单调谐式只有一个谐振回路，电路简单但选频特性差；双调谐式具有两个谐振回路，电路复杂但选择性较好。一些中频变压器内部只有初次级线圈而没有并联电容，在应用时需要外接并联电容才具有选频作用。其内部结构如图 13 - 37 所示，由胶木座、尼龙支架、磁帽和金属屏蔽罩组成。应用时通过调节磁帽（磁芯）以改变线圈的耦合系数，从而改变谐振频率，使之与接收信号发生谐振。这个过程称为调谐。

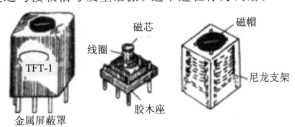

图 13 - 37　中频变压器结构

3）天线线圈

天线线圈是磁芯变压器，外形如图 13 - 38 所示，有圆形和扁形两种，用于接收中波或短波信号。

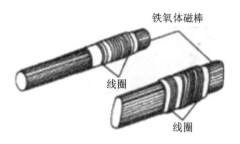

图 13-38　天线线圈外形图

13.7　双调谐电路

第 11 章讨论的 RLC 串联和并联谐振电路由于只存在一个谐振点，通常被称为单谐振电路。在通信技术中，单谐振电路是最基本且应用最广泛的选频网络，它可以从各种输入频率分量中选择出有用信号而抑制掉无用信号和噪声，这对于提高整个电路输出信号的质量、提高电路的抗干扰能力是极其重要的。但考虑到在多数情况下要传输的电信号并不是单一频率的信号，而是含有许多频率成分、占有一定频带宽度的频谱信号，所以要求选频网络的频谱特性应具有平坦的顶部特性和陡峭的衰减，即具有理想的带通特性。在这种情况下，单谐振电路的选频特性便不够理想，其带内不平坦、带外衰减变化很慢，频带较窄，不能满足实际需要。为此，引入双调谐电路来解决以上问题。常用的双调谐电路如图13-39 所示，它由两个参数相同的 RLC 并联谐振电路，通过电感 L 间的磁耦合而构成。

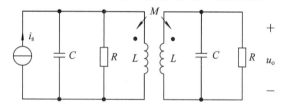

图 13-39　双调谐电路

双调谐电路的幅频特性与单谐振电路相比，其通频带加宽了，曲线出现双峰。如果调节电路的元件参数，则可改变双峰的位置，得到平坦的顶部特性。那么，电路是如何通过磁耦合产生双调谐特性的呢？

画出图 13-39 所示电路的相量模型，如图 13-40 所示，其耦合系数 $k = M/L$，即 $M = kL$。由图可得

$$\begin{cases} j\omega L\dot{I}_1 + j\omega Lk\dot{I}_2 = \dot{U}_1 \\ j\omega Lk\dot{I}_1 + j\omega L\dot{I}_2 = \dot{U}_o \end{cases}$$

且

$$\dot{I}_s = \left(\frac{1}{j\omega C} + \frac{1}{R}\right)\dot{U}_1 + \dot{I}_1$$

$$\dot{I}_2 + \left(\frac{1}{j\omega C} + \frac{1}{R}\right)\dot{U}_o = 0$$

解得电路的频率特性为

$$H(\mathrm{j}\omega)=\frac{\dot{U}_\mathrm{o}}{\dot{I}_\mathrm{s}}=H_1(\mathrm{j}\omega)+H_2(\mathrm{j}\omega)=\frac{R/2}{1+\mathrm{j}Q_1\left(\dfrac{\omega}{\omega_{01}}-\dfrac{\omega_{01}}{\omega}\right)}-\frac{R/2}{1+\mathrm{j}Q_2\left(\dfrac{\omega}{\omega_{02}}-\dfrac{\omega_{02}}{\omega}\right)}$$

其中,

$$H_1(\mathrm{j}\omega)=\frac{R/2}{1+\mathrm{j}Q_1\left(\dfrac{\omega}{\omega_{01}}-\dfrac{\omega_{01}}{\omega}\right)},\ \omega_{01}=\frac{1}{\sqrt{LC(1+k)}},\ Q_1=\omega_{01}CR$$

$$H_2(\mathrm{j}\omega)=-\frac{R/2}{1+\mathrm{j}Q_2\left(\dfrac{\omega}{\omega_{02}}-\dfrac{\omega_{02}}{\omega}\right)},\ \omega_{02}=\frac{1}{\sqrt{LC(1-k)}},\ Q_2=\omega_{02}CR$$

分别对应初级和次级 RLC 并联等效电路的频率特性、谐振频率和品质因数。

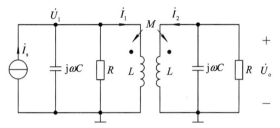

图 13-40 双谐振电路的相量模型

画出 $H_1(\mathrm{j}\omega)$ 和 $H_2(\mathrm{j}\omega)$ 的频率曲线,将两条曲线逐点相加,即可得到电路的幅频曲线,如图 13-41 所示。随着电感耦合程度的增高(k 增大),双峰间距变远,通频带增大,峰间谷值变小,通频带内响应越不均匀。若减小电感耦合程度,双峰逐渐靠拢,在一定情况下,可近似得到平坦的顶部特性。当两电感无耦合时,初级和次级电路相互独立,频率特性曲线不出现双峰,与单调谐电路一致。

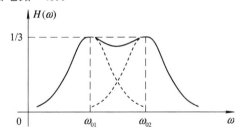

图 13-41 双谐振电路的谐振曲线

思 考 与 练 习

13-1 判断下列各题是否正确:

(1) 耦合电感的同名端只与线圈的绕向及两线圈的相互位置有关,与线圈中电流的参考方向、电流的大小无关。(　　)

(2) 耦合电感的同名端与线圈中电流的参考方向有关,电流的参考方向改变,则同名端也改变。(　　)

(3) 耦合电感的同名端与线圈中电流的参考方向无关,但与实际电流的方向有关。在

实际应用中，若加入的电流的方向改变，则同名端改变。（　　　）

（4）两线圈之间的互感 M 大，则说明它们的耦合程度高，耦合系数也一定大。（　　　）

13-2　图示各互感线圈的同名端为（　　　）。

（1）a 和 b　　（2）a 和 d　　（3）b 和 c　　（4）b 和 d　　（5）无电流方向，无法判断

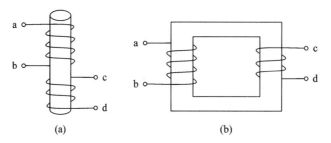

思考与练习 13-2 图

13-3　图示电路在开关闭合瞬间，u_o 的真实极性（　　　）。

（1）与 u_o 参考极性一致　　　　（2）与 u_o 参考极性相反

13-4　电路如图所示，求 $u(t)$，已知 $i_s(t)=1+5\cos t$ A。

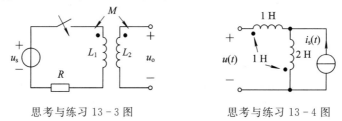

思考与练习 13-3 图　　　　　　思考与练习 13-4 图

13-5　耦合电感 $L_1=8$ H，$L_2=6$ H，$M=4$ H，试求其串联、并联时的各等效电感。

13-6　电路如图所示，试求其等效电感 L_{eq}。

13-7　电路如图所示，已知耦合电感的耦合系数 $k=0.8$，求其等效电感。

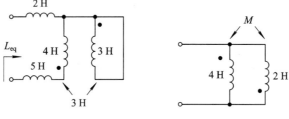

思考与练习 13-6 图　　　　　　思考与练习 13-7 图

13-8　求图示电路的等效阻抗，已知 $\omega=2$ rad/s。

13-9　电路如图所示，求等效电感 L_{eq}。

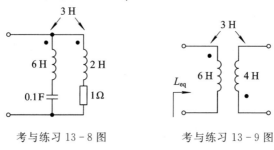

考与练习 13-8 图　　　　　　考与练习 13-9 图

13－10 如图所示互感电路，$\dot{I}_s = 1\angle0°$A，$\omega = 2$ rad/s，求 $\dot{U}$。

13－11 如图所示电路，$\dot{U}_s = 12\angle0°$ V，$\dot{I}_s = 6\angle0°$ A，$\omega = 1$ rad/s，求 $\dot{U}$。

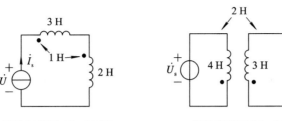

思考与练习 13－10 图　　　　思考与练习 13－11 图

13－12 如图所示电路，$\dot{I}_s = 1\angle0°$A，$\omega = 2$ rad/s，求电压 $\dot{U}$。

13－13 如图所示电路，$\dot{U}_s = 8\angle90°$ V，$\dot{I}_s = 2\angle0°$A，$\omega = 1$ rad/s，求 $\dot{I}$。

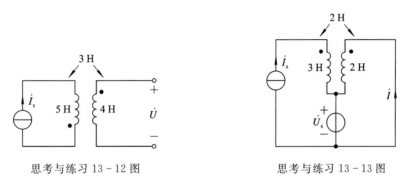

思考与练习 13－12 图　　　　思考与练习 13－13 图

13－14 如图所示理想变压器电路，已知 $R_1 = 1$ Ω，$R_2 = 2$ Ω，R_1 吸收的功率为 1 W，求 R_2 吸收的功率。

13－15 如图所示电路，$\dot{I}_s = 4\angle0°$A，求 2 Ω 电阻吸收的功率。

13－16 如图所示电路，已知 $U_s = 10$ V，求 U_{ab}。

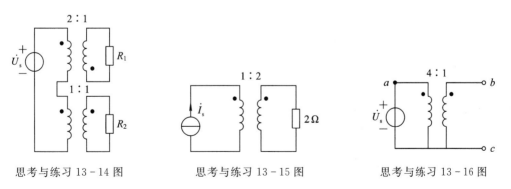

思考与练习 13－14 图　　　　思考与练习 13－15 图　　　　思考与练习 13－16 图

13－17 电路如图所示，R_L 为多大时可获得最大功率？最大功率为多少？已知 $\dot{U}_s = 2\angle0°$ V。

13－18 如图所示电路，要使负载 R_L 获得最大功率，则 n 应为多大？

13－19 如图所示电路，$\dot{U}_s = 18\angle0°$ V，求次级开路电压 $\dot{U}$。

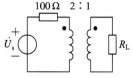
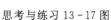

思考与练习 13 - 17 图

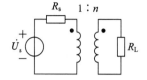

思考与练习 13 - 18 图

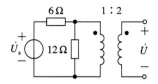

思考与练习 13 - 19 图

13 - 20　电路如图所示，$\dot{U}_s = 10\angle 0°\text{V}$，为使 R_2 获得的功率是 R_1 获得的功率的 4 倍，n 应为多少？R_2 的功率是多少？

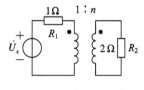

思考与练习 13 - 20 图

13 - 21　判断下列说法是否正确：

（1）理想变压器在任何外接电路情况下，其初级电压与次级电压都有不变的相位关系。（　　）

（2）由定义可知理想变压器可以实现直流的转换，这与"交变的电场产生交变的磁场"的思想矛盾。（　　）

（3）由于理想化的结果，理想变压器已并非一种靠磁场来工作的元件，因此可以变换直流。（　　）

（4）理想变压器的阻抗变换公式会随其电压、电流的参考方向、同名端的位置的不同而改变。（　　）

（5）理想变压器的阻抗变换公式与同名端的位置无关，与负载 Z_L 上的电压、电流参考方向无关。（　　）

13 - 22　含耦合电感电路如图所示，$u_s(t) = 36\cos(3t - 60°)\text{V}$，试求：

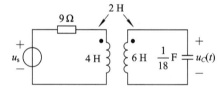

思考与练习 13 - 22 图

（1）由电源端看进去的等效阻抗；

（2）电压 $u_C(t)$。

13 - 23　电路如图所示，已知 $u_s(t) = 10\cos 2\pi \times 10^3 t\ \text{V}$。若次级开路，则稳态时 $i_1(t) = 0.1\sin 2\pi \times 10^3 t\ \text{A}$，开路电压 $u_{oc}(t) = -0.9\cos 2\pi \times 10^3 t\ \text{V}$；若次级短路，则稳态时短路电流 $i_{sc}(t) = -0.9\sin 2\pi \times 10^3 t\ \text{A}$。试求 L_1、L_2、M 及耦合系数 k 并标注同名端。

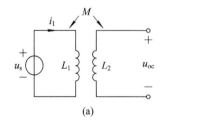

(a)

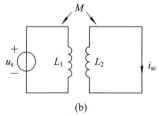

(b)

思考与练习 13 - 23 图

13－24　电路如图所示，原已稳定，$t=0$ 时开关闭合，求 $t\geqslant0$ 后的 $i(t)$。

13－25　求图示各电路的等效电感。

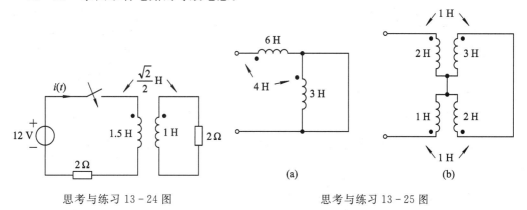

思考与练习 13－24 图　　　　　　　　　　　思考与练习 13－25 图

13－26　求图示各电路的等效阻抗。

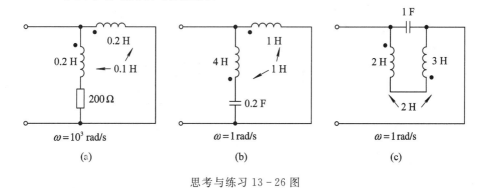

思考与练习 13－26 图

13－27　电路如图所示，已知 $i_s(t)=\sqrt{2}\ \sin1000t$ A，试求 $i_C(t)$。

13－28　如图所示正弦稳态电路，已知 $u_s(t)=100\sqrt{2}\ \cos\omega t$ V，$\omega L_2=120$ Ω，$\omega M=\dfrac{1}{\omega C}=20$ Ω，$R=100$ Ω，问：Z_L 为何值时可获得最大功率？最大功率是多少？

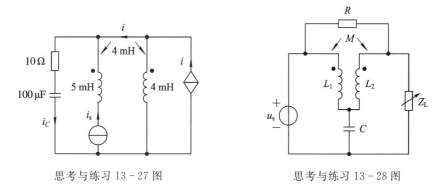

思考与练习 13－27 图　　　　　　　　　　思考与练习 13－28 图

13－29　电路如图所示，已知 $u_s(t)=\sin t$ V，试分别用网孔法和戴维南定理求 $i_R(t)$。

13－30　电路如图所示，$u_s(t)=5\sqrt{2}\ \cos10^3t$ V，当负载 Z_L 为何值时可获得最大功率？最大功率是多少？

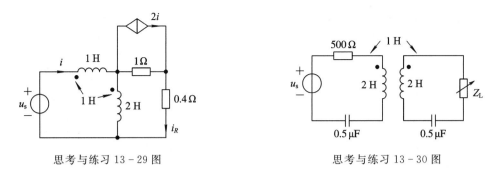

思考与练习 13-29 图　　　　　　　　　　　思考与练习 13-30 图

13-31　电路的相量模型如图所示，试求电流 $\dot{I}$ 与电路吸收的复功率，已知 $\dot{U}_s = 100\angle 0° \text{ V}$。

13-32　电路如图所示，$k = \dfrac{1}{2}$，试求电流 $\dot{I}_2$。

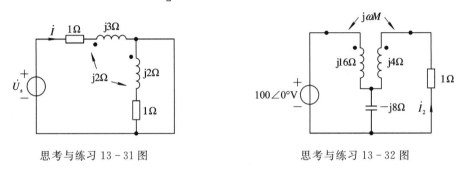

思考与练习 13-31 图　　　　　　　　　　　思考与练习 13-32 图

13-33　电路如图所示，$u_s(t) = 200\sqrt{2}\,\cos 10^4 t \text{ V}$，问：当 C 为何值时，电路发生谐振？谐振时电流 $i_1(t)$ 为多少？

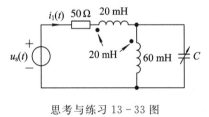

思考与练习 13-33 图

13-34　电路如图所示，已知 $i_s(t) = \sqrt{2}\,\cos 4\times 10^6 t \text{ A}$，问：当 C 为何值时电路处于并联谐振状态？谐振时电压 $u(t)$ 为多少？

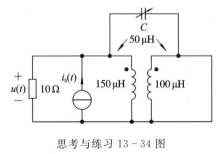

思考与练习 13-34 图

13-35　求图示电路的等效戴维南电路参数。

13-36　电路如图所示，求输入电阻 R_i。

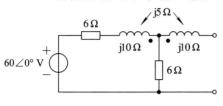

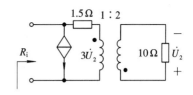

思考与练习 13-35 图　　　　　　思考与练习 13-36 图

13-37　电路如图所示，问：当正弦电源 u_s 的频率为多少时，电流 $i(t)$ 达到最大？

13-38　电路如图所示，为使负载 R_L 获得最大功率，变压器匝比 n 应为多少？最大功率为多少？已知 $\dot{U}_s = 20\angle 0° \ \text{V}$。

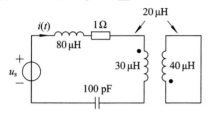

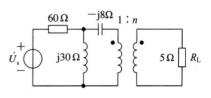

思考与练习 13-37 图　　　　　　思考与练习 13-38 图

13-39　电路如图所示，为使 R_L 获得最大功率，试确定变压器匝比 n，并求最大功率。

13-40　电路如图所示，$u_s(t) = \cos t \ \text{V}$。试求：

（1）次级在初级的折合阻抗 Z；

（2）$i_1(t)$。

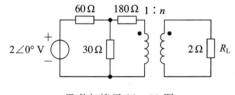

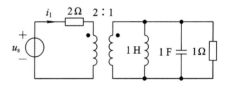

思考与练习 13-39 图　　　　　　思考与练习 13-40 图

13-41　电路相量模型如图所示，试用节点法求 $\dot{U}_2$。

13-42　电路如图所示，R_L 为何值时可获得最大功率？最大功率为多少？

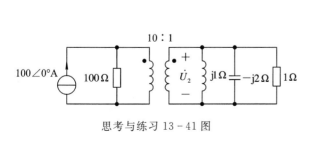

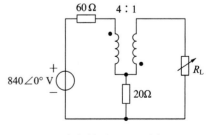

思考与练习 13-41 图　　　　　　思考与练习 13-42 图

13-43　试求图示电路的等效阻抗 Z_{ab}。

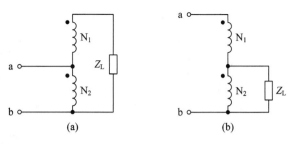

思考与练习 13－43 图

13－44　题 13－43 中若将两线圈的同名端变为异名端，则 Z_{ab} 又为多少？

13－45　全耦合变压器电路如图所示，原处于稳态，$t＝0$ 时开关闭合，求 $t \geqslant 0$ 时的 $i_1(t)$、$i_2(t)$。

13－46　电路如图所示。

（1）求电路的谐振频率；

（2）求品质因数；

（3）求通频带。

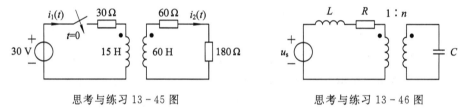

思考与练习 13－45 图　　　　　思考与练习 13－46 图

第14章 双口网络

【内容提要】 第4章着重研究了单口网络的特性，本章将单口网络的概念推广到双口网络，重点讨论双口网络的网络方程及其 z、y、h、a 参数，并给出双口网络的等效电路。

14.1 双口网络的基本概念

电路分析所研究的主要是在网络的结构、元件参数及输入已经给定的条件下，计算待求的响应（电压或电流）。若待求量属于某一支路，可将该支路从网络中抽出，而对网络的其余部分——一个二端网络（单口网络），应用戴维南定理或诺顿定理进行等效，从而把原电路简化为一个单回路电路或单节点电路，以便于求解响应。因此，在第4章中已详细讨论了单口网络的等效，并得出以下结论：一个单口网络，若它是线性有源的（含有独立源），则可等效为一个戴维南电路或诺顿电路；若其是线性无源的（不含独立源但含受控源），则理论上可以等效为一个电阻（或阻抗）。

然而，在实际工程中，通常会遇到涉及两对端子的网络，如变压器、滤波器、放大器、反馈网络等。这些网络在整个电路中起不同的确定性作用，作为不可分割的整体，可以把两对端子之间的电路概括在一个方框内。这样的网络具有两个外接端口，因此称为双口网络（二端口网络），简称双口（二端口）。如图 14-1 所示电路，其中 N_1、N_2 分别为电路的信号源网络和负载网络，N 为双口网络，它的一对端子 1—1′ 是输入端子，另一对端子 2—2′ 是输出端子。来自 N_1 的信号从 1—1′ 端子输入，经网络 N 处理后，由端子 2—2′ 输出给 N_2。

任意具有单输入、单输出的电路都可以用图 14-1 所示的等效电路来表示。因此，双口网络的分析具有十分重要的意义。在运用双口网络概念分析电路时，我们仅对其二端口处的电压、电流关系（VAR）感兴趣，而并不关心其内部具体结构。这种相互关系一旦确定，则无论它处于何种电路中，都会受到这种关系的约束。在已知双口网络电压、电流关系的情况下，电路的响应可以很方便地求解。本章主要讨论如何通过引入一组参数来描述一个双口网络，而这组参数只取决于构成双口网络本身的元件及它们的连接方式。

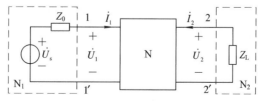

图 14-1 双口网络示意图

需要提醒的是，在此所说的双口网络是指无储能的线性无源双口网络（不含独立元，可含受控源)。

14.2 双口网络的端口方程和网络参数

双口网络存在两个端口电压变量 $\dot{U}_1$、$\dot{U}_2$ 和两个端口电流变量 $\dot{I}_1$、$\dot{I}_2$,其中任意两个变量可用另外两个变量以线性表示。因此,任选两个端口变量作为自变量(激励),其他两个端口变量作为因变量(响应),则共有六种形式的组合方程——端口方程。方程对应的系数称为网络参数,这些参数具有不同的物理含义。实质上,网络的端口方程就是网络的伏安特性方程,双口网络可用其端口方程或网络参数来描述。

1. 阻抗方程与 Z 参数

对已知双口网络,若以其端口电流 $\dot{I}_1$、$\dot{I}_2$ 为自变量(激励),以端口电压 $\dot{U}_1$、$\dot{U}_2$ 为因变量(响应),如图 14-2 所示,则根据线性电路叠加定理,有

$$\dot{U}_1 = \dot{U}_1' + \dot{U}_1'' = z_{11}\dot{I}_1 + z_{12}\dot{I}_2 \qquad (14-1)$$
$$\dot{U}_2 = \dot{U}_2' + \dot{U}_2'' = z_{21}\dot{I}_1 + z_{22}\dot{I}_2 \qquad (14-2)$$

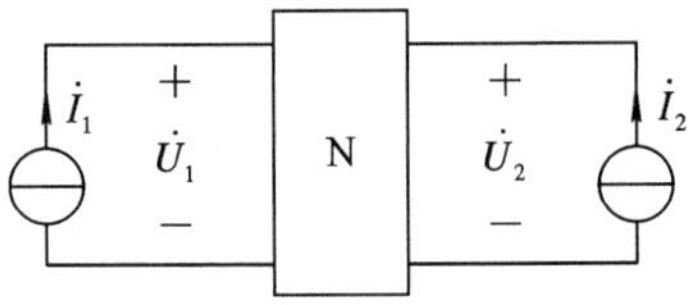

图 14-2 以 $\dot{I}_1$、$\dot{I}_2$ 为激励的双口网络

其中,$\dot{U}_1'$、$\dot{U}_1''$ 和 $\dot{U}_2'$、$\dot{U}_2''$ 分别为 $\dot{I}_1$、$\dot{I}_2$ 单独作用时在对应 1、2 端口所产生的电压分量。显然,方程的系数 z_{11}、z_{12}、z_{21}、z_{22} 应具有阻抗量纲,即单位为欧姆(Ω)。因此式(14-1)和式(14-2)称为双口网络的阻抗方程,它还可以写为如下的矩阵形式:

$$\begin{bmatrix} \dot{U}_1 \\ \dot{U}_2 \end{bmatrix} = \begin{bmatrix} z_{11} & z_{12} \\ z_{21} & z_{22} \end{bmatrix} \begin{bmatrix} \dot{I}_1 \\ \dot{I}_2 \end{bmatrix} = \mathbf{Z} \begin{bmatrix} \dot{I}_1 \\ \dot{I}_2 \end{bmatrix} \qquad (14-3)$$

其中

$$\mathbf{Z} = \begin{bmatrix} z_{11} & z_{12} \\ z_{21} & z_{22} \end{bmatrix} \qquad (14-4)$$

称为双口网络的 $\mathbf{Z}$ 参数矩阵,也称开路阻抗矩阵,其元素 z_{11}、z_{12}、z_{21}、z_{22} 就称为 Z 参数。各 Z 参数都具有各自不同的物理含义,下面我们进行讨论。由式(14-1)和式(14-2)有

$$z_{11} = \left. \frac{\dot{U}_1}{\dot{I}_1} \right|_{\dot{I}_2=0} \text{——出端开路时的输入阻抗;}$$

$$z_{21} = \left. \frac{\dot{U}_2}{\dot{I}_1} \right|_{\dot{I}_2=0} \text{——出端开路时的转移阻抗;}$$

$$z_{22} = \left. \frac{\dot{U}_2}{\dot{I}_2} \right|_{\dot{I}_1=0} \text{——入端开路时的输出阻抗;}$$

$$z_{12} = \left. \frac{\dot{U}_1}{\dot{I}_2} \right|_{\dot{I}_1=0} \text{——入端开路时的转移阻抗。}$$

可见,所有的 Z 参数都是建立在入端或出端开路条件上的阻抗参数。所以,Z 参数又称为开路参数。

我们把具有 $z_{12}=z_{21}$ 特性的网络称为互易(双口)网络。通常,只含线性非时变电阻、电感、电容、耦合电感和理想变压器的网络都是互易网络,而含有受控源的网络通常都是非互易的。如果一个网络其两个端口交换后还能保持端口的电压、电流数值不变,即端口可以交换使用,则该网络是对称的,称为对称(双口)网络。对于对称网络,有 $z_{11}=z_{22}$。如图

14-3(a)和(b)都是互易网络,其中图(b)还是对称网络。

在二端(单口)网络的研究中,根据网络端口的伏安特性,可以得到网络的最简等效电路:戴维南电路或诺顿电路。同样,双口网络的等效电路亦可由其端口方程得到。例如,一旦求得 Z 参数,根据阻抗方程,该双口网络就可用如图 14-4 所示的流控型等效电路替代。

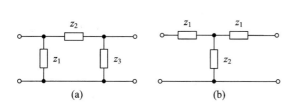

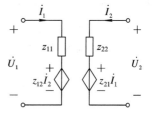

图 14-3　互易网络和对称网络示例

图 14-4　双口网络的流控型等效电路

【例 14-1】　双口网络如图 14-5 所示,试求其 Z 参数。

解　方法一　由端口方程求参数。

设端口电压、电流参考方向如图 14-5 所示,有

$$\dot{U}_1 = z_1\dot{I}_1 + z_2(\dot{I}_1 + \dot{I}_2) = (z_1 + z_2)\dot{I}_1 + z_2\dot{I}_2$$

$$\dot{U}_2 = z_3\dot{I}_2 + z_2(\dot{I}_1 + \dot{I}_2) = z_2\dot{I}_1 + (z_2 + z_3)\dot{I}_2$$

故

$$\boldsymbol{Z} = \begin{bmatrix} z_1 + z_2 & z_2 \\ z_2 & z_2 + z_3 \end{bmatrix} \Omega$$

可见网络的 $z_{12} = z_{21} = z_2$,故该网络为互易网络。若网络的 $z_1 = z_3$,则会有 $z_{11} = z_{22}$,此时网络为对称网络。

方法二　根据物理含义求参数。

由图 14-5,分别在出端开路和入端开路的条件下,得

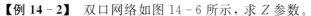

图 14-5　例 14-1 图

$$z_{11} = \frac{\dot{U}_1}{\dot{I}_1}\bigg|_{\dot{I}_2=0} = z_1 + z_2, \quad z_{21} = \frac{\dot{U}_2}{\dot{I}_1}\bigg|_{\dot{I}_2=0} = z_2$$

$$z_{22} = \frac{\dot{U}_2}{\dot{I}_2}\bigg|_{\dot{I}_1=0} = z_2 + z_3, \quad z_{12} = \frac{\dot{U}_1}{\dot{I}_2}\bigg|_{\dot{I}_1=0} = z_2$$

【例 14-2】　双口网络如图 14-6 所示,求 Z 参数。

解　由图 14-6 有

KCL 方程为

$$\dot{I} = \dot{I}_1 + \dot{I}_2$$

由 KVL 方程有

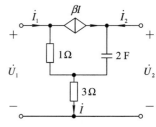

图 14-6　例 14-2 图

$$\begin{aligned}\dot{U}_1 &= (\dot{I}_1 - \beta\dot{I}) + 3\dot{I} \\ &= \dot{I}_1 - \beta(\dot{I}_1 + \dot{I}_2) + 3(\dot{I}_1 + \dot{I}_2) \\ &= (4 - \beta)\dot{I}_1 + (3 - \beta)\dot{I}_2\end{aligned}$$

$$\begin{aligned}\dot{U}_2 &= \frac{1}{\mathrm{j}2\omega}[\dot{I}_2 + \beta\dot{I}] + 3\dot{I} = \frac{1}{\mathrm{j}2\omega}[\dot{I}_2 + \beta(\dot{I}_1 + \dot{I}_2)] + 3(\dot{I}_1 + \dot{I}_2) \\ &= \left(3 + \frac{\beta}{\mathrm{j}2\omega}\right)\dot{I}_1 + \left(3 + \frac{1 + \beta}{\mathrm{j}2\omega}\right)\dot{I}_2\end{aligned}$$

故

$$Z = \begin{bmatrix} 4-\beta & 3-\beta \\ 3+\dfrac{\beta}{j2\omega} & 3+\dfrac{1+\beta}{j2\omega} \end{bmatrix} \Omega$$

2. 导纳方程和 Y 参数

如图 14 - 7 所示，若以 $\dot U_1$、$\dot U_2$ 为激励，以 $\dot I_1$、$\dot I_2$ 为响应，可得网络的导纳方程为

$$\dot I_1 = y_{11}\dot U_1 + y_{12}\dot U_2 \qquad (14-5)$$
$$\dot I_2 = y_{21}\dot U_1 + y_{22}\dot U_2 \qquad (14-6)$$

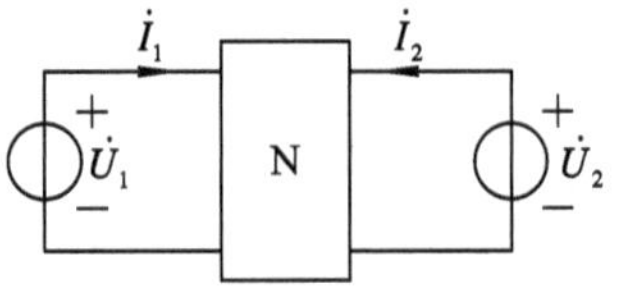

图 14 - 7 以 $\dot U_1$ 和 $\dot U_2$ 为激励的双口网络

或

$$\begin{bmatrix} \dot I_1 \\ \dot I_2 \end{bmatrix} = \begin{bmatrix} y_{11} & y_{12} \\ y_{21} & y_{22} \end{bmatrix} \begin{bmatrix} \dot U_1 \\ \dot U_2 \end{bmatrix} = Y \begin{bmatrix} \dot U_1 \\ \dot U_2 \end{bmatrix} \qquad (14-7)$$

其中，

$$Y = \begin{bmatrix} y_{11} & y_{12} \\ y_{21} & y_{22} \end{bmatrix} \qquad (14-8)$$

称为双口网络的 Y 参数矩阵，也称短路导纳矩阵，其元素 y_{11}、y_{12}、y_{21}、y_{22} 就称为 Y 参数。

Y 参数的物理含义为

$$y_{11} = \left. \frac{\dot I_1}{\dot U_1} \right|_{\dot U_2=0} \qquad \text{——出端短路时的输入导纳；}$$

$$y_{21} = \left. \frac{\dot I_2}{\dot U_1} \right|_{\dot U_2=0} \qquad \text{——出端短路时的转移导纳；}$$

$$y_{22} = \left. \frac{\dot I_2}{\dot U_2} \right|_{\dot U_1=0} \qquad \text{——入端短路时的输出导纳；}$$

$$y_{12} = \left. \frac{\dot I_1}{\dot U_2} \right|_{\dot U_1=0} \qquad \text{——入端短路时的转移导纳。}$$

导纳参数是短路参数。如果 $y_{12}=y_{21}$，则网络为互易网络；如果 $y_{11}=y_{22}$，则网络为对称网络。同理，一旦知道双口网络的导纳方程或 Y 参数，该网络就可以用图 14 - 8 所示的压控型等效电路代替。

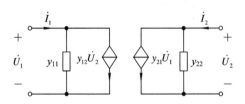

图 14 - 8 双口网络的压控型等效电路

值得注意的是，Y 参数并不是 Z 参数的倒数。例如 $y_{11} \neq \dfrac{1}{z_{11}}$，其他参数量也是一样。这由它们的物理含义很容易解释，即 y_{11} 为输出端短路时网络的输入导纳，而 z_{11} 为输出端开路时网络的输入阻抗，其求解条件是完全不一样的，不能代替。事实上，比较阻抗方程式 (14 - 1)、式(14 - 2)和导纳方程式(14 - 15)、式(14 - 16)，可以发现 Z 参数矩阵和 Y 参数

矩阵之间存在互为逆阵的关系：$\boldsymbol{Z}=\boldsymbol{Y}^{-1}$（或 $\boldsymbol{Y}=\boldsymbol{Z}^{-1}$），即

$$\begin{bmatrix} z_{11} & z_{12} \\ z_{21} & z_{22} \end{bmatrix} = \frac{1}{y_{11}y_{22}-y_{12}y_{21}} \begin{bmatrix} y_{11} & y_{12} \\ y_{21} & y_{22} \end{bmatrix} \tag{14-9}$$

【例 14-3】 如图 14-9 所示双口网络，试求其 Y 参数。

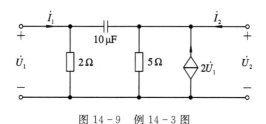

图 14-9 例 14-3 图

解 编写网络节点方程，得

$$\left(\frac{1}{2}+\frac{1}{-\mathrm{j}10}\right)\dot{U}_1 - \frac{1}{-\mathrm{j}10}\dot{U}_2 = \dot{I}_1$$

$$-\frac{1}{-\mathrm{j}10}\dot{U}_1 + \left(\frac{1}{-\mathrm{j}10}+\frac{1}{5}\right)\dot{U}_2 = 2\dot{U}_1+\dot{I}_2$$

移项整理，得

$$\dot{I}_1 = (0.5+\mathrm{j}0.1)\dot{U}_1 - \mathrm{j}0.1\dot{U}_2$$

$$\dot{I}_2 = (-2-\mathrm{j}0.1)\dot{U}_1 + (0.2+\mathrm{j}0.1)\dot{U}_2$$

故

$$\boldsymbol{Y} = \begin{bmatrix} 0.5+\mathrm{j}0.1 & -\mathrm{j}0.1 \\ -2-\mathrm{j}0.1 & 0.2+\mathrm{j}0.1 \end{bmatrix} \mathrm{S}$$

3. 混合方程和 H 参数

(1) 若以 $\dot{I}_1$、$\dot{U}_2$ 为激励，$\dot{U}_1$、$\dot{I}_2$ 为响应，如图 14-10(a)所示，可得相应混合方程为

$$\begin{cases} \dot{U}_1 = h_{11}\dot{I}_1 + h_{12}\dot{U}_2 & (14-10) \\ \dot{I}_2 = h_{21}\dot{I}_1 + h_{22}\dot{U}_2 & (\text{混合 I 型}) \end{cases}$$

此方程为 H 参数方程，其等效电路如图 14-10(b)所示。

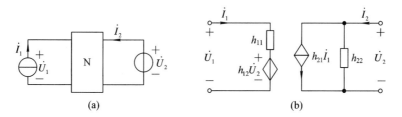

图 14-10 以 $\dot{I}_1$ 和 $\dot{U}_2$ 为激励的双口网络及混合 I 型等效电路

(2) 若以 $\dot{U}_1$、$\dot{I}_2$ 为激励，$\dot{I}_1$、$\dot{U}_2$ 为响应，如图 14-11(a)所示，有

$$\begin{cases} \dot{I}_1 = h'_{11}\dot{U}_1 + h'_{12}\dot{I}_2 & (14-11) \\ \dot{U}_2 = h'_{21}\dot{U}_1 + h'_{22}\dot{I}_2 & (\text{混合 II 型}) \end{cases}$$

其等效电路如图 14-11(b)所示。

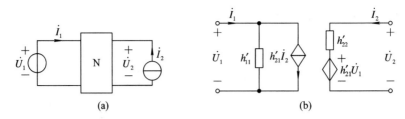

图 14-11 以 $\dot{U}_1$ 和 $\dot{I}_2$ 为激励的双口网络及混合 II 型等效电路

例如：晶体三极管（在低频小信号下，工作在线性区）有

$$\begin{cases} u_{be} = h_{ie}i_b + h_{re}u_{ce} \\ i_c = h_{fe}i_b + h_{oe}u_{ce} \end{cases} \tag{14-12}$$

其等效电路如图 14-12 所示。

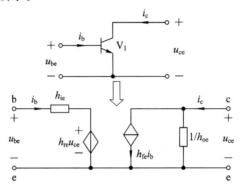

图 14-12 晶体三极管低频等效电路

4. 传输方程与 A 参数

若以 $\dot{U}_2$ 和 $\dot{I}_2$ 为自变量，以 $\dot{U}_1$ 和 $\dot{I}_1$ 为因变量，由导纳方程（14-5）和（14-6）可以导出

$$\begin{cases} \dot{U}_1 = -\dfrac{y_{22}}{y_{21}}\dot{U}_2 + \dfrac{1}{y_{21}}\dot{I}_2 \\ \dot{I}_1 = \left(y_{12} - \dfrac{y_{11}y_{22}}{y_{21}}\right)\dot{U}_2 + \dfrac{y_{11}}{y_{21}}\dot{I}_2 \end{cases} \tag{14-13}$$

令

$$a_{11} = -\frac{y_{22}}{y_{21}}, \quad a_{12} = -\frac{1}{y_{21}}, \quad a_{21} = y_{12} - \frac{y_{11}y_{22}}{y_{21}}, \quad a_{22} = -\frac{y_{11}}{y_{21}}$$

可得

$$\begin{cases} \dot{U}_1 = a_{11}\dot{U}_2 - a_{12}\dot{I}_2 \\ \dot{I}_1 = a_{21}\dot{U}_2 - a_{22}\dot{I}_2 \end{cases} \tag{14-14}$$

此方程为 A 参数方程，也称为双口网络的传输 I 型方程，或正向传输方程。其中，

$$a_{11} = \frac{\dot{U}_1}{\dot{U}_2}\bigg|_{\dot{I}_2 = 0} \quad\text{——开路反向电压转移比；}$$

$$a_{12} = -\frac{\dot{U}_2}{\dot{I}_2}\bigg|_{\dot{U}_2 = 0} \quad\text{——短路策动点阻抗；}$$

$$a_{21} = \frac{\dot{I}_1}{\dot{U}_2}\bigg|_{\dot{I}_2 = 0} \quad\text{——开路反向转移导纳；}$$

$$a_{22}=-\frac{\dot{I}_1}{\dot{I}_2}\bigg|_{\dot{U}_2=0}$$ ——短路反向电流转移比。

将式(14-14)写成矩阵形式：

$$\begin{bmatrix}\dot{U}_1\\\dot{I}_1\end{bmatrix}=\boldsymbol{A}\begin{bmatrix}\dot{U}_2\\-\dot{I}_2\end{bmatrix}$$

式中，

$$\boldsymbol{A}=\begin{bmatrix}a_{11}&a_{12}\\a_{21}&a_{22}\end{bmatrix}$$

称为传输 I 型矩阵或正向传输矩阵，其元素为 A 参数。

用传输参数的概念来分析由多个网络级联而成的电路非常方便。图 14-13 所示为 n 个双口网络级联而成的系统，设双口网络的传输矩阵分别为 $\boldsymbol{A}_1$，$\boldsymbol{A}_2$，…，$\boldsymbol{A}_n$，则系统的传输矩阵 $\boldsymbol{A}$ 为

$$\boldsymbol{A}=\boldsymbol{A}_1\times\boldsymbol{A}_2\times\cdots\times\boldsymbol{A}_n$$

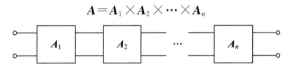

图 14-13 双口网络的级联

当然，若以 $\dot{U}_1$ 和 $\dot{I}_1$ 为自变量，以 $\dot{U}_2$ 和 $\dot{I}_2$ 为因变量，还可以得到双口网络的反向传输方程，也叫传输 II 型方程。其推导过程与前面相似，读者可以自行完成。

思 考 与 练 习

14-1 如图所示双口网络，若 $\omega=5$ rad/s，试求其 $\boldsymbol{Y}$ 参数矩阵。

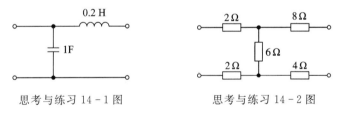

思考与练习 14-1 图　　　　　　　思考与练习 14-2 图

14-2 如图所示双口网络，试求其 $\boldsymbol{Z}$ 参数矩阵。

14-3 如图所示双口网络，已知当 $i_1=3$ A，$i_2=0$ A 时，$u_1=12$ V，$u_2=-3$ V；当 $i_1=2$ A，$i_2=1$ A 时，$u_1=10$ V，$u_2=0$ V，则该网络的 $\boldsymbol{Y}$ 参数矩阵为_____。

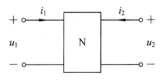

思考与练习 14-3 图

14-4 如图所示双口网络的传输参数矩阵为 $\boldsymbol{A}=\begin{bmatrix}3&5\\1&2\end{bmatrix}$，若 $i_s=2$ A，则输出端短路

时的 u_1 为多少?

14-5 图示双口网络 Y 参数中 y_{22} 等于 _____。

(1) 0 s   (2) 0.5 s   (3) 不存在

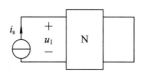

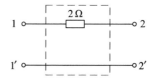

思考与练习 14-4 图   思考与练习 14-5 图

14-6 求图示双口网络的 $\boldsymbol{Z}$ 参数矩阵。

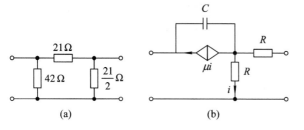

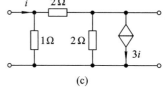

(a)   (b)   (c)

思考与练习 14-6 图

14-7 求图示双口网络的 $\boldsymbol{Y}$ 参数矩阵。

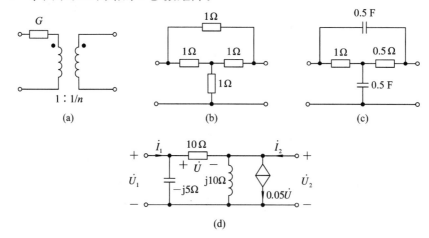

(a)   (b)   (c)

(d)

思考与练习 14-7 图

14-8 已知一双口网络,端口 1 开路时,$u_2=15$ V,$u_1=10$ V,$i_2=30$ A;端口 1 短路时,$u_2=10$ V,$i_1=-5$ A,$i_2=4$ A。试求其 $\boldsymbol{Z}$ 参数矩阵。

14-9 已知图示双口网络的 $\boldsymbol{Z}$ 参数矩阵为 $\boldsymbol{Z}=\begin{bmatrix} 10 & 8 \\ 5 & 10 \end{bmatrix}\Omega$,试求 R_1、R_2、R_3 和 r 的值。

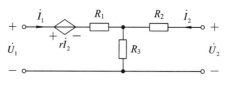

思考与练习 14-9 图

14 - 10　求图示双口网络的 H 参数，已知 $\omega=10^4$ rad/s。

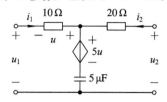

思考与练习 14 - 10 图

14 - 11　电路如图所示，已知网络 N 的 Y 参数矩阵为 $Y=\begin{bmatrix} 3 & -1 \\ 20 & 2 \end{bmatrix}$ S，试求电压增益 $\dfrac{u_2}{u_s}$。

14 - 12　电路如图所示，已知网络 N 的 Z 参数矩阵为 $Z=\begin{bmatrix} 2 & 3 \\ 3 & 3 \end{bmatrix}$ Ω，试求电压增益 $\dfrac{u_2}{u_s}$。

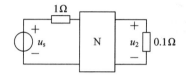

思考与练习 14 - 11 图　　　　　思考与练习 14 - 12 图

14 - 13　电路如图所示，已知当端口 2 开路时，在 $u_1(t)=150\cos 4000t$ V 作用下，$i_1(t)=25\cos(4000t-45°)$ A，$u_2(t)=100\cos(4000t+15°)$ V；当端口 2 短路时，在 $u_1(t)=30\cos 4000t$ V 作用下，$i_1(t)=1.5\cos(4000t+30°)$ A，$i_2(t)=0.25\cos(4000t+150°)$ A。求双口网络 N 的传输参数(A 参数)。

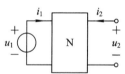

思考与练习 14 - 13 图

14 - 14　试求图示网络的 H 参数。

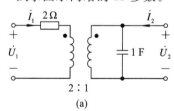
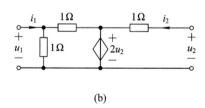

(a)　　　　　　　　　　(b)

思考与练习 14 - 14 图

14 - 15　试求图示网络的 A 参数、Y 参数和 H 参数。

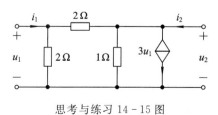

思考与练习 14 - 15 图

14-16 求图示双口网络的 A 参数。

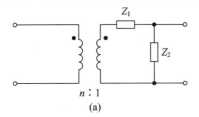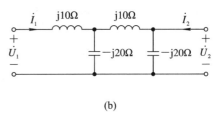

(a)   (b)

思考与练习 14-16 图

附录　思考与练习参考答案

第 1 章

1-1 (2)、(3)正确

1-2 略

第 2 章

2-1 (1)、(2)均错

2-2 (1)正确

2-3 (a) 电压源吸收功率为 2 W，电流源提供功率为 2 W；(b) 电压源吸收功率为 2 W，电流源提供功率为 3 W；(c) 电压源提供功率为 2 W，电流源提供功率 2 W

2-4 (2)、(3)、(6)正确

2-5 (1) 节点；(2) 回路；(3) 网孔；(4) 基尔霍夫定律；
(5) VAR；(6) 代数和；(7) 电路的连接方式；(8) 电压降的；
(9) 绕向及路径

2-6 (2)

2-7

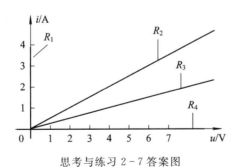

思考与练习2-7答案图

2-8 15 Ω，31 W

2-9 (2)

2-10 (3)、(5)正确

2-11 (4)

2-12 (a) −10 W；(b) 10 W；(c) −10 W；(d) −10 W

2-13 (2)、(4)正确

2-14 (1) (a) −20 V，−4 A；(b) −20 V，4 A；(c) 20 V，−4 A；(d) 20 V，4 A；
(2) 吸收，80 W

2 - 15　（1）A 提供功率 600 W，B 吸收功率 600 W，功率由 A 流向 B；

　　　　（2）A 吸收功率 600 W，B 提供功率 600 W，功率由 B 流向 A；

　　　　（3）A 提供功率 600 W，B 吸收功率 600 W，功率由 A 流向 B；

　　　　（4）A 吸收功率 600 W，B 提供功率 600 W，功率由 B 流向 A

2 - 16　（1）5 V；（2）−5 V；（3）−5 V；（4）5 V

2 - 17　−3 V；1.5 A

2 - 18　（a）5 V，10 V，−5.5 V；（b）1 V，37 V，12 V

第 3 章

3 - 1　（1）支路电流，支路电压；

　　　　（2）支路电流法，支路电压法；

　　　　（3）列一组方程可求得所有变量，方程较多、计算繁琐

3 - 2　由 KCL 方程得

$$\begin{cases} i_1 + i_3 + i_6 = 0 \\ -i_1 + i_5 + i_2 = 0 \\ -i_2 - i_4 - i_6 = 0 \end{cases}$$

由 KVL 方程得

$$\begin{cases} i_1 R_1 + i_5 R_5 - i_3 R_3 = 0 \\ -i_5 R_5 - i_4 R_4 + i_2 R_2 = 0 \\ -i_6 R_6 + i_3 R_3 + i_4 R_4 - u_s = 0 \end{cases}$$

3 - 3　设 5 A 电流源电压为 u，如思考与练习 3 - 3 答案图所示，网孔方程为

$$\begin{cases} (3+6)i_{m1} - 0i_{m2} - 3i_{m3} = -u + 100 \\ -0i_{m1} + (2+4)i_{m2} - 2i_{m3} = u - 50 \\ -3i_{m1} - 2i_{m2} + (2+3+10)i_{m3} = 0 \end{cases}$$

辅助方程为

$$i_{m2} - i_{m1} = 5$$

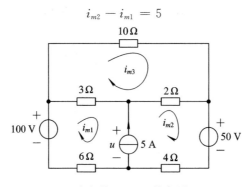

思考与练习 3 - 3 答案图

3 - 4　网孔方程为

$$\begin{cases} (8+6)i_{m1} - 8i_{m2} - 6i_{m3} = 25 \\ -8i_{m1} + (8+8)i_{m2} - 8i_{m3} = -5i \\ -6i_{m1} - 8i_{m2} + (2+6+8)i_{m3} = 0 \end{cases}$$

辅助方程为

$$i = i_{m1}$$

所以

$$u_0 = 8(i_{m1} - i_{m2})$$

3-5　(1)、(2)正确

3-6　(2)正确

3-7　节点方程为

$$\begin{cases} \left(\dfrac{1}{6} + \dfrac{1}{2} + \dfrac{1}{1}\right)u_{n1} - \dfrac{1}{6} \times 50 - \dfrac{1}{2}u_{n2} = 3i \\ -\dfrac{1}{2}u_{n1} - 0 \times 50 + \left(\dfrac{1}{4} + \dfrac{1}{2}\right)u_{n2} = 5 - 3i \end{cases}$$

辅助方程为

$$i = \frac{50 - u_{n1}}{6}$$

$$u = u_{n2}$$

3-8　KCL 方程为

$$\begin{cases} i_i - i_b - i_r = 0 \\ i_r - h_{fe}i_b - i_L = 0 \end{cases}$$

KVL 方程为

$$\begin{cases} i_i R_s + i_b R_b - u_s = 0 \\ i_r R_r + i_L R_L - i_b R_b = 0 \end{cases}$$

3-9　0.25 A

3-10　2 A，−0.8 A，−1.2 A

3-11　3 A，1 A，5 A，1 A，−3 V

3-12　20 V

3-13　40 W

3-14　1.5 A，3 A，2 A，3 V

3-15　20 mA，−80 mW

3-16　64 W

3-17　吸收 24 W，−25 W，−54 W

3-18　150 W，144 W，80 W

3-19　2.5 V

3-20　0.13 A，0.31 A，0.287 A，0.107 A

3-21　6.2 V，−2.4 A

3-22　25 V，−1 A

3-23　−17.14 V，−3.43 A

3－24 8 V，3 A，－8 W

3－25 0.27 V，0.53 V，0.4 V，－1.33 A

3－26 20 V

3－27 1.875 A

3－28 30 V

第 4 章

4－1 (2)、(4)正确

4－2 (1)是；(2)不是；(3)不是；(4)是

4－3 不对

4－4 等效

4－5 (1)、(2)均正确

4－6

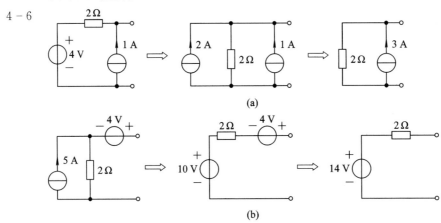

(a)

(b)

思考与练习4－6答案图

4－7 (1)、(2)、(3)均正确

4－8
$$R_{12} = R_{13} = R_{23} = \frac{6\times6+6\times6+6\times6}{6} = 18\ \Omega$$

$$R_1 = R_3 = R_2 = \frac{6\times6}{6+6+6} = 2\ \Omega$$

思考与练习4－8答案图

4－9 (a) A；(b) 0.5 A

4－10 (1) －6 V；(2) (a) $u=1.2i+2.4$，(b) $u=5i-6$

4－11 等效

4－12　36 Ω

4－13　∞ Ω

4－14　0 V

4－15　4 V

4－16　$u=40-15i$，等效电路如图所示。

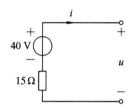

思考与练习 4－16 答案图

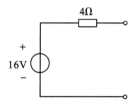

思考与练习 4－17 答案图

4－17　$u=16+4i$

4－18　－2 A

4－19　0.6 V

4－20　－4 V

4－21　10 V

4－22　4 Ω

4－23　－423 W

4－24　－2.5 V

4－25　0 V，143.3 V

4－26　(a) 100 Ω；(b) $\dfrac{4}{3}$ Ω

第　5　章

5－1　(4)正确

5－2　12 V

5－3　2 V

5－4　(1)

5－5　(2)、(5)正确

5－6　2.5 A

5－7　(c)

5－8　12，6

5－9　(2)正确

5－10　如图所示，故 $R_{s}=\dfrac{R_{L}(u_{oc}-u_{1})}{u_{1}}$

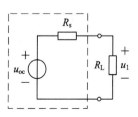

思考与练习 5－10 答案图

5－11　(4)正确

5 - 12   2 V

5 - 13   9 V

5 - 14   −3 V

5 - 15   0 A

5 - 16   2 A, −8 V

5 - 17   27.5 V

5 - 18   52 W, 78 W

5 - 19   3 A

5 - 20   1.36 A

5 - 21   4 A

5 - 22   140 mA

5 - 23   3 A

5 - 24   8 V

5 - 25   4.6 Ω

5 - 26   3 V, 2.75 A

5 - 27   0.5 A, 1 Ω

5 - 28   0.1 A

5 - 29   8 V

5 - 30   30 V, 15 Ω

5 - 31   10 V

5 - 32   3 A, 3 A

5 - 33   4 Ω, 2.25 W

5 - 34   (1) 3 Ω, 1200 W; (2) 3000 W, −200 W; (3) 800 W; (4) 31.6%

5 - 35   100 V

第 6 章

6 - 1   (1)、(2)、(3)均不正确

6 - 2 $-6\mathrm{e}^{-2t}$ V

6 - 3 $1-\mathrm{e}^{-2t}$ V

6 - 4   (1)正确

6 - 5   (2)正确

6 - 6   (2)、(4)正确

6 - 7
$$i_C(t)=\begin{cases} 0 & t<0 \\ 2\ \mu\mathrm{A} & 0<t<1 \\ -2\mathrm{e}^{-(t-1)}\ \mu\mathrm{A} & t>0 \end{cases}$$

$$p(t)=\begin{cases} 0 & t<0 \\ 8t\ \mu\mathrm{W} & 0\leqslant t<1 \\ 8\mathrm{e}^{-2(t-1)}\ \mu\mathrm{W} & t\geqslant 0 \end{cases}$$

$$w(t)=\begin{cases}0 & t<0 \\ 4t^2\ \mu J & 0\leqslant t<1 \\ 4e^{-2(t-1)}\ \mu J & t\geqslant 0\end{cases}$$

6-8　(1) $100\sin 50\ 000t$；(2) 150 W；(3) 3 mJ

6-9　(1) 1 H；(2) 0 W；(3) 8 μJ

6-10　$i(t)=2+4e^{-2t}$，$t\geqslant 0$

第 7 章

7-1　(1)、(3)正确

7-2　(3)、(4)

7-3　2 A，1 A，2 V

7-4　(3)正确

7-5　1 A

7-6　12 V

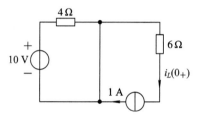 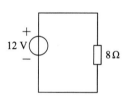

思考与练习 7-5 答案图　　　　考与练习 7-6 答案图

7-7　(2)

7-8　(1) 0.01 A；(2)$100e^{-1}$ V，$0.01e^{-1}$ A

7-9　2.5 μs

7-10　(3)

7-11　$60(1-e^{-33.3t})$ V，$10(1+e^{-33.3t})$ mA

7-12　$60e^{-100t}$ V，$2(1-e^{-100t})$ A

7-13　$6e^{-4t}$ V

7-14　(2)、(3)、(4)正确

7-15　(2)

7-16　(1)

7-17　(3)

7-18　$(1-\dfrac{3}{4}e^{-\frac{t}{7}})$ A；$\dfrac{1}{2}$ A

7-19　$(4.5-1.5e^{-2t})$ A

7-20　$1-e^{-t}$ A

7-21　$i(t)=2U(t+1)-U(t-1)-U(t-2)$ A

7-22　(3)

7 – 23　（3）

7 – 24　$\dfrac{2}{3}(1-\mathrm{e}^{-\frac{t}{2}})$ V

7 – 25　$\dfrac{2}{3}(1-\mathrm{e}^{-3t})$ A

7 – 26　-1 A

7 – 27　15 V

7 – 28　（1）10 V；（2）$10\mathrm{e}^{-t}$ V，$0.5\mathrm{e}^{-2t}$ J

7 – 29　$-8\mathrm{e}^{-2t}$ V，$t\geqslant0$

7 – 30　2 s

7 – 31　$6\mathrm{e}^{-\frac{2}{3}t}$ V，$t\geqslant0$

7 – 32　$-16\mathrm{e}^{-2t}$ V，$2\mathrm{e}^{-2t}$ A，$t\geqslant0$

7 – 33　$-3(\mathrm{e}^{-500t}+\mathrm{e}^{-10^6t})$ mA，$t\geqslant0$

7 – 34　$1.5\mathrm{e}^{-t}$ A，$t\geqslant0$

7 – 35　$2\mathrm{e}^{-2t}$ A，$t\geqslant0$

7 – 36　（1）$20-2.5\mathrm{e}^{-\frac{t}{40}}$ V，$t\geqslant0$；（2）$20+2.5\mathrm{e}^{-5t}$ V，$t\geqslant0$

7 – 37　$5-3\mathrm{e}^{-t}$ A，$t\geqslant0$

7 – 38　$1.5(1-\mathrm{e}^{-2t})$ A，$t\geqslant0$

7 – 39　$2(1-\mathrm{e}^{-2.5t})$ W，$t\geqslant0$

7 – 40　$1.25-0.25\mathrm{e}^{-1.6t}$ A，$t\geqslant0$

7 – 41　$\dfrac{1}{2}+\dfrac{3}{10}\mathrm{e}^{-t}$ A，$t\geqslant0$；$1.5(1-\mathrm{e}^{-t})$ V，$t\geqslant0$

7 – 42　$-0.06(1-\mathrm{e}^{-10^3t})$ A，$t\geqslant0$；$-6\mathrm{e}^{-200t}$ V，$t\geqslant0$

7 – 43　$12(1-\mathrm{e}^{-10t})$ V，$t\geqslant0$

7 – 44　$3+\mathrm{e}^{-\frac{2}{3}t}$ V，$t\geqslant0$

7 – 45　$8+4\mathrm{e}^{-0.5t}$ V，$t\geqslant0$

7 – 46　$6-\dfrac{2}{3}\mathrm{e}^{-2t}$ A，$3+\mathrm{e}^{-2t}$ A，$t\geqslant0$

7 – 47　$-3+6\mathrm{e}^{-t}$ V，$t\geqslant0$

7 – 48　$12-20\mathrm{e}^{-t}$ V，$t\geqslant0$

7 – 49　$6+13.5\mathrm{e}^{-12.5t}$ V，$t\geqslant0$

7 – 50　$-45\mathrm{e}^{-10^4t}$ V，$-0.45\mathrm{e}^{-10t}$ mA，$t\geqslant0$

7 – 51　$3-2\mathrm{e}^{-15t}$ A，$6(1-\mathrm{e}^{-10t})$ V，$t\geqslant0$

7 – 52　$2-\mathrm{e}^{-t}-2\mathrm{e}^{-2t}$ V，$t\geqslant0$

7 – 53　$50\mathrm{e}^{-5.1t}U(t)-50\mathrm{e}^{-5.1(t-1)}U(t-1)$ mA（t 为 ms）

7 – 54　$(1-\mathrm{e}^{-\frac{6}{5}t})U(t)-[1-\mathrm{e}^{-\frac{6}{5}(t-1)}]U(t-1)$ A

7 – 55　（1）4 Ω，4 Ω，$\dfrac{1}{4}$ F；（2）$\dfrac{5}{2}$ V

第 8 章

8-1　$3\cos\dfrac{1}{2}t$ V

8-2　$2\cos\dfrac{1}{4}t$ A

8-3　(1)为等幅振荡；(2)为过阻尼；(3)为临界阻尼

8-4　(2)

8-5　(1)

8-6　$R_2 \geqslant 1.8$ kΩ

8-7　$i(t)=k\mathrm{e}^{-\frac{1}{4}t}\cos\left(\dfrac{\sqrt{3}}{12}t+\varphi\right)$ A，其中待定值 k 和 φ 由初始值 $i(0_+)=0$ 及 $i'(0_+)=$
$\dfrac{u_L(0_+)}{L}=2.5$ A/s 确定

8-8　(2)

8-9　(1) 0 A，50 V，10^4 A/s；

　　(2) $-8000+\mathrm{j}6000$ rad/s，$-8000-\mathrm{j}6000$ rad/s；

　　(3) $1.67\mathrm{e}^{-8000t}\sin6000t$ A，$t\geqslant 0$

8-10　(1) $11.2\mathrm{e}^{-200t}\sin(400t+36.6°)$V，$t\geqslant 0$；$10\mathrm{e}^{-200t}\sin400t$ mA，$t\geqslant 0$；
　　　$-11.2\mathrm{e}^{-200t}\sin(400t-63.6°)$V，$t\geqslant 0$；

　　　(2) 5.14 mA

8-11　$\cos316t$ A，$-316\sin316t$ V，$t\geqslant 0$

8-12　$2(1-4t)\mathrm{e}^{-2t}$ A，$t\geqslant 0$

8-13　$\dfrac{50}{3}\mathrm{e}^{-5t}-\dfrac{20}{3}\mathrm{e}^{-2t}$ A，$t\geqslant 0$

8-14　$(3t+2)\mathrm{e}^{-2t}$ V，$t\geqslant 0$

8-15　可以，3

第 9 章

9-1　$44.72\cos(\omega t+33.43°)$ A

9-2　$11.18\cos(\omega t-26.57°)$ V

9-3　(1)成立

9-4　(1)、(3)错

9-5　错

9-6　(1)

9-7　①

9-8　$10\sqrt{2}$

9-9　(4)

9-10　(b)

9-11　(1)

9 - 12　2 V

9 - 13　$-90°$

9 - 14　$3\sqrt{10}$ A

9 - 15　$10\sqrt{2}$ A

9 - 16　j3 Ω

9 - 17　0 A

9 - 18　$10\sqrt{3}\cos(\omega t+30°)$V; $10\sqrt{3}\cos(\omega t-90°)$V; $10\sqrt{3}\cos(\omega t+150°)$V

9 - 19　5 V

9 - 20　7.07 A; 40.31 A

9 - 21　120 Ω; 25.5 mH

9 - 22　5.09 Ω, 13.7 mH

9 - 23　$5.66\cos(4t-21.9°)$V

9 - 24　$3.71\cos(5t-15.95°)$V

9 - 25　$\dfrac{1}{3}$ Ω

9 - 26　$4\angle 28.07°$A

9 - 27　$\cos(100t+180°)$A

9 - 28　$26.5\sin(10^6 t+128°)$V

9 - 29　$4.47\angle 26.6°$ V, $10\angle 53.13°$ V

9 - 30　$0.638\sin(t+28.6°)+0.64\cos(2t-0.61°)$V

9 - 31　$22.4\sqrt{2}\cos(t+63.4°)$V

9 - 32　$\dfrac{1}{\sqrt{R_1 R_2 C_1 C_2}}$ rad/s

9 - 33

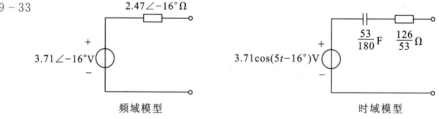

思考与练习 9 - 33 答案图

9 - 34

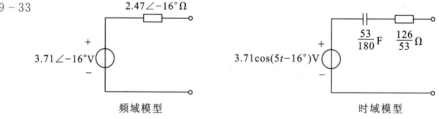

思考与练习 9 - 34 答案图

第 10 章

10 - 1　(3)

10－2　(1)、(2)、(4)正确

10－3　2 Ω

10－4　全错

10－5　(1) 2.5；(2) 0；(3) 10；(4) 50；(5) 45°

10－6　40 W，－40 var，56.4 VA，0.707

10－7　4＋j8 Ω

10－8　14 W

10－9　4 A

10－10　2000∠－18.2° VA，2200 VA，88∠－18.2° Ω

10－11　3－j1 Ω，6 W

10－12　4＋j3 Ω，20 W

10－13　(1) 5 $\sqrt{10}$ V；(2) 5 $\sqrt{\dfrac{13}{2}}$ A；(3) 10 $\sqrt{105}$ V

10－14　23.1 W

10－15　0.686∠－31° VA，0.686 VA，0.86

10－16　9.98Ω，10.7Ω

10－17　(1) 500＋j2500 VA；(2) 7500 W

10－18　0.1 A，5－j8.66 Ω，5＋j8.66 Ω

10－19　18.8 W，14.1 var，23.5 VA，0.8

10－20　5＋j5 Ω，5 W

10－21　(1) 3.16 $\sqrt{2}$ cos(500t－153.43°) V；(2) 0；(3)串联电路参数为 2400 Ω、
　　　　2.4 H，并联电路参数为 3000 Ω、12 H

10－22　0.8＋j0.4 Ω，0.125 W

10－23　(1) 0.275；(2) 7.8 μF

10－24　(1) 3.125 W，－5.14 var；(2) $\dfrac{1}{6}$ J，$\dfrac{25\sqrt{3}+8}{48}$ J

10－25　1.86＋j0.56 Ω，8.1 W

10－26　6.125 W

10－27　0.5＋j1 Ω，8 W

10－28　18.75 Ω，54.1 mH

10－29　50.5 mW

10－30　10 Ω，1 A，0.01 H，－90°

10－31　(1) 10 Ω，0.01 H，0.05 μF；(2) 92.31 W

10－32　(1) 23.4 A；(2) 3117 W

第 11 章

11－1　(4)正确

11－2　(1)、(3)正确

11-3 (2)

11-4 (3)

11-5 $\sqrt{10^9}$ rad/s

11-6 (1)、(2)

11-7 (a) $\dfrac{1}{1+j\omega\dfrac{L}{R}}$; (b) $\dfrac{1+j\omega CR_2}{1+j\omega C(R_1+R_2)}$;

(c) $-\dfrac{1}{1+j\omega RC}$; (d) $\dfrac{j\omega L}{R-\omega^2 RLC+j\omega L}$; 图略

11-8 (1) $\dfrac{j\omega}{j\omega+\dfrac{R}{L}}$;(2) 高通;(3) 1.43×10^6 rad/s; 图略

11-9 $\dfrac{\left|\dfrac{1}{LC}-\omega^2\right|}{\sqrt{\left(\dfrac{1}{LC}-\omega^2\right)^2+\left(\dfrac{\omega R}{L}\right)^2}}$, 750 Hz, 3993 rad/s (635.3 Hz), 5562.8 rad/s

(885.3 Hz), 3, 250 Hz, 带阻滤波器

11-10 4.74, 1.0566×10^6 rad/s, 4 μH, 4.22 Ω

11-11 20 mH, 50

11-12 50 Ω, 0.2 H, 5×10^{-6} F

11-13 (1) 503 Ω, 0.103 μF, 3.5;(2) 1.07 W, 0.535 W;(3) 81.2 V

11-14 25 μF, 180 V

11-15 $\dfrac{1}{3}+\dfrac{\sqrt{2}}{2}\sin\omega t$ A, 0.6 A, 11.67 W

11-16 (1) 101.1 V;(2) 0.718 A

11-17 可以, $\omega_0=\dfrac{1}{\sqrt{3LC}}$ rad/s

11-18 10^5 Ω, 10 H, 10^{-7} F

11-19 5 cos10t V

11-20 $-\dfrac{\omega^2}{[2\omega+j(2\omega^2-1)]}$

11-21 50 V, 100 Ω

11-22 4 rad/s

11-23 0, 0.141 cos$(10^4 t-90°)$A

第 12 章

12-1 (1)、(2)、(3)、(4)均正确

12-2 (1) $10\angle-45°$ A, $10\angle-165°$ A, $10\angle75°$ A;(2) 2121 W;(3) 173.2 V

12-3 (1) $30\angle-45°$ A, $30\angle-165°$ A, $30\angle75°$ A;(2) 6363 W;(3) 173.2 V

12-4 11 A, 4356 W;32.9 A, 12 996 W

12－5　7.66 A，2112.4 W

12－6　68.9 A，19 013 W

12－7　(1) $120\angle-36.87°$A，$120\angle83.13°$A，$120\angle-156.87°$A；

　　　(2) $4275.02\angle-28.38°$ V，$4275.02\angle91.62°$V，$4275.02\angle-148.38°$V

12－8　0.555，4.457 W

12－9　$44\angle-66.87°$A，$44\angle173.13°$A，$44\angle53.13°$A

12－10　22 A，1228.2 V

12－11　(1) $104\angle-20°$Ω；(2) $104\angle40°$Ω

12－12　393.5 V

12－13　$134.4\angle-15°$A，$134.4\angle-135°$A，$134.4\angle105°$A；

　　　　$232.8\angle-45°$A，$232.8\angle-165°$A，$232.8\angle75°$A

12－14　0.8 A，17.37 A

12－15　331.6 μF

第　13　章

13－1　(1)正确

13－2　(a)为(4)，(b)为(2)和(3)

13－3　(1)

13－4　5 V

13－5　22 H，6 H，$\dfrac{16}{3}$ H，$\dfrac{16}{11}$ H

13－6　8 H

13－7　0.27 H

13－8　0.5＋j7.5 Ω

13－9　3.75 H

13－10　$14\angle90°$ V

13－11　6＋j12 V

13－12　－j6 V

13－13　$6\angle180°$ A

13－14　$\dfrac{1}{2}$ W

13－15　8 W

13－16　2.5 V

13－17　25 Ω，0.01 W

13－18　$\sqrt{\dfrac{R_{\mathrm{L}}}{R_{\mathrm{s}}}}$

13－19　$24\angle0°$ V

13－20　$\dfrac{1}{\sqrt{2}}$，16 W

13-21　(1)、(3)、(5)正确

13-22　(1) $9\sqrt{2}\angle 45°\ \Omega$；(2) $6\sqrt{2}\cos(3t+165°)$ V

13-23　15.9 mH，0.288 mH，1.43 mH，0.668

13-24　$6-4e^{-t}-2e^{-4t}$ A

13-25　(a) 0.667 H；(b) 2.2 H

13-26　(a) $176.8\angle 81.87°\ \Omega$；(b) $-\mathrm{j}1\ \Omega$；(c) $-\mathrm{j}\dfrac{9}{8}\ \Omega$

13-27　$0.4\sin(1000t-45°)$ A

13-28　$50-\mathrm{j}50\ \Omega$，25 W

13-29　$-2.55\sin(t+101.3°)$ A

13-30　2 kΩ，12.5 mW

13-31　$43.85\angle -37.88°$ A，$4385\angle -37.88°$ VA

13-32　$8.22\angle 80.53°$ A

13-33　$1.5\ \mu\mathrm{F}$，$4\sqrt{2}\cos 10^4 t$ A

13-34　$0.008\ \mu\mathrm{F}$，$10\sqrt{2}\cos 4\times10^6 t$ V

13-35　$30\angle 0°$ V，$3+\mathrm{j}7.5\ \Omega$

13-36　0.25 Ω

13-37　10^7 rad/s

13-38　$\dfrac{1}{2}$，1.25 W

13-39　$\dfrac{1}{10}$，0.556 mW

13-40　(1) 4 Ω；(2) $0.167\cos t$ A

13-41　$485\angle 14°$ V

13-42　35 Ω，315 W

13-43　(a) $\dfrac{Z_\mathrm{L}}{\left(1+\dfrac{N_1}{N_2}\right)^2}$；(b) $\left(1+\dfrac{N_1}{N_2}\right)^2 Z_\mathrm{L}$

13-44　(a) $\dfrac{Z_\mathrm{L}}{\left(1-\dfrac{N_1}{N_2}\right)^2}$；(b) $\left(1-\dfrac{N_1}{N_2}\right)^2 Z_\mathrm{L}$

13-45　$-\dfrac{2}{3}e^{-\frac{4}{3}t}$ A，$\dfrac{1}{6}e^{-\frac{4}{3}t}$ A，$t\geqslant 0$

13-46　(1) $\dfrac{1}{n\sqrt{LC}}$；(2) $\dfrac{1}{nR}\sqrt{\dfrac{L}{C}}$；(3) $\dfrac{R}{L}$

第 14 章

14-1　$\begin{bmatrix} \mathrm{j}4 & \mathrm{j}1 \\ \mathrm{j}1 & -\mathrm{j}1 \end{bmatrix}$ S

14-2　$\begin{bmatrix} 10 & 6 \\ 6 & 18 \end{bmatrix} \Omega$

14-3　$\begin{bmatrix} 0.2 & -0.2 \\ 0.1 & 0.4 \end{bmatrix} S$

14-4　5 V

14-5　(2)

14-6　(a) $\begin{bmatrix} 18 & 6 \\ 6 & 9 \end{bmatrix} \Omega$；(b) $\begin{bmatrix} R-j\dfrac{1+\mu}{\omega C} & R-j\dfrac{\mu}{\omega C} \\ R & 2R \end{bmatrix} \Omega$；(c) $\begin{bmatrix} -0.4 & 0.4 \\ -3.2 & 1.2 \end{bmatrix} \Omega$

14-7　(a) $\begin{bmatrix} G & -nG \\ -nG & n^2G \end{bmatrix} S$；(b) $\begin{bmatrix} \dfrac{5}{3} & -\dfrac{4}{3} \\ -\dfrac{4}{3} & \dfrac{5}{3} \end{bmatrix} S$；

(c) $\begin{bmatrix} \dfrac{-\omega^2+8+j8\omega}{2(j\omega+6)} & \dfrac{-(-\omega^2+j6\omega+8)}{2(j\omega+6)} \\ \dfrac{-(-\omega^2+j6\omega+8)}{2(j\omega+6)} & \dfrac{-\omega^2+8+j10\omega}{2(j\omega+6)} \end{bmatrix} S$；

(d) $\begin{bmatrix} 0.1+j0.2 & -0.1 \\ -0.05 & -0.05-j0.1 \end{bmatrix} S$

14-8　$\begin{bmatrix} \dfrac{4}{15} & \dfrac{1}{3} \\ -1.6 & 0.5 \end{bmatrix} \Omega$

14-9　5 Ω, 5 Ω, 5 Ω, 3 Ω

14-10　$\begin{bmatrix} 77.8\angle-135° & 0.707\angle-45° \\ 0.525\angle-66.8° & 0.035\angle45° \end{bmatrix}$

14-11　$-\dfrac{5}{17}$

14-12　$\dfrac{12}{19}$

14-13　$\begin{bmatrix} 1.5\angle-15° & 120\angle30° \\ 0.25\angle-60° & 6\angle60° \end{bmatrix}$

14-14　(a) $\begin{bmatrix} 2 & 2 \\ -2 & j\omega \end{bmatrix}$；(b) $\begin{bmatrix} \dfrac{1}{2} & 1 \\ 0 & -1 \end{bmatrix}$

14-15　$\begin{bmatrix} -\dfrac{3}{5} & -\dfrac{2}{5} \\ -\dfrac{11}{10} & -\dfrac{2}{5} \end{bmatrix}$, $\begin{bmatrix} 1 & -\dfrac{1}{2} \\ \dfrac{5}{2} & \dfrac{3}{2} \end{bmatrix}$, $\begin{bmatrix} 1 & \dfrac{1}{2} \\ \dfrac{5}{2} & \dfrac{11}{4} \end{bmatrix}$

14-16　(a) $\begin{bmatrix} n+\dfrac{nZ_1}{Z_2} & nZ_1 \\ \dfrac{1}{nZ_2} & \dfrac{1}{n} \end{bmatrix}$；(b) $\begin{bmatrix} -0.25 & j15 \\ j0.075 & 0.5 \end{bmatrix}$

参 考 文 献

[1] 李瀚荪. 电路分析基础. 4 版. 北京：高等教育出版社，2006.

[2] 邱关源. 电路. 4 版. 北京：高等教育出版社，1999.

[3] JAMES W NILSSON, SUSAN A RIEDEL. 电路. 6 版. 冼立勤，等译. 北京：电子工业出版社，2002.

[4]   CHARRIES K，ALEXANDER，MATTHEW N O SADIKU. Fundamentals of Electric Circuits. 北京：清华大学出版社，2002.

[5] 狄苏尔 CA，葛守仁. 电路基本理论. 林争辉，主译. 北京：高等教育出版社，1979.

[6] 沈元隆，刘陈. 电路分析. 北京：人民邮电出版社，2001.

[7] 周长源. 电路理论基础. 2 版. 北京：高等教育出版社，1996.

[8] 吴大正，王玉华. 电路基础.修订版. 西安：西安电子科技大学出版社，2000.

[9] 裴留庆. 电路理论基础. 北京：北京师范大学出版社，1983.

[10]   张永瑞，杨林耀，张雅兰. 电路分析基础. 2 版. 西安：西安电子科技大学出版社，1998.

[11]   向国菊，孙鲁杨，孙勤. 电路典型题解.2 版. 北京：清华大学出版社，2000.

[12]   王淑敏. 电路基础常见题型解析及模拟题. 西安：西北工业大学出版社，2000.

[13]   童诗白，华成英. 模拟电子技术基础.3 版. 北京：高等教育出版社，2001.

[14]   M E VAN VALKENBURG, B K KINARIWALA. Linear Circuits. Prentice-Hall Inc. 1982.

[15]   田丽洁. 电路分析基础. 2 版. 北京：电子工业出版社，2009.

[16]   周茜. 电路分析基础. 2 版. 北京：电子工业出版社，2010.